Chemische
Technologie der Gespinstfasern
IV. Teil

Chemische Technologie der Gespinstfasern

Praktisches Hilfs- und Lehrbuch für Bleicher, Färber, Drucker und Ausrüster sowie zum Unterricht an Fach- und Hochschulen

von

Dr. Eugen Ristenpart
Professor an der Gewerbeakademie und Färbereischule
zu Chemnitz

I. Teil: **Die chemischen Hilfsmittel zur Veredlung der Gespinstfasern**
II. Teil: **Die Gespinstfasern**
III. Teil: **Die Praxis der Färberei**
IV. Teil: **Die Praxis der Bleicherei**
V. Teil: **Die Ausrüstung (Appretur)**
VI. Teil: **Die Druckerei**

Zugleich dritte Auflage von

Dr. Herzfeld „Das Färben und Bleichen“

Berlin W.
Verlag von M. Krayn
1928

Die Praxis der Bleicherei

unter

Berücksichtigung der Appretur

Dritte, gänzlich neubearbeitete Auflage

von

Prof. Dr. E. Ristenpart

Zugleich dritte Auflage von
Dr. Herzfeld „Das Färben und Bleichen“
Teil 2
und zweite Auflage von
Dr. Theis „Die Bleicherei baumwollener Gewebe“

Mit 178 Abbildungen

M·KRAYN
BERLIN·W
1 9 2 8

Paul Dünnhaupt, Großdruckerei, Köthen i. Anh.

Vorwort.

Der 4. Band der chemischen Technologie der Gespinstfasern behandelt die Praxis der Bleicherei und bildet eine Neuauflage von Seite 110—367 des Buches von Dr. F. Schneider „Die Bleicherei, Wäscherei und Karbonisation", des 2. Teiles des Werkes „Das Färben und Bleichen" von Dr. J. Herzfeld. Zugleich kann dieser Band als Neuauflage der beiden klassischen Werke von Dr. F. C. Theis „Die Strangbleiche" und „Die Breitbleiche" angesehen werden.

Viele veraltete Verfahren und Apparate konnten gestrichen werden. Dadurch ist es möglich geworden, die neuen Verfahren und Forschungsergebnisse weitgehend zu berücksichtigen, ohne die Handlichkeit und Übersichtlichkeit des Buches zu schmälern.

Die deutschen Textilmaschinenfabriken haben Zeichnungen ihrer neuesten Maschinen beigesteuert. Besonders wertvolle Anregungen für den maschinellen Teil verdanke ich wieder Herrn Oberingenieur Fritz Reich in Chemnitz. Dafür sei an dieser Stelle gedankt.

Chemnitz, Herbst 1927.

E. Ristenpart.

Druckfehler-Verzeichnis:

Seite 48 Zeile 1 von unten lies: 100 statt 1.
Seite 62 Zeile 6 lies: zweipfundweise statt zweifundweise;
Seite 63 Zeile 2 lies: 23 statt 124,
Seite 249 Zeile 4 von unten lies: ein statt in.

Paul Dünnhaupt, Großdruckerei, Köthen i. Anh.

Vorwort.

Der 4. Band der chemischen Technologie der Gespinstfasern behandelt die Praxis der Bleicherei und bildet eine Neuauflage von Seite 110—367 des Buches von Dr. F. Schneider „Die Bleicherei, Wäscherei und Karbonisation", des 2. Teiles des Werkes „Das Färben und Bleichen" von Dr. J. Herzfeld. Zugleich kann dieser Band als Neuauflage der beiden klassischen Werke von Dr. F. C. Theis „Die Strangbleiche" und „Die Breitbleiche" angesehen werden.

Viele veraltete Verfahren und Apparate konnten gestrichen werden. Dadurch ist es möglich geworden, die neuen Verfahren und Forschungsergebnisse weitgehend zu berücksichtigen, ohne die Handlichkeit und Übersichtlichkeit des Buches zu schmälern.

Die deutschen Textilmaschinenfabriken haben Zeichnungen ihrer neuesten Maschinen beigesteuert. Besonders wertvolle Anregungen für den maschinellen Teil verdanke ich wieder Herrn Oberingenieur Fritz Reich in Chemnitz. Dafür sei an dieser Stelle gedankt.

Chemnitz, Herbst 1927.

E. Ristenpart.

Inhaltsverzeichnis.

Abkürzungen.

Abb.	Abbildung.
B oder BASF	Badische Anilin- & Sodafabrik, Ludwigshafen.
Bd.	Band.
° Bé	Grade Beaumé.
Bull. de la Soc. ind. de Mulhouse	Bulletin de la Société industrielle de Mulhouse.
C	Celsius.
ccm	Kubikzentimeter.
Ch. Ind.	Die chemische Industrie.
Ch. Ztg	Chemiker-Zeitung.
Ch. Ztg., Rep.	Chemiker-Zeitung, Repertorium.
D. F. Ztg.	Deutsche Färberzeitung.
D. R. P	Deutsches Reichspatent.
E. P.	Englisches Patent.
Färb. Ztg.	Lehnes Färberzeitung.
F. P.	Französisches Patent.
g	Gramm.
Gew. %	Gewichtsprozent.
J. Ch. I.	Journal of the Society of chemical Industry, U. S. A.
KW/St.	Kilowattstunden.
L. M. f. T.	Leipziger Monatsschrift für Textilindustrie.
l	Liter.
mg	Milligramm.
Mol.	Molekel oder Grammol.
Oe. P.	Oesterreichisches Patent.
Pf.	Pfennig.
Spec. Gew.	Specifisches Gewicht.
T.	Textilberichte.
Vol. %	Volumprozent.
Z. Elektrochem.	Zeitschrift für Elektrochemie.
Z. f. angew. Ch.	Zeitschrift für angewandte Chemie.
Z. f. Farb. u. Text.-Chemie	Zeitschrift für Farben- und Textilchemie.
Z. f. ges. Textilind.	Zeitschrift für die gesamte Textilindustrie.

I. Bleicherei von Baumwolle

Flachs, Hanf, Jute, Ramie, Papiergarn, Kunstseide, Stroh, Stuhlrohr.

Die Bleicherei der aus Pflanzenfasern hergestellten Stoffe bezweckt einerseits die Zerstörung des Naturfarbstoffs, andererseits die Entfernung sonstiger natürlicher oder zufälliger Verunreinigungen. (A. Herzog, Über die mechanisch anhängenden Verunreinigungen der Faserstoffe. Z. ges. Textilind. **1916**, 547.) Die dazu dienenden Arbeiten gestalten sich sehr verschieden je nach der Art und Herkunft der zu bleichenden Ware und je nach dem Grade der geforderten Bleiche.

Befindet sich z. B. die Faser in losem Zustand und ist noch zu verspinnen, so darf ihr durch die Bleiche nicht der natürliche Wachs- und Fettgehalt entzogen werden, der für das glatte Verspinnen von Wichtigkeit ist. Liegt andererseits fertiges Gewebe zum Bleichen vor, so enthält dieses außer den natürlichen Verunreinigungen noch die vom Weben herrührende Schlichte, die unbedingt zuerst entfernt werden muß, ehe zu dem eigentlichen Bleichen und weiteren Veredeln geschritten werden kann.

Stoffe aus Bastfasern mit ihrem größeren Gehalt an natürlichen Verunreinigungen bedürfen einer eingehenderen Bleichung als solche aus der verhältnismäßig reineren Baumwolle. Aber auch bei letzterer kann der Reinheitsgrad sehr schwanken je nach der Herkunft und der mechanischen Bearbeitung, die sie erfahren hat.

Schließlich kommt es darauf an, welchem Endziel der Veredlung der betreffende Stoff entgegengeführt werden soll. Sollen dunkle Farben oder gar Schwarz gefärbt werden, so entfällt das eigentliche Bleichen gänzlich und beschränkt sich auf ein bloßes Auskochen zum Zweck der besseren Benetzbarkeit, wenn nicht auch dieses unterbleiben kann. Rauhware entfettet man nicht vollständig und chlort dafür stärker. Sollen Wäschestoffe hergestellt werden, so tritt die Zerstörung des Naturfarbstoffs in den Vordergrund. Soll die Ware für den Kattundruck zurechtgemacht werden, so wird die Darstellung möglichst reiner Cellulose angestrebt; selbst weiße Beimengungen müssen nach Möglichkeit entfernt werden. Diese vollkommenste Bleiche wird auch als Vollbleiche bezeichnet. In ihrer Anwendung auf Baumwolle wird sie auch Türkischrotbleiche genannt, weil nur auf so gebleichtes Garn ein klares Türkischrot gefärbt werden kann.

Aus alledem ergibt sich, wie verschiedenartig die einzelnen Verfahren zum Bleichen von Pflanzenfasern sein müssen.

Die Bleicherei zerfällt in allgemeinen in zwei Abschnitte:

1. Die Entfernung der fettigen und wachsigen Verunreinigungen, Bäuchen genannt; 2. das eigentliche Bleichen.

1. Das Bäuchen ist eine alkalische Behandlung. Bereits durch Kochen mit einer schwachen Lösung von Soda (10% der Ware) oder Pottasche wird das die Benetzung hindernde Fett und Wachs in eine Milch verwandelt. Derjenige Anteil, der im Laufe der Zeit ranzig, d. h. zu freier Fettsäure geworden ist, wird dabei verseift und hilft nun seinerseits, etwaiges Mineralöl (vom Spinnen herrührend) in eine Milch überzuführen. Kräftiger als die kohlensauren wirken die Ätzalkalien in entsprechenden Mengen, da sie auch die unzersetzten Fette verseifen. Ätznatron führt unmittelbar zum Ziel („Natronbäuche"); der billigere Ätzkalk („Kalkbäuche") bildet zunächst Kalkseifen, die durch nachheriges Absäuern in auswaschbares Kalziumsalz und Fettsäuren übergehen; diese werden durch eine zweite alkalische Behandlung mit Soda oder Ätznatron in Lösung gebracht. Mancherlei Zusätze, wie Harzseife, Türkischrotöl, Petroleum u. a. sollen die benetzende Wirkung der Bäuchlauge befördern, andere, wie Natriumsulfit, sollen der gleichzeitigen zerstörenden Wirkung des Luftsauerstoffs entgegenarbeiten und die Bildung der gefürchteten Oxycellulose verhindern. Ganz besonders durchgreifend wird aber die Bäuchung durch Erhöhung der Temperatur. Diese läßt sich aber nur im geschlossenen Druckkessel über 100° treiben, wie ihn Barlow Mitte des 19. Jahrhunderts erfand und wie er seitdem in mannigfacher Weise vervollkommnet worden ist. Nach dem Bäuchen muß gründlich gewaschen und, falls sich die Ware noch nicht genügend rein und gleichmäßig erweisen sollte, die Kochung wiederholt werden.

2. Das eigentliche Bleichen erfolgt im allgemeinen in einem ½—1½° Bé starken Chlorkalkbad. Der nach der Gleichung $CaOCl_2 = CaCl_2 + O$ freiwerdende Sauerstoff oxydiert den natürlichen Farbstoff. Die Sauerstoffabgabe wird beschleunigt durch einen höheren Gehalt, höhere Temperatur und saure Reaktion des Bades. Die Kunst des Bleichens besteht nun darin, diese drei Faktoren so zu regeln, daß zwar der Naturfarbstoff zerstört, die Cellulose aber noch nicht angegriffen wird. Besonders schwierig liegen die Verhältnisse bei den Bastfasern mit ihrem reichen Gehalt an Farbstoff und Pektinstoffen.

Im übrigen gilt als Regel, daß die Oxycellulose zunimmt mit steigender Temperatur, Azidität und Konzentration des Bleichbades und daß die Gefährlichkeit der drei Faktoren sich in der angeführten Reihenfolge ordnet (Ristenpart, L. M. f. T. **1923**, 208).

Auf das Chlorkalkbad folgt das Absäuern, am besten mit Schwefelsäure. Dadurch soll nicht nur der in der Faser niedergeschlagene Kalk gelöst, sondern vor allen Dingen noch eine abschließende Bleichwirkung durch die freiwerdende unterchlorige Säure erzielt werden. Diese wirkt natürlich weit kräftiger als der Chlorkalk, aus dem sie entsteht.

Gründliches Spülen soll die letzten Spuren des Bleichmittels entfernen.

Sollte das Weiß noch nicht befriedigen, wie das bei Flachs z. B. mit Sicherheit zu erwarten ist, so werden die einzelnen Arbeiten wiederholt. Bei Baumwolle dagegen pflegt man mit einer „Chlorung" zum Ziel zu kommen. Den Schluß macht ein kochendes Seifenbad, welches jede schädliche Nachwirkung des Bleichmittels aufhebt. Zugleich wird der Ware dadurch wieder eine gewisse Geschmeidigkeit erteilt, die während des langen Bleichverfahrens verloren gegangen ist. Hierauf wird wiederum gewaschen und schließlich getrocknet.

Die chemischen Hilfsmittel der Bleiche.

1. Das Wasser. Es soll für Bleichereizwecke möglichst weich und frei sein von allen färbenden Bestandteilen, insbesondere Eisen und Mangan, aber auch organischen Substanzen (s. Wasser, Bd. I, 1). Am besten legt man eine Bleicherei nur an Orten mit einwandfreiem Wasser an. Der Wasserverbrauch einer Bleicherei ist beträchtlich, das 100 bis 500fache, bei Leinen sogar das 1000fache vom Gewicht des Bleichgutes (S. 93) (s. a. F. H. Thies, T. **1921**, 125). Die Abwässerfrage ist ebenfalls bei der Anlage einer Bleicherei zu berücksichtigen (s. Bd. I, 68).

2. Die Alkalien. Der Ätzkalk für die Bleicherei soll frei sein von Steinchen und Sandkörnern, die von den Quetschwalzen der Waschmaschine in die Ware hineingepreßt werden und dadurch diese mechanisch beschädigen können. Man gibt deshalb den Kalkbrei vor dem Gebrauch durch ein feines Metallsieb; ferner soll der Kalk möglichst eisenarm sein. Den Gehalt einer Kalkmilch kann man nach Blattner annähernd durch Spindelung ermitteln. Es entsprechen:

1	5	10	15	20	25	30 ° Bé
7,5	46	94	148	206	268	339 g CaO im Liter.

Der Ätzkalk wirkt auf die Fremdkörper der Baumwolle anders ein als Natron: er spaltet, wie dies Natronlauge unter gleichen Druck- und Temperaturverhältnissen im Kochkessel auch tut, die Fette in Fettsäuren und Glyzerin; letzteres ist in Wasser löslich; die Fettsäuren bleiben als Kalkseifen in leicht durch Säuren zersetzbarer Form am Bleichgut haften.

Während aber die Natronlauge, abgesehen vom höheren Preise, durch die leichte Löslichkeit in Wasser zu stark auf die Faser einwirken kann, bildet die begrenzte Löslichkeit des Ätzkalkes ein natürliches Hindernis, einen Überschuß auf das Bleichgut wirken zu lassen. Mit anderen Worten: man kann ohne Nachteil Kalk auf die Baumwollfaser unter Verhältnissen einwirken lassen, wo die Verwendung von Natronlauge schon Schaden bringt.

Allerdings muß die Lufteinwirkung während der Kalkbehandlung vollständig ausgeschlossen werden. Schon im Jahre 1837 hat Ed. Schwarz (Bull. de la Soc. ind. de Mulhouse V, **1837**) auf diese Notwendigkeit hingewiesen; der Umstand, daß mit Kalk gebäuchte Ware häufig angegriffen, „verbrannt“ war, veranlaßte ihn, diesen Umstand zu untersuchen und aufzuklären.

Auch heute noch spielt der Kalk in der Baumwollstückbleicherei eine wichtige Rolle, da vor allem, wo es sich um eine tadellose Vollbleiche handelt. Das Bäuchen mit Kalk erfordert indes ein zweites Abkochen mit Soda oder Natronlauge, um durch nachfolgendes Säuren und Chloren ein Vollweiß zu erzeugen. Dieser Umstand wurde bei manchen Bleicharten dafür ausschlaggebend, den Kalk zu verlassen und durch einmaliges Bäuchen mit Natronlauge zum Ziel zu kommen.

Es sind also in erster Linie Sparsamkeitsrücksichten maßgebend gewesen, die bessere alte Bleichmethode, da wo es eben möglich erschien, aufzugeben. Die Massenerzeugung von Bleichwaren, die Verdichtung des Verkaufs an verhältnismäßig wenigen Stellen, die die Bleichpreise vorschreiben, haben dem Bleicher längst die Möglichkeit genommen, in einem Rahmen zu arbeiten, welcher der Ware die größtmöglichste Schonung zuteil werden lassen könnte. —

Soda und Natronlauge sind daher bei billigen Geweben teilweise ganz an die Stelle von Ätzkalk getreten. Während aber der Kalk die schließliche Entfernung der Fremdkörper der Baumwolle nur vorbereitet, haben Soda und Natronlauge, oder beide zusammen, zuweilen unter Zusatz von Seifen die Aufgabe in einer Kochung bei stärkerer Anwendung das zu leisten, was eine Vorbehandlung mit Kalk in zwei Kochungen zustande bringt.

Schon in den fünfziger Jahren des vorigen Jahrhunderts fand man den Weg, auf welchem dies Ziel zu erreichen sei: die Einwirkung der Natronlauge im entlüfteten Kessel vor sich gehen zu lassen. Man hatte erkannt, daß man auf diese Weise mit stärkeren Laugen, ohne erhebliche Faserschwächung aufkommen zu lassen, arbeiten konnte.

Fast vier Jahrzehnte später haben andere Erfinder, besonders H. Thies, diese Gedanken weiter verfolgt (S. 162).

Die in der Bleicherei benützte Soda ist die kalzinierte; für Natronlauge verwendet man das feste Ätznatron, die sog. Trommelsoda, welche zweckmäßig auf folgende Art aufgelöst wird:

A ist ein eingemauerter eiserner Kessel mit Auslaufrohr und Hahn (Abb. 1). Darüber liegen zwei Schienen B, auf welche die Sodatrommel C aufrecht gestellt ist. Das Fülloch der Trommel wird, nach Entfernung des Deckels, genau über die Öffnung des Dampfrohres D gebracht. Man öffnet nun Ventil E und läßt Dampf gegen das in der Trommel enthaltene Ätznatron strömen. Das Ätznatron kondensiert den Dampf; die entstehende Lauge tropft in den Kessel hinab. Sie ist so konzentriert, daß sie beim Erkalten alsbald zu einem Block erstarren würde. Man füllt deshalb den Kessel vor Beginn der Auflösung zur Hälfte mit kaltem Wasser. Nach zwei bis drei Stunden ist die Trommel leer.

In Ländern, wo das Ätznatron des Handels zu teuer ist, wird die Natronlauge auch wohl in den Bleichereien selbst aus Soda und Kalk hergestellt. Man bringt die Soda in einem Siebbehälter in darunter befindliches kochendes Wasser, windet den Siebkasten dann heraus, beschickt ihn mit der berechneten Menge Ätzkalk und läßt ihn in die siedende Sodalösung. Der sich bildende kohlensaure Kalk scheidet sich auf diese Weise in körniger, leicht absetzbarer Form ab.

Über die Wiederbrauchbarmachung der Bäuchlauge s. S. 164.

Abb. 1. Auflösen von Ätznatron.

Neben Soda und Ätznatron sind im Laufe der Jahrzehnte wiederholt alkalische Hilfsmittel aufgetaucht, die zeitweilig in Vergessenheit geraten, dann jeweils als „Neuheit" wieder in Aufnahme kamen. Bereits vor hundert Jahren benutzten Higgins und Kirwan Schwefelkalk und Schwefelleber beim Bäuchen. Auch Natronwasserglas wurde als Neuheit empfohlen. 1878 wies bereits Richard Meyer (Dinglers Polytechnisches Journal, Bd. *227*, **1878**) auf die Bedeutung von Wasserglas beim Bäuchen hin.

Die rohe Ware wurde, ohne sie vorher zu netzen, durch einen mit Quetschwalzen versehenen Kasten, welcher eine Lösung von 1 Liter Natronwasserglas von 20° Bé auf 120 Liter Wasser enthält, genommen, ins Bäuchfaß gegeben, mit der gleichen Lösung bedeckt und 2 Stunden mit offenem Dampf gekocht. Die braun gefärbte Lauge wurde dann abgelassen, worauf man kochendes Wasser in das Faß leitete und eine Stunde kochen ließ. Dies wurde nochmals wiederholt. Nach diesem Verfahren wurde eine besonders für die Küpenfärberei sehr reine Ware erzielt. Sie unterschied sich von solcher, die auf andere Weise gebleicht war, durch auffallende Weichheit und Geschmeidigkeit.

Ammoniak wird nicht zum Kochen der Baumwolle, wohl aber in der Schlußbehandlung angewandt, um zurückgebliebene Säure unschädlich zu machen.

Auch andere als die bereits besprochenen Alkalien und alkalische Erden sind für das Bäuchen vorgeschlagen worden, jedoch ohne praktischen Erfolg. Der Einführung von Baryt- und Strontianlaugen (D. R. P. 147 821 von R. Weiss) steht der verhältnismäßig hohe Preis im Wege. Dasselbe gilt für die von John Pullman (E. P. 12 946, 1899) vorgeschlagene Magnesialauge.

3. Die Seifen.

Zur Unterstützung der Wirkung der Alkalien oder Ätzerd-Alkalien werden im Bleichereibetriebe vielfach Seifen verwendet. Diese emulgieren die freigemachten Fremdkörper des Baumwollgewebes und erleichtern die Entfernung.

Vor dem Chloren wendet man gewöhnlich Harzseife (Kolophoniumseife) an, welche seit alten Zeiten im Haushalt gebräuchlich, durch ein Patent vom Jahre 1827 an eine Witwe Bruckbaeck der Technik empfohlen und im Jahre 1836 von Heinzelmann in die Praxis der Bleicherei eingeführt wurde (Ad. Wurtz, Dictionaire de Chimie, Paris 1974, 621).

Die Harzseife nimmt auch heute noch die erste Stelle unter den Seifen der Bleicherei ein. Sie wird bereitet durch Zusammenschmelzen von

100 Teilen Kolophonium,
25 Teilen festem Ätznatron,
1000 Teilen Wasser.

Man erwärmt das Gemisch durch indirekten Dampf zum Sieden und unterhält die Masse 4 bis 5 Stunden lang bei gelindem Kochen. Beim Einbringen in ein Probeglas muß die Seife homogen und ohne körnige Beimischung erscheinen. Die Bereitung der Harzseife ist mit größter Aufmerksamkeit zu verfolgen, da die Seife sonst Veranlassung zu Fleckenbildung gibt.

Die Harzseife besitzt die Fähigkeit, die in der Baumwolle enthaltenen natürlichen Wachse, welche der Alkaliwirkung sonst widerstehen, aufzulösen. Während die Harzseife auf die Wachse der Baumwolle lösend einwirkt, emulgieren die eigentlichen Seifen (die Verbindungen der Fettsäuren mit den Alkalien) die in der Baumwolle enthaltenen Fette.

Die Fettseifen sind im allgemeinen für die Verwendung in der Stückbleicherei zu teuer und können deshalb nur in beschränktem Maße Verwendung finden. Ein geringer Zusatz dieser Seifen zu den Bäuchlaugen befördert deren Wirkung zweifellos, indem beim Schäumen der Seifen die zum Teil durch die Alkaliwirkung löslich gemachten Substanzen in schlüpfrige Form gebracht und bei der mechanischen Bearbeitung in der Wäsche leichter entfernt werden können. Man wendet diese Seifen bei der letzten Bäuchung an und benutzt entweder eine billigere, aber auch weniger empfehlenswerte Oleïnseife, oder Marseillerseife — auf 100 Kilo Gewebe 0,5—1 Kilo Seife.

Auf die vielen in Zeitschriften angepriesenen Bleichseifen einzugehen, ist überflüssig. Beachtung verdient indes ein Vorschlag von Hertel (D. R. P. 75 435), wonach schwer zu bleichende Mako-Baumwolle durch einen Zusatz von Türkischrotöl zur Lauge gut ausfällt. Auf die besondere Verwendung von Türkischrotöl und Monopolseife in der „Kaltbleiche“ nach D. R. P. 176 609 sei hier nur verwiesen (s. S. 51).

4. Die Säuren.

Sie kommen an 3 Stellen in der Bleicherei zur Anwendung: 1. zum Entschlichten der Stücke vor dem Bäuchen, wobei durch das Tränken mit verdünnter Säure die stärkehaltige Schlichte verzuckert wird, 2. zum Zersetzen der Kalkseife und Auflösen des in der Faser niedergeschlagenen Kalkes nach der Kalkbäuche und 3. zum Absäuern nach dem Chlorkalkbad. Für die genannten Zwecke dienen heute wohl nur noch Schwefelsäure und Salzsäure, für deren Wahl lediglich die Rücksicht auf Reinheit und Billigkeit den Ausschlag gibt. In kleineren Bleichereien wird vielfach mit Unrecht der Salzsäure der Vorzug gegeben, trotzdem diese teurer und meistens unreiner (eisenhaltiger) ist, Bleigefäße stärker angreift und sich auch schwerer aus Baumwolle auswaschen läßt als Schwefelsäure. Letztere soll vor ihrer Verwendung stets möglichst entbleit werden durch entsprechende Verdünnung und Abgießen vom abgeschiedenen Bleisulfat.

Beim Säuren wird die Säure entweder in einem besonderen Behälter mit Wasser verdünnt und von hier aus in die Säuremaschine oder Säurekufe geleitet, oder in konzentrierter Form durch einen Heber in dünnem Strahl direkt aus dem Säureballon zufließen gelassen. Während des Laufes der Gewebe durch die Säuremaschine ist dauernd auf den Gehalt an freier Säure zu prüfen. Diese Arbeit kann mit der Spindel nicht sorgfältig und zuverlässig genug ausgeführt werden. Eine einfache Prüfung besteht darin, daß man eine mit Lakmus angefärbte Laugenlösung als Indikator benutzt; eine Lauge von 3° Bé. mit Lakmus angefärbt, muß 1½—2 Teile Säure für rohe Ware, 2½ Teile der Säure für gechlorte Ware entfärben.

a) In erster Linie der Chlorkalk.

Chlorkalk darf nur in Form einer klaren, ½—1½° Bé starken Lösung zur Verwendung kommen; feste Chlorkalkteilchen wirken zu stark auf die Baumwolle unter Bildung von Oxycellulose, wodurch Fadenbruch oder Lochbildung herbeigeführt wird.

In den größeren Bleichereien sind daher besondere Apparate für die Auflösung des Chlorkalkes im Gebrauch.

Abb. 2. Chlorkalkauflöser, Bauart N X, der C. G. Haubold-A.-G., Chemnitz.

Der Chlorkalkauflöser der C. G. Haubold A.-G., Chemnitz (Abb. 2) löst nur die Teile des Chlorkalkes, welche bleichen sollen. In einem schmiedeeisernen, mit Bleiblech ausgeschlagenem, mit Wasser gefülltem offenen Kasten dreht sich eine schmiedeeiserne, verbleite durchlochte Trommel. Auf der Achse der Trommel sitzt außerhalb des Kastens eine Fest- und Losscheibe zum Antrieb. Die Trommel selbst hat eine durch Deckel verschließbare Einfüllöffnung und enthält einige große Kieselsteine, welche bei langsamer Umdrehung den eingegebenen Chlorkalk zerreiben. Der Kasten ist mit Ablaßhahn aus Blei versehen, jedoch nicht an der tiefsten Stelle, damit nur reine Lösung und kein Bodensatz abfließen kann. Für die vollständige Entleerung des Kastens befindet sich ein Ventil am Boden.

Ähnlich arbeitet die Chlortrommel EY der Zittauer Maschinenfabrik (Abb. 3). Sie wird über einem Behälter aus Mauerwerk oder Beton aufgestellt. Darunter befinden sich gewöhnlich 2 weitere Behälter, in die die Lösung zur Klärung abgelassen wird.

Abb. 3. Chlortrommel E Y der Zittauer Maschinenfabrik.

Der Chlorrührer der Zittauer Maschinenfabrik (Abb. 4) dient dazu, größere Mengen von Chlorkalk zu lösen. In vier- oder sechseckigen schmiedeisernen, mit Blei ausgelegten Kasten von 1 bis 1,7 m Höhe und Breite werden zwei oder drei, um eine oder zwei vertikale Achsen

Abb. 4. Chlorrührer.

drehbare Rührer oder Rechen in Bewegung versetzt, um Wasser und Chlorkalk gut durcheinander zu rühren. In gewisser Höhe über dem Boden befinden sich zwei Ablaßhähne für die Chlorlauge; am tiefsten Punkte des Kastens ist noch ein weiterer Hahn befestigt zur vollständigen Reinigung des Kastens.

Abb. 5 zeigt eine Chlorkalklöseanlage der Zittauer Maschinenfabrik. Chlorkalk- wie überhaupt Hypochloritlösungen müssen von Metallteilen freigehalten werden, die eine katalytische Zersetzung bewirken würden (s. S. 207).

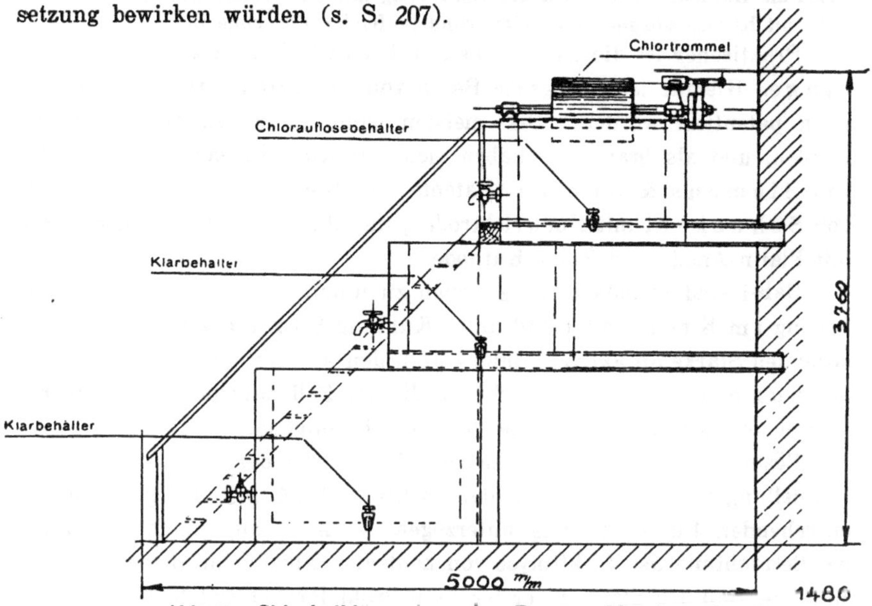

Abb. 5. Chlorkalkloseanlage der Zittauer Maschinenfabrik.

b) Chlorlauge

d. i. eine Lösung von Natriumhypochlorit (s. Bd. I, 161).

Natriumhypochlorit ist unentbehrlich für das Verfahren der Kaltbleiche nach D. R. P. 176 609 von Pick und Erban. Hier wird dem Bleichbad zur Erhöhung der Netzfähigkeit Seife oder Türkischrotöl zugesetzt, weil die Ware vorher nicht gebäucht wird. Mit dem Kalk des Chlorkalks würden die Fettsäuren unlösliche Kalkseife bilden.

c) Elektrisch gewonnene Bleichflüssigkeiten.

Statt von fertigem Alkali oder Erdalkali und molekularem Chlor auszugehen, kann man auf elektrochemischem Wege ihre Bildung mit der Entstehung des wirksamen Hypochlorits vereinen. Zerlegt man z. B. Kochsalzlösungen durch den elektrischen Strom, so entsteht kathodisch Ätznatronlauge und an der unangreifbaren Anode Chlor. Ist Anolyt und Katholyt weder auf Grund ihrer verschiedenen Dichten, noch durch ein poröses Diaphragma getrennt, so reagieren Chlor und Ätzalkali unter Bildung von Hypochlorit.

Die Geschichte der Elektrolytbleiche beginnt mit Hermite in Rouen, der 1883 das erste Patent (D. R. P. 30 790) nahm und Kochsalzlösung elektrolysierte. Es folgte Kellner, 1890, mit dem D. R. P. 57619, wonach das mit Kochsalzlösung getränkte Gewebe durch ein Walzenpaar hindurchgeführt wurde, dessen obere Walze aus Kohle als Anode und dessen untere Walze aus Eisen als Kathode diente. Vor der Berührung mit den Walzen schützte ein ebenfalls mit Kochsalzlösung getränkter, rund laufender Filz ohne Ende.

Praktischer ist die gesonderte Herstellung der Bleichlauge. Hierfür ist eine große Reihe von Verfahren vorgeschlagen und auch patentiert worden. Die meisten sind heute wieder aufgegeben worden, und als brauchbar haben sich nur drei Systeme erwiesen: das von Siemens & Halske (Patente von Kellner) mit Platin, das von Schuckert mit Kohleelektroden, und das von Haas und Stahl mit Platin-Anode und Kohle-Kathode.

Dabei sind grundsätzlich 2 Typen zu unterscheiden, je nachdem die Lösung im Kreislauf und unter Kühlung bis zur Erzielung einer bestimmten Stärke an aktivem Chlor durch den Apparat geschickt wird oder ihn nur einmal durchstreicht, in diesem Fall natürlich entsprechend schwächer ausfallend und keine Kühlung benötigend.

Besonders F. Förster hat die Theorie der elektrochemischen Darstellung von Bleichflüssigkeiten in Ch. Ind. **34**, 373, 402 [1911] einer eingehenden Durcharbeitung unterzogen. — Als Hauptgesichtspunkt ist bei Betrachtung der Elektrolyse von neutralen Alkalichloridlösungen festzuhalten, daß der Strom in erster Linie wohl Hypochlorit bildet, daß mit der Anreicherung an diesem aber die Bildung von Chlorat unter anodischer Sauerstoffentwicklung überhand nimmt. Bei der Elektrolyse entsteht Chlor (F. Lorenz und H. Wehrlin, Z. Elektrochem. **1900**, 389, 408, 419, 437; F. Förster und E. Müller, ebenda **1902**, 525, 634), das mit dem Ätzkali nahe der Anode folgendes Gleichgewicht bildet:

$$Cl_2 + OH' \rightleftarrows HOCl + Cl',$$

im Hauptteil des Elektrolyten aber zu nachstehender Umsetzung führt:

$$HOCl + OH' \rightleftarrows ClO' + H_2O.$$

Sobald die Konzentration an ClO′ einen gewissen, dem herrschenden Anodenpotential entsprechenden Betrag erreicht, werden die ClO′-Ionen anodisch entladen:

$$ClO' + \oplus \longrightarrow ClO.$$

ClO bleibt natürlich nicht für sich bestehen.

$$6\,ClO + 3\,H_2O \longrightarrow 2\,HClO_3 + 4\,HCl + 3\,O.$$

Da die Zersetzungsspannung der Chlorate (E. Müller, Z. Elektrochem. **1900**, 577) zu hoch liegt, als daß die ClO_3'-Ionen entladen werden könnten, so reichert sich Chlorat im Elektrolyten allmählich an.

Die Erzeugung von Hypochlorit kann nach dessen elektrochemischem Verhalten immer nur ein mehr oder weniger kurzes Vorstadium der Chloratbildung sein. Die Ausbeute an Hypochlorit wird erhöht durch Platinierung der Anode (Z. Elektrochem. **1906**, 817), hohe Stromdichte und Chloridkonzentration, niedrige Temperatur und neutrale Reaktion des Elektrolyten.

P. H. Prausnitz konnte mit sehr hohen Stromdichten (14,5 Amp/qcm; 23—27°; Badspannung 12,5 Volt) neutrale Bleichlösungen gewinnen, die mehr als 80 g bleichendes Chlor im l enthielten (rein chemisch lassen sich glatt 3—4mal stärkere Laugen erzeugen!) An elektrischer Energie wurde der 14fache Betrag der theoretisch erforderlichen gebraucht. Für Lösungen mit 37,5 g bleichendem Chlor im l sank der Energieverbrauch auf das 1,77fache des theoretischen bei 95% Stromausbeute und 3,7 Volt Badspannung.

Technische Verfahren.

1. Einer der ersten Apparate, die im Großbetrieb sich als technisch brauchbar erwiesen, war der von K. Kellner in Wien. Die Platin-

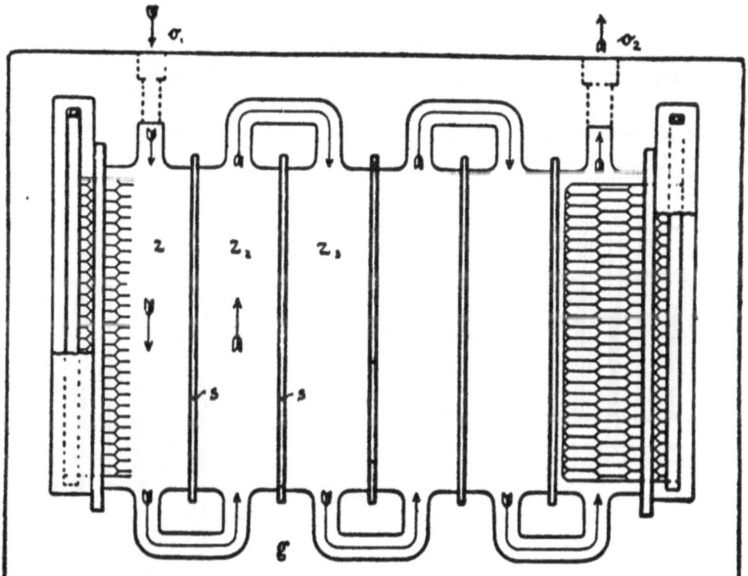

Abb. 6. Kellnerscher Apparat.

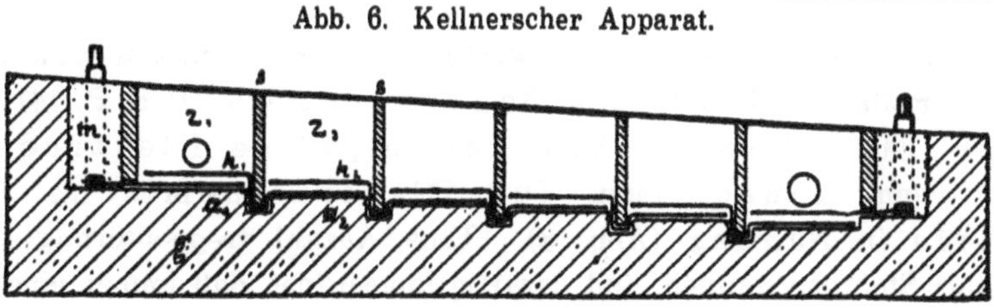

Abb 7 Kellnerscher Apparat.

drahtelektroden sind doppelpolig geschaltet, d. h. innerhalb des Apparates sind zwischen den einzelnen Elektroden keine Verbindungen erforderlich; der Apparat braucht nur die Anschlußkontakte.

Wegen näherer Einzelheiten kann auf die Beschreibung von R. E. (L. M. f. T. **1895**, 476) und auf Ebert-Nußbaum, Hypochlorite und Elektrische Bleiche, verwiesen werden. Den Grundgedanken der Apparatur erläutern die Abb. 6 und 7 (D. R. P. 165486).

Der flache rechteckige Trog g aus Zement, Sandstein oder einem ähnlichen Material ist durch senkrecht gestellte Glasplatten s in eine Anzahl von Einzelzellen z, z_1 geteilt. o_1 und o_2 dienen für den Zu- und Abfluß der Lösung. Die Querwände stehen in Nuten des treppenförmig abgesetzten Gefäßbodens; unter sie hindurch sind die Platiniridiumdraht-Elektroden a_1, k_1, a_2, k_2 usw. geführt. m dient als Zuleitung für den positiven Pol (s. a. D. R. P. 186453 von G. Thiele, Charlottenburg). Seitliche Verbindungsrohre, die über den Elektroden münden, ermöglichen ein Strömenlassen des Elektrolyten. Um Reduktionsverluste zu vermeiden, fügt man $CaCl_2$ dem Elektrolyten bei und macht das entstehende kathodische Kalkdiaphragma durch einen weiteren Zusatz von Türkischrotöl (D. R. P. 205087) besonders gleichmäßig (vgl. auch E. Müller und Buchner, Z. Elektrochem. 1910, 93). — Mit den neueren Kellnerschen Apparaten sind Stromausbeuten bis zu 86% erzielt worden. Die mittlere Badspannung beträgt 6 Volt in jedem Abteil. Man ist bis zu einer Hypochloritkonzentration von 50 g bleichendem Chlor im l (15%ige Kochsalzlösung) gelangt, wobei der Energieverbrauch 9 KW/Std. je kg bleichenden Chlors betrug.

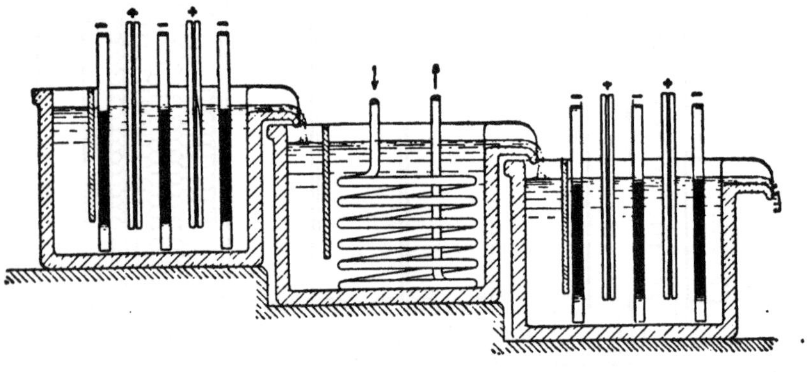

Abb. 8. Bleichelektrolyser nach Schuckert & Co.

2. Im Gegensatz zu der eben beschriebenen Konstruktion verwendet die Elektrizitätsgesellschaft vorm. Schuckert & Co. (D. R. P. 141372, 141724 [1902]) Apparate ohne doppelpolige Elektroden, gebaut vom Konsortium für Elektro-chemische Industrie in Nürnberg (Abb. 8). Eine Anzahl treppenförmig aufgestellter Steinzeugwannen sind derartig angeordnet, daß immer eine als elektrolytisches Bad und die nächstfolgende als Kühlgefäß dient. Die

Elektrolyser enthalten Platinblechanoden von 0,02 mm Stärke und Kohlekathoden, die Kühlbäder Bleischlangen. Es sind nun in einer Anlage derartig viele Einzelzellen vereinigt, daß der Elektrolyt bei einmaligem Durchlauf die gewünschte Bleichkraft enthält.

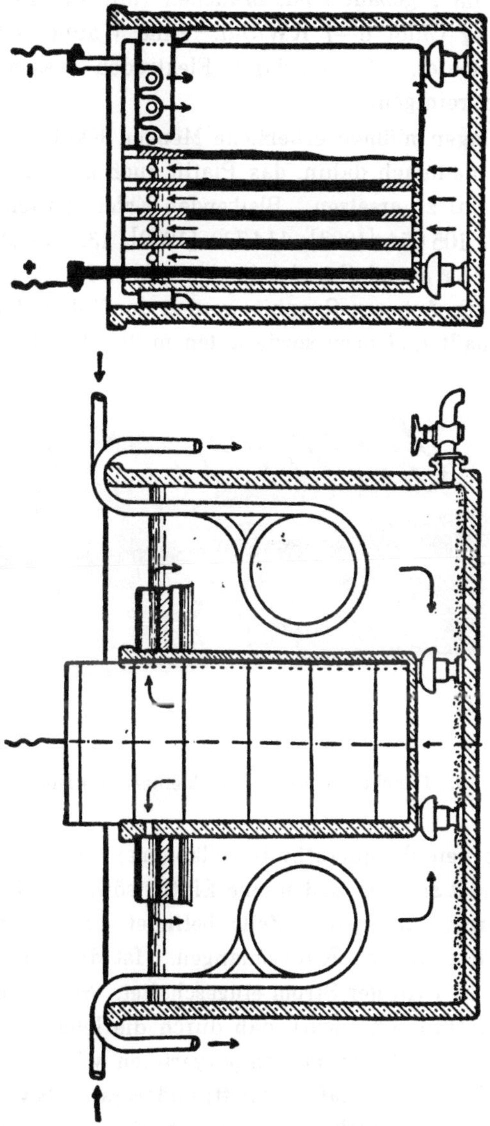

Abb. 9. Bleichelektrolyser nach Haas und Stahl.

Bei neueren Bauarten mit Innenkühlung durch Glasschlangen, gebaut vom Wernerwerk Siemens-Schuckert, sind die einzelnen Gefäße in eine einzige große Wanne eingebaut, deren Abteilungen durch Glaswände voneinander getrennt sind. Zusätze von

Calciumchlorid und Natronharzseife lassen auf den Kathoden ein reduktionshinderndes Diaphragma aus harzsaurem Kalk entstehen (s. auch D. R. P. 141 372 [1902]; 205 087 [1906]. Die Elektrolyttemperatur beträgt 35—40°; Apparate, die für eine Erzeugung von Lauge mit 20 g wirksamem Chlor im l gebaut sind, brauchen (mit 10—15%iger Kochsalzlösung) auf 1 kg Chlor 6—7 KW/Std. Eine Wanne ist für 55 Volt Gleichstrom eingerichtet. Die bipolaren Elektroden lassen sich leicht herausnehmen und reinigen.

3. Größere Anlagen müßten erhebliche Mengen Kapital in Platin anlegen; man strebte demnach dahin, das Platin auch an der Anode durch ein billigeres Material zu ersetzen. Bleibenden Erfolg hatten H a a s und O e t t e l (D. R. P. 105 054 [1898], 114 739 [1900], 130 345 [1901] in der Ausführung von H a a s und S t a h l in Aue (Abb. 9). Doppelpolig geschaltete Platten aus Acheson-Graphit werden in Nuten der Steinzeug-Zellenwände eingepaßt und oben sowie unten mittels Glasplatten derartig

Abb. 10. Bleichelektrolyser für kleinere Betriebe.

verlängert, daß sie den Badquerschnitt vollkommen ausfüllen. In jedem dieser Abteile befindet sich am Boden eine Eintrittsöffnung, im oberen Teil eine Austrittsöffnung. Die ganze Zelle befindet sich wieder in einer Steinzeugwanne mit seitlichen Kühlschlangen. Ist die ganze Apparatur mit Lösung gefüllt, so wird der Strom eingeschaltet. Seine Dichte wird so hoch bemessen (bis 0,14 Amp/qcm), daß durch die lebhafte Entwicklung von Wasserstoff der Elektrolyt mit emporgerissen wird und durch den Überlauf in das äußere Kühlgefäß übertritt; andererseits bewirkt der nach oben drängende Gasstrom auch ein Ansaugen abgekühlter Lauge durch den Boden der Zelle hindurch. Der Wasserstoff vertritt in diesem Kreislauf vollkommen die Stelle der Pumpe bei den übrigen Systemen. — Das H a a s - O e t t e l sche Verfahren ist durch Einfachheit und Billigkeit ausgezeichnet, doch lassen sich hochkonzentrierte Hypochloritlösungen an Kohlenanoden kaum gewinnen. In 8 Stunden werden nach Kind 850 l zu je 12 g Cl = 10,2 kg Cl mit einer 15° Bé starken Salzlösung erzeugt. Stündlich werden 17 kg Salz und 1 KW Strom gebraucht.

Die Abb. 10 zeigt einen Bleichelektrosyser für kleinere Betriebe und Waschanstalten.

Eine Steinzeugwanne ist durch senkrechte Glaswände in 25 Zellen eingeteilt. Die Salzlösung tritt von oben in die erste Zelle links ein und durchfließt durch abwechselnd vorn und hinten angebrachte Löcher in den Glaswänden die einzelnen Zellen in gewundenem Lauf. Die Kohleelektroden sitzen reiterförmig auf den Glasplatten und sind bipolar angeordnet. Durch einmaligen Durchlauf läßt sich eine Stärke von etwa 5 g aktivem Chlor im l erzielen. Der Durchgang des Stromes erfordert an den einzelnen Elektroden eine Spannung von etwa 5 Volt. Für jedes durchgehende Ampère werden in der Stunde 1,322 g Cl frei. Doch ist der praktische Wert des „elektrochemischen Nutzeffektes" oder der „Stromausbeute" infolge schädlicher Nebenreaktionen bedeutend geringer, so daß man für 1 kg aktives Chlor etwa 6 KW/Std. benötigt. 78% hiervon gehen als Wärme verloren, in dem 1 KW/Std. 865 Kal. erzeugt. Einer Überhitzung der Elektrolytlauge wird durch Anbringung von Kontaktthermometern vorgebeugt, die mit Hilfe von Signalglocken den Aufseher herbeirufen und zugleich den automatischen Ausschalter betätigen. Erniedrigen läßt sich die Spannung und mithin der Energieverbrauch durch:

1. Verkleinerung der Stromdichte (Stromstärke für die Flächeneinheit).
2. Verkleinerung der Elektrodenentfernung.
3. Steigerung der Salzkonzentration.
4. Steigerung der Temperatur.

Doch ist diesen theoretischen Vorschriften eine gewisse Grenze gesetzt durch die praktische Ausführbarkeit.

Der Salzverbrauch, der theoretisch für 1 kg aktives Chlor nur 0,82 kg betragen würde, wird praktisch auf etwa 7½ kg gesteigert im Interesse geringen Energieverbrauchs. Die Abhängigkeit des letzteren vom Salzverbrauch spiegelt die folgende Tabelle (nach Ebert-Nußbaum) wider.

Bei Verwendung einer Salzlösung von 100 g Salz im l:

werden für 1 kg aktives Chlor benötigt	KW/Std.	Salz kg	Kraft Pf.	Salz Pf.	Zusammen Pf.
für eine Bleichlaugenstärke von:					
15 g akt. Cl im l	5,65	6,67	25,4	13,3	38,7
20 „ „ „ „ „	6,13	5,00	27,6	10,0	37,6
25 „ „ „ „ „	6,72	4,00	30,2	8,0	38,2
30 „ „ „ „ „	7,79	3,33	35,0	6,7	41,7
35 „ „ „ „ „	10,07	2,86	45,3	5,7	51,0

Bei Verwendung einer Salzlösung von 150 g Salz im l:

werden für 1 kg aktives Chlor benötigt	KW/Std.	Salz kg	Kraft Pf.	Salz Pf.	Zusammen Pf.
für eine Bleichlaugenstärke von:					
15 g akt. Cl im l	5,29	10,00	23,8	20,0	43,8
20 „ „ „ „ „	5,56	7,50	25,0	15,0	40,0
25 „ „ „ „ „	5,88	6,00	26,5	12,0	38,5
30 „ „ „ „ „	6,38	5,00	28,7	10,0	38,7
35 „ „ „ „ „	7,14	4,28	32,1	8,6	40,7

Der Tabelle liegt die Annahme zugrunde, daß 1 KW/Std. 4½ und 1 kg Salz 2 Pfg. kostet. Unter dieser Annahme würde der gegebene Apparat demnach am besten mit einer Salzkonzentration von 100 g im l und auf eine Bleichlaugenstärke von 20 g Chlor im l arbeiten. Auf höhere Bleichlaugenstärken zu gehen, verbietet sich mit Rücksicht darauf, daß der Strom bei längerer Elektrolysendauer mehr und mehr Chlorat liefert, indem die Azidität steigt, mithin mehr freie unterchlorige Säure auftritt. Es ist daher bei den Apparaten mit kreisender Lauge die Dauer der Elektrolyse zu begrenzen und bei den Apparaten mit einmaligem Durchlauf die Laugengeschwindigkeit genau einzustellen.

Die Wirtschaftlichkeit der Elektrolytbleiche im Vergleich zur Chlorkalkbleiche läßt sich mit Hilfe der folgenden Gleichung annähernd berechnen:

$X = C.K.k + C.S.s + A.q:b.100 + A:b.j$, worin bedeutet:

		Zahlenbeispiel:
X	die Gesamtkosten der täglich erzeugten Menge Chlors;	
C	die Gesamtmenge des täglich erzeugten aktiven Chlors in kg;	C = 52
K	Anzahl der erforderlichen KW/Std. für 1 kg aktives Chlor;	K = 6,4
k	Preis der KW/Std. in Pf.;	k = 4,5[1]
S	Anzahl der erforderlichen kg Salz für 1 kg aktives Chlor;	S = 4,2
s	Preis des kg Salz in Pf. an der Verbrauchsstelle;	s = 2
A	Anschaffungskosten der gesamten elektrischen Bleichanlage;	
q	Mindestzinsfuß in %;	q = 5
b	Anzahl der Betriebstage im Jahre;	b = 300
j	Anzahl Jahre, innerhalb deren die Anlage abzuschreiben ist.	j = 5

Setzen wir das rechts stehende Zahlenbeispiel ein, so erhalten wir:

$$X = 1934.4 + A : 1200.$$

Unter der Annahme, daß 52 kg aktives Elektrolytchlor an Bleichwirksamkeit 200 kg Chlorkalk (unter Berücksichtigung der Löseverluste) entsprechen und daß

[1]) V. Engelhardt, Ch. Ztg. **1911**, 573, nahm als zulässig einen Preis von 3—4,5 Pfg. für die Kilowattstunde an.

1 kg Chlorkalk 11,5 Pfg. kostet, darf X höchstens 2300 betragen, mithin darf A höchstens

$$A = 1200 \cdot 2300 - 2\,321\,280 = 438\,720.$$

sein, d. h. die Anschaffungskosten dürfen RM. 4387,20 nicht überschreiten.

Neuerdings haben in der Bleichindustrie jene Bestrebungen erheblich an Boden gewonnen, die auf eine direkte Erzeugung von Hypochlorit überhaupt verzichten und nach irgendeinem Verfahren der eigentlichen Alkalichloridelektrolyse Chlor und Ätzkali getrennt erzeugen. Diese Verfahren erfordern keine teuren Platinanoden, die Stromausbeuten sind günstig, und der Energieverbrauch für 1 kg Chlor ist geringer, als bei der Elektrolyse auf Hypochlorit. Man leitet entweder das Chlor in die erzeugte Alkalilauge oder benutzt Kalkmilch bzw. Ätzkalk zur Absorption und kann dann die für sich eingedampfte Alkalilauge verkaufen. Kleine und entlegene Bleichereien dagegen würden nur schwierig Absatz für die Lauge finden; deshalb ist für diese die unmittelbare elektrolytische Hypochloritdarstellung das gegebene.

Man hat dem Elektrolyt-Chlor eine überlegene Bleichwirkung gegenüber dem aktiven Chlor anderer Hypochlorite, insbesondere des Chlorkalks zuschreiben zu dürfen geglaubt, so daß man 0,8 g Elektrolyt-Chlor 1 g Chlorkalk-Chlor gleichsetzte. Diese Annahme darf heute nicht mehr aufrecht erhalten werden. Die stärkere Bleichwirkung der Elektrolytlauge gegenüber einer Chlorkalklösung von gleichem Chlorgehalt gründet sich lediglich auf die schwächere Alkalität der Elektrolytlauge im Vergleich zu der ätzkalkhaltigen Chlorkalklösung. Gebrauchte und daher neutralere Chlorkalklösungen bleichen bekanntlich auch besser als frische. Z. B. wird die Bleichdauer einer Elektrolytlauge durch Zusatz von nur ½ g NaOH auf das l von 1 Stunde auf 4¾ Stunden verlängert.

K i n d und W e i n d e l, Internat. Wäscherei-Zentralbl. **1907**, fanden den Bleichwert von NaOCl gegenüber $Ca(OCl)_2$ höchstens um 8% besser. Mit A b e l schreiben sie diese günstige Wirkung dem besseren Diffusionsvermögen der Natriumhypochloritlösung zu, das nicht durch das auf der Faser niedergeschlagene Kalziumkarbonat wie bei Chlorkalk beeinträchtigt werde; s. auch H i g g i n s, Über elektrolytisch hergestellte Bleichlösungen, J. Ch. I. **1911**, 185; Färb. Ztg. **1912**, 385.

Zusätze zu Chlorbleichlaugen.

Die beschleunigende Wirkung der Gegenwart von Säuren ist schon lange bekannt. Andere Zusätze sollen die Faserschädigung verhüten. C. F. T h e i s hat eine Reihe derartiger Vorschläge nachgeprüft und in der folgenden Übersicht die Ergebnisse zusammengestellt:

Nr.	Ware wurde 10 Stunden im Hochdruckkessel unter Flottenkreislauf gekocht, gewaschen, dann behandelt nach **Methode:**	Reihenfolge im Weiss: Nr. 1 beste, Nr. 7 schlechteste Probe	Dynamometer		
			Kette	Schuß	Mittel
1	**Lunge** (D. R. P. 31 741) Chlorkalk 1° Bé und 25 ccm Essigsäure 6° Bé im l	Nr. 2 zum Bläuen für Weißware genügend	46,4	34,4	40,8
2	**Lagache** (F. P. 300173/4, Oe. Wollen- u. L. ind. **1900,** 1130; **1902,** 760) Chlorkalk und eingeleitetes Kohlensäuregas	Nr. 1 zum Bläuen für Weißware genügend	29,4	25	27,2
3	**Beyrich** (D. R. P. 2148) Chlorkalk 1° Bé und 10 g Oxalsäure in 100 ccm auf 1 l	Nr. 7 für Weißware ungenügend	49,7	41,3	45,5
4	**Herrison und Lefford** Chlorkalk 1° Bé und 2 T. Glaubersalz	Nr. 5 zum Bläuen für Weißware noch eben genügend	38,7	31	34,9
5	**Bayle und Pontiggia** (D. R. P. 1958) Chlorkalk wie bei 4 und Leinsamenschleim (zu gleichen Teilen)	Nr. 4 für Weißware ungenügend	48,4	38,4	43,4
6	**Bayle und Pontiggia** Chlorkalk wie bei 4 und Fettsäure (in Petroläther gelöst) 1 : 1	Nr. 6 für Weißware ungenügend	44	35,4	39,7
7	**Wächter** (D. R. P. 36 752) Chlorkalk und (5 %) Glycerin	Nr. 3 für Weißware ungenügend	38,7	37,4	38
	Rohware 86 cm Breite Die gebleichten Proben sind 80—81 cm breit	Auf 80 cm berechnet	36,6	30,1	33,4

Alkalische Chlorbleichlaugen bleichen so langsam, daß sie von Kalle & Co. in ihrem D. R. P. 233 211 für die Buntbleiche empfohlen werden.

Die Anwendung von Kohlensäure nach dem Chloren liegt zugrunde dem

Mather-Thomson'schen Bleichverfahren.

Williamson hatte zuerst darauf hingewiesen, daß die Salze der unterchlorigen Säure durch Kohlensäure zerlegt werden. Das Verfahren war auch schon in den 60er Jahren in einer Papierfabrik zur Erhöhung der bleichenden Wirkung einer Chlorkalklösung und von Jakob Baynes Thompson in New-Cross im Jahre 1888 zum Bleichen der Pflanzenfasern angewandt worden (D. R. P. 80 880). In einem luftdicht verschlossenen Gefäße nahm er, nachdem die Ware mit Natronlauge gekocht worden war, abwechselnd das Bleichen mit Chlorkalklösung und das Einwirkenlassen der Kohlensäure vor. Aber erst die Verbindung des Thompsonschen Verfahrens mit der Kochmethode Mathers durch die Anwendung von Natronlauge, in Verbindung mit dem Dämpfen (vgl. S. 190) ergab gute Erfolge.

Das Verfahren Mather-Thompson zerfällt demnach in zwei Teile. Zuerst werden die mit Natronlauge getränkten Stücke im Dämpfkessel gedämpft unter fortwährendem Zufluß von Natronlauge, in demselben Kessel gewaschen und dann im Continue-Apparat gechlort.

α) Bäuche.

Die hierbei verwendeten liegenden Bäuch- und Dämpfkessel (S. 121) (Abb. 11) sind zur Aufnahme von 2 oder 3 auf Schienen laufenden Wagen aus verzinktem Eisenblech eingerichtet, in welche die Ware in breitem Zustande oder im Strang eingepackt wird (Abb. 12). Die Wagen passen genau in den Bäuchkessel und enthalten 1000 kg Stoff, oder 100—110 Stück mittlerer Warengattung zu 60 m das Stück.

Das Ein- und Ausfahren der Wagen, sowie das Öffnen und Schließen des Deckels dauern 2—3 Minuten. Nach dem Verschließen läßt man sofort Dampf einströmen, während eine Zentrifugalpumpe die unten sich ansammelnde Lauge wieder über die Ware verteilt. Nachdem 5 Stunden lang bei ⅓ Atm. Druck (107° C) gedämpft worden ist, wird der Dampf abgestellt, und der Kessel mit heißem Wasser angefüllt. Dieses wird durch die Pumpe in stetem Kreislauf erhalten. Nach einer Stunde wird das Wasser gewechselt und mit frischem Wasser nochmals eine Stunde gewaschen. Hierauf wird der Deckel abgehoben, der Wagen ausgefahren und die Ware auf einer Waschmaschine gewaschen.

Ware, die weiß bleiben soll, also für Marktbleiche, kommt vor dem Dämpfen in Strangform oder in voller Breite in ein 75—90° C warmes Bad aus schon zum Bäuchen verwendeter Lauge von 1—3° Bé, wird dann gewaschen, geht hierauf durch ein frisches Laugenbad von 3° Bé, und von hier, durch Quetschwalzen vom Überschuß befreit, in den

Wagen. Hier wird während des Dämpfens eine 2° Bé starke Natronlauge über die Ware gesprengt.

Abb. 11. Bäuch- und Dämpfkessel
nach Mather-Thompson.

Für Druckware, die also nicht weiß bleibt, ist der Gang etwas anders. Die Gewebe werden erst in einem schwachen Säurebad kochend entschlichtet, dann gewaschen und kommen in den Dämpfkessel; der Natronlauge werden für 2000 kg Gewebe 10 kg Harzseife zugesetzt.

β) Chloren.

Der Continue-Chlorapparat von William Mather (Abb. 13) besteht aus einem oder zwei in 15 Abteilungen geteilten langen Kasten, 1½ m hoch, 1¼ m breit und ungefähr 10 m lang. Die einzelnen Abteilungen

Abb. 12. Füllung der Wagen für Breitbleiche nach Mather-Thompson.

sind oben offen, nur die für die Kohlensäure sind gut geschlossen und haben nur enge Öffnungen zum Ein- und Ausgang der Zeuge. Alle Abteile enthalten Walzen, über welche die Ware ihren Weg nimmt. Die Walzen werden durch Zahnräderübersetzungen bewegt.

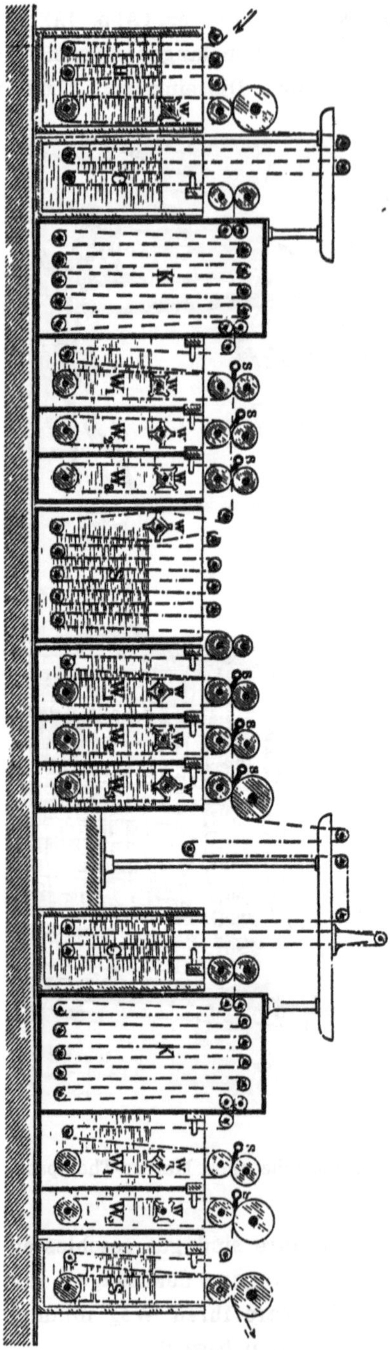

Abb. 13. Mather-Thompson-Bleichapparat.

Die gebäuchten und gewaschenen Stücke gehen (in Strangform, und zwar 4 Stränge nebeneinander, oder auch) in voller Breite, über zwei Quetschwalzen in die Kästen, und zwar: 1. H, mit warmem Wasser, 2. C, mit Chlorkalklösung von ¾° Bé, 3. K, mit Kohlensäuregas, 4. W_1, W_2, W_3, mit kaltem Wasser, 5. S, mit 0,1%iger Sodalösung von 60—75° C und 6. W_1, W_2, W_3, mit kaltem Wasser.

Die Gewebe gelangen in dem zweiten Kasten, 1. nach C, mit Chlorkalkbad ⅓° Bé, 2. nach K, mit Kohlensäure, 3. nach W_1, W_2, mit Wasser und 4. nach S, mit 1%iger Salzsäure oder einer Mischung von 2 Teilen Salzsäure und 1 Teil Schwefelsäure.

Nach dem Säurebad wird 2mal auf dem Clapot gewaschen und hierauf getrocknet.

Die Chlorkalkbäder werden beständig aus einem Behälter mit frischer Chlorkalklösung versehen. Die Kohlensäure wird aus Kalkstein und Salzsäure entwickelt und von unten in den Kohlensäurekasten eingeleitet.

Die Stücke laufen durch diesen Continue-Chlorapparat mit einer Geschwindigkeit von 60—65 m in der Minute und durchlaufen in 2½—3 Minuten den ganzen Apparat. Gehen zwei Stücke nebeneinander, so liefert der Apparat 4500 bis 5000 kg oder 36—40 000 m Gewebe in 10 Stunden.

Trotz dieser gewaltigen Ersparnis an Zeit und angeblich auch an chemischen Hilfsmitteln, hat sich das Verfahren, das s. Z. in der Firma Ainsworth & Co. in Bolton eingeführt worden war, nicht eingebürgert.

Der Continue-Chlorapparat von Hadfield und Sumner (D. R. P. 107 093) ähnelt dem Matherschen.

Bleichverfahren nach Lunge (D. R. P. 31741).

Zur Verstärkung der Wirkung des Chlorkalkes wendet Lunge eine schwache organische Säure, wie Essigsäure oder Ameisensäure, an; entweder wird diese der Bleichflüssigkeit zugesetzt oder man nimmt die Ware durch schwache Essigsäure, welcher man nach und nach die Chlorkalklösung hinzufügt. Durch die Wirkung der Essigsäure auf den Chlorkalk bildet sich freie unterchlorige Säure und Kalziumazetat. Während des Bleichens gibt die unterchlorige Säure ihren Sauerstoff ab und es entsteht Salzsäure, die nun wieder den essigsauren Kalk zersetzt, wobei wieder freie Essigsäure und Kalziumchlorid entstehen.

Das Bleichverfahren von W. Mathesius und M. Freiberger (D. R. P. 281 581) empfiehlt saure Chlorbleiche für alkalisch vorgebleichte Stückware unter Benutzung des Ablegegefäßes nach D. R. P. 263 763 (S. 132) (L. Färb. Ztg. **1919**, 89).

Die Sauer-alkalische Chlorbleiche schlägt den umgekehrten Weg ein.

Nach dem D. R. P. 352 845 der Zellstoffabrik Mannheim-Waldhof soll der Faserstoff erst mit einer angesäuerten Hypochlorit- und nachher mit einer schwach angewärmten alkalischen Lösung behandelt werden. Der Bleicheffekt sei bedeutend besser als man nach der Summenwirkung des verbrauchten Bleichmittels erwarten sollte. Die Umkehrung der Bäder gebe kein günstiges Ergebnis. Dagegen sei es gleichgültig, ob man die Hauptmenge des Bleichmittels im sauren oder alkalischen Bade wirken lasse.

Verfahren	R	W
1. Chlorkalk 1° Bé + 2,5 ccm H_2SO_4, Spülen	21,9 kg	71
2. wie 1, danach Chlorkalk 1° Bé + 1 ccm NaOH 32° Bé, Spülen	23,9 „	74
3. Chlorkalk 1° Bé + 1 ccm NaOH 32° Bé, Spülen	23,6 „	68
4. wie 3, danach Chlorkalk 1° Bé + 2,5 ccm H_2SO_4, Spülen	23,2 „	68

Das Gewebe war vorher mit Soda und Türkischrotöl abgekocht und nach dem Trocknen in gleich große Versuchsstreifen zerteilt worden. Die Stückchen wogen 4⅓ g, die Flotte betrug 500 ccm. Unter R finden sich die Reißfestigkeiten in der Kettrichtung, unter W die Hundertstel Weiß mit dem Hasch und der Grauleiter gemessen.

Die Zahlen bestätigen den Patentinhalt (T. **1922**, 363).

Die folgenden Versuche sollen die Möglichkeit einer Chlorersparnis bei gleicher Bleichwirkung auf Grund des neuen Verfahrens ergründen.

Verfahren	R	W
5. Chlorlauge 1 g Cl im 1 + 1 ccm H_2SO_4, Spülen		
„ 1 „ „ „ 1 + 1 „ NaOH 32° Bé, Spülen	21,6 kg	76
6. „ 2 „ „ „ 1 + 2 „ H_2SO_4, Spülen		
„ 2 „ „ „ 1 + 2 „ NaOH 32° Bé, Spülen	21,2 „	76
7. „ 4 „ „ „ 1, Spülen	19,0 „	76

Die Stückchen blieben jeweils 3 Stunden im Chlorbad, nur beim Versuch 7 (ebenso bei 1 und 3) 6 Stunden.

Die erhaltenen Ergebnisse bestätigen die günstigen Reißfestigkeiten beim neuen Verfahren und die Möglichkeit, mit dem Chlorgehalt herunterzugehen.

Wie weit dies möglich sei, lehrt eine weitere Versuchsreihe:

	Verfahren	R	W
8.	Chlorlauge $^1/_3$ g Cl im l + $^1/_3$ ccm H_2SO_4, Spülen		
	„ $^1/_3$ „ „ „ l + $^1/_3$ „ NaOH 32° Bé, Spülen	24,2 kg	75
9.	„ $^2/_3$ „ „ „ l + $^2/_3$ „ H_2SO_4, Spülen		
	„ $^2/_3$ „ „ „ l + $^2/_3$ „ NaOH 32° Bé, Spülen	24,0 „	76
10.	„ 1 „ „ „ l + 1 „ H_2SO_4, Spülen		
	„ 1 „ „ „ l + 1 „ NaOH 32° Bé, Spülen	24,6 „	76
11.	„ 2 „ „ „ l + 2 „ H_2SO_4, Spülen		
	„ 2 „ „ „ l + 2 „ NaOH 32° Bé, Spülen	23,3 „	78
12.	„ 2 „ „ „ l, Spülen	23,3 „	75
13.	„ 4 „ „ „ l, Spülen	22,2 „	77

Auch hier blieben die zweimal gechlorten Stückchen 3 Stunden, die nur einmal gechlorten, also 12 und 13, 6 Stunden im Bad. Vergleicht man die Ergebnisse von 8 und 12, so zeigt sich, daß man mit $^1/_3 + ^1/_3$ g Cl die gleiche Wirkung erzielt, wie mit 2 g im Liter, und obendrein eine bessere Reißfestigkeit. Vergleicht man 11 und 13, so ergibt sich, daß man mit der gleichen Chlormenge nach dem neuen Verfahren ein besseres Weiß sowohl als auch eine höhere Reißfestigkeit erzielt als nach dem alten.

Eine weitere Versuchsreihe (T. **1923**, **74**) beleuchtet den Einfluß der *sauren* Hypochloritbleiche.

Je ½ Liter Chlorlauge ¼° Bé mit ursprünglich 1,427 g Cl und 14,2 cm Normalalkalinität im Liter — 14,2 ccm n H_2SO_4 waren zur Neutralisation erforderlich — wurde mit steigender Menge Schwefelsäure versetzt, 5½ g abgekochtes Gewebe 3 Stunden gebleicht, danach Chlorgehalt Cl und Alkalinität A der Bäder und andererseits Bleichgrad W, Reißfestigkeit R, Dehnbarkeit D und der Quotient Q als Maaß der Oxycellulose bestimmt. Q ist Weißgehalt ungefärbt (Bleichgrad): Weißgehalt methylenblaugefärbt (Bd. II. S. 31).

Alkalinität	Cl	A	W	R	D	Q
Unbehandelt			60,5	25,4 kg	7,3 %	6,7
14,2	1,295	14,2	74,8	26,6 „	7,3 %	6,2
5,0	1,161	—0,8	72,5	23,7 „	7,6 %	7,6
0,0	1,153	—2,2	76,2	23,5 „	7,1 %	8,5
—5,0	1,082	—9,0	76,5	20,6 „	7,5 %	8,8
—20,0	1,055	—14,2	69,5	26,2 „	7,1 %	9,0
—100,0	0,425	—72,2	64,9	25,3 „	8,0 %	8,7

Die Zahlen lehren folgendes:

1. *Abnehmende Alkalinität hat steigenden Verlust an aktivem Chlor zur Folge, und zwar verwandelt sich die unterchlorige Säure bis zur Alkalinität*

—10 in Chlorsäure, jenseits —10 in molekulares Chlor.

2. Abnemende Alkalinität bis — 10 normal bewirkt in Folge der freiwerdenden unterchlorigen Säure stärkeres Bleichen, Abnahme der Reissfestigkeit und Zunahme der Oxycellulose.

3. Abnehmende Alkalinität jenseits — 10 normal bewirkt in Folge der Bildung von molekularem Chlor schwächeres Bleichen, Zunahme der Reissfestigkeit und Beharren der Oxycellulose.

d) Aktivin.

Den Hypochloriten steht nahe das p-Toluolsulfochloramidnatrium, das von der Chemischen Fabrik Pyrgos in Radebeul bei Dresden unter der Bezeichnung „Aktivin" in den Handel gebracht wird.

Darstellung: Es wurde 1905 zuerst von Chattaway dargestellt durch Einwirkung von Alkali auf zweifach gechlortes p-Toluolsulfamid. Dieses sogenannte „Chloramin T" empfahl Dakin 1916 als Desinfektionsmittel in der Wundbehandlung.

Heute wird nach D. R. P. 390 658 p-Toluolsulfamid in wässriger Suspension mit Chlorkalk behandelt und mit Kochsalz das Natriumsalz abgeschieden.

Eigenschaften: Das Aktivin des Handels ist 85%ig und kann durch Umkristallisieren aus heißem Wasser gereinigt werden. Seine Löslichkeit ist etwa 18. Die Lösung schmeckt bitter. Es enthält rund 25% aktives Chlor.

Vor den Hypochloriten hat das Aktivin den Vorzug der größeren Beständigkeit. Es gibt sein Chlor erst bei Gegenwart oxydabler Stoffe und in der Wärme ab. Die dann stattfindende Zersetzung kann in folgender Gleichung veranschaulicht werden:

$$CH_3 \cdot C_6H_4 \cdot SO_2 \cdot N \cdot Na \cdot Cl + H_2O = CH_3 \cdot C_6H_4 \cdot SO_2 \cdot NH_2 + NaClO$$

Das entstandene Natriumhypochlorit wirkt dann in der üblichen Weise bleichend.

Untersuchung: Während Aktivin mit den Hypochloriten die sonstigen analytischen Reaktionen auf aktives Chlor gemeinsam hat, vermag es Indigokarmin nur in stark salzsaurer Lösung zu entfärben (R. Feibelmann, Ch. Ztg. **1924**, 297).

Anwendung: In der Textilveredelung dient das Aktivin als Bleichmittel (Krais, L. M. f. Textilind. **1923**, 224; Heermann, T. **1924**, 181) und als Stärkeaufschließungsmittel (Haller, T. **1924**, 389; Feibelmann, Z. f. d. g. Textilind. **1924**, 410; L. M. f. T. **1927**, 392).

Wenngleich das Aktivin zu teuer ist, um den Chlorkalk in der Chlorbleiche des Großbetriebs zu ersetzen, so ist doch sein Verhalten beim Bleichen unter den verschiedenen Verhältnissen der Konzentration, der

Azidität, der Zeitdauer und der Flottenlänge des Bleichbades lehrreich. Die Versuchsergebnisse sind in der folgenden Übersicht zusammengestellt:

g Aktivin im l	g NaOH im l	Bleich-stunden	Flotten-länge	g Aktivin im l nachher	Reißfestig-keit in kg	Dehnbar-keit in %	Weiß-gehalt
4	0	1	30		23	18,6	68
16	0	1	30	14	23	18,6	70
64	0	1	30	60	22	18	72
16	—1	1	30	4.1	14	16	73
16	+1	1	30	11,6	20	19	57
16	0	1/4	30	16	25,5	19	55
16	0	4	30	3,4	23,5	15	74
16	0	1	10	9,6	25	18,5	73
16	0	1	90	10	25	18,5	73

Es wurden 1 m lange und 5 cm breite Streifen, 8 g schwer, gebleicht. Das vorletzte Bad enthielt absolut nur den dritten Teil, das letzte ebensoviel Aktivin wie die übrigen Bäder.

Maßzahlen für den etwaigen Oxycellulosegehalt konnten nicht angeführt werden, da hier wie bei den übrigen heißen Sauerstoffbleichen die 3 Bd. II. S. 29 angeführten Bestimmungsmethoden nicht ansprechen.

Im übrigen lehrt die Übersicht, daß die Aktivinbleiche die Eigentümlichkeiten einer (heißen) Hypochloritbleiche aufweist.

Auch hier schädigt die Erhöhung der Konzentration die Festigkeit kaum merklich, während der Bleichgrad etwas gebessert wird.

Auch hier wirkt die Steigerung der Azidität verheerend. Freie unterchlorige Säure, entsprechend 1 g NaOH im l, erniedrigt die Reißfestigkeit bis nahezu auf die Hälfte.

Freies Alkali ist andererseits im Gegensatz zur kalten Chlorbleiche auch etwas ungünstig für die Reißfestigkeit. Die Bleichwirkung wird wie bei der kalten Chlorbleiche fast ganz unterbunden.

Die Reaktionsgeschwindigkeit ist selbst bei der heißen Aktivinbleiche noch sehr gering. ¼stündiges Bleichen ist noch ganz wirkungslos. 4stündiges schadet durchaus nicht, trotzdem ¾ des Aktivins verbraucht werden.

Die Flottenlänge ist bei Aktivinbleiche ebenso unerheblich wie bei der kalten Chlorbleiche.

e) Natriumsuperoxyd.

Für die Superoxydbleiche im großen wird Natriumsuperoxyd verwendet. Wasserstoffsuperoxyd ist zu teuer.

In übersichtlicher Weise hat zuerst die Firma Königswarter und Ebell, Linden vor Hannover, die Anwendung von Natriumsuperoxyd zum Bleichen beschrieben:

a) Das Natriumsuperoxyd soll in luftdicht sich schließenden Büchsen bis zum Verbrauch aufbewahrt werden und nach Entnahme der benötigten Mengen sofort wieder verschlossen werden, damit es nicht Feuchtigkeit und Kohlensäure aus der Luft anzieht und allmählich unbrauchbar wird.

b) Das Natriumsuperoxydpulver darf nicht herumgeworfen werden, da es brennbare Substanzen leicht bis zum Brennen erhitzt.

c) Das Auflösen des Natriumsuperoxyds hat in der Kälte zu erfolgen. Um zu heftige Reaktion, die sich explosionsartig mit starkem Zischen und Spritzen äußern kann, zu vermeiden, darf das Natriumsuperoxyd nur in kleinen Mengen, langsam und unter gutem Rühren zur Lösung gebracht werden.

Den gleichen Zweck suchen die nachstehenden Mischungen von Natriumsuperoxyd mit Schutzstoffen zu erreichen:

D. R. P. 143 323 Na_2O_2, in langsam löslicher Pastillenform
D. R. P. 190 140/1, 191 887, 193 738/9, 200 817 mit Wachs
D. R. P. 216 898, 219 042 mit gechlorten Kohlenwasserstoffen
D. R. P. 316 753 mit Magnesiumchlorid und Pottasche
D. R. P. 74 113 mit Magnesiumchlorid oder Kalziumchlorid oder Magnesiumsulfat.

d) Natriumsuperoxyd soll nur in Holz-, Ton-, Steinzeug-, emaillierten oder Bleigefäßen gelöst werden; sonstige Metallgefäße, metallene Armaturen oder Metallteile sind nicht anzuwenden.

R. Wolffenstein empfiehlt im D. R. P. 206 566 Zinn (nicht alkalibeständig).

e) Obschon hartes Wasser nicht gerade unbrauchbar ist, ja die Haltbarkeit der Bleichbäder begünstigt, so verwende man tunlichst nur reines, weiches Wasser zum Auflösen. Schmutziges und namentlich mit organischen Substanzen verunreinigtes Wasser ist zu vermeiden.

f) Die Bleiche kann nur erfolgen, wenn das Bad alkalisch reagiert. Je alkalischer das Bleichbad gemacht wird, desto rascher wird der wirksame Sauerstoff frei. Je heißer gebleicht werden soll, desto weniger alkalisch darf das Bad sein. Ein neutrales Bad kann man selbst bis zum Kochen erhitzen, ohne größere Verluste befürchten zu müssen.

Da durch Auflösen des Natriumsuperoxyds im Wasser dieses theoretisch in Ätznatron und Wasserstoffsuperoxyd zerfällt, muß das mit der Lösung gleichzeitig freiwerdende Ätznatron gebunden werden. Es sind hierfür hauptsächlich zwei Methoden im Gebrauch:

1. Bleichbad mit Schwefelsäure.

100 Liter kaltes Wasser werden mit
1,35 Kilo conc. Schwefelsäure 66° Bé versetzt und darin
1 Kilo Natriumsuperoxyd

unter Beobachtung der gegebenen Regeln gelöst. Das Bad ist, wenn es ganz schwach alkalisch reagieren sollte, fertig zum Gebrauch. In den meisten Fällen wird es jedoch etwas sauer reagieren und muß deshalb neutralisiert und schwach alkalisch gemacht werden und zwar durch weiteren vorsichtigen Zusatz von Natriumsuperoxyd, oder aber am besten und sichersten durch vorsichtiges Zutröpfeln von Ammoniak (Wasserglaslösung, Natriumphosphat).

Vor dem Gebrauch muß das Bleichbad stets auf seine Alkalinität geprüft und schwach alkalisch gemacht werden.

2. Bleichbad mit Bittersalz.

In 95 Liter Wasser werden
3 Kilo kristall. Bittersalz und
dann 1 Kilo Natriumsuperoxyd

unter Beobachtung der gegebenen Regeln gelöst. Die durch ausgeschiedenes Magnesiumhydroxyd getrübte, milchige Flüssigkeit kann für nicht empfindliche Waren sofort als Bleichbad benutzt werden. Das Bad reagiert ziemlich stark alkalisch; deshalb setzt man vorteilhaft 1¼ Kilo conc. Schwefelsäure 66° Bé zu. Die milchige Trübung verschwindet fast vollständig; das so hergerichtete Bad wirkt sicher und übertrifft in seiner Wirkung das vorhergehende.

Da die eingelegten Waren von dem sich entwickelnden Sauerstoff emporgetrieben werden, müssen sie beschwert werden. Das Bleichgut ist während der Bleiche öfters zu wenden, damit alle Teile gleichmäßig der bleichenden Einwirkung ausgesetzt sind. Die Temperatur kann je nach der Natur der zu bleichenden Stoffe zwischen 30—80° C schwanken.

Die Dauer der Bleiche mit Natriumsuperoxyd schwankt von ½ bis 10 Stunden und hängt von der Natur der zu bleichenden Ware, von der Stärke, der Alkalinität und der Temperatur des Bleichbades ab.

Die Ware wird dann von dem Bleichbade ¼ Stunde auf ¼—½ %ige Schwefelsäure genommen und dann gewaschen.

Das nach vorstehenden Angaben bereitete 1 %ige Bleichbad muß für manche Zwecke verstärkt werden.

Das Bleichbad wird mit einmaligem Gebrauch nicht völlig erschöpft. Der tatsächliche Verbrauch an wirksamem Sauerstoff ist sehr verschieden und kann, richtige Zubereitung des Bades vorausgesetzt, durchschnittlich auf höchstens die Hälfte des angewandten beziffert werden. Es muß sich daher eine große Ersparnis ergeben, wenn man das bereits gebrauchte Bleichbad durch Zusatz von frischem Natriumsuperoxyd, z. B. der halben Menge der zuerst angewendeten Menge und auch unter gleichzeitigem Zufügen der entsprechenden Schwefelsäure- oder Bittersalzmenge auf die ursprüngliche Stärke aufbessert. Diese Aufbesserung kann so oft wiederholt werden, bis das Bad zu stark verunreinigt ist.

Soll die Bleiche unterbrochen und das nicht erschöpfte Bad zur späteren Verwendung aufbewahrt werden, so wird es durch Zufügen von etwas Schwefelsäure schwach sauer gemacht, worauf es sich längere Zeit ohne Verlust erhalten läßt. Durch Alkalizusatz kann es dann jederzeit gebrauchsfähig gemacht werden.

Die nachstehende Versuchsreihe (L. M. f. T. 1924, 10) beleuchtet den Einfluß der Konzentration und Acidität der Bleichflotte auf Bleichgrad und Reißfestigkeit.

Als Regel für die Konzentration wurde die obige mit 1,5 g bleichendem Sauertoff im Liter genommen (also mehr als im großen üblich ist. S. 35).

In das mit 7,2 ccm conc. Schwefelsäure angesäuerte Bad wurden vorsichtig 10 g Natriumsuperoxyd eingestreut.

Als Regel für die Temperatur galt: Kalt eingehen, während 1 Stunde zum Kochen treiben, 5 Minuten bei 95° halten, erkalten lassen, spülen. Die Erhitzung geschah im Wasserbad.

Als dritte Regel galt die Neutralität des Bades.

Diese Verhältnisse wurden mit Bezug auf Konzentration und Acidität nach oben und unten hin abgewandelt und der Einfluß der Abwandlung mit Hilfe der Reißfestigkeits- und Methylenblauzahl, sowie des Weißgehalts der gebleichten Muster gemessen. Die Temperatur ließ sich nicht abwandeln, da sie während des Verfahrens selber sich stetig ändert.

20 cm lange und 7 cm breite Streifen Kattun wurden in ½ Liter Bleichflotte behandelt. Im letzten Versuch wurde auch das Bittersalzverfahren in den Kreis der Betrachtungen gezogen, indem an Stelle der 7,2 ccm Schwefelsäure 32 g Magnesiumsulfat dem Bade zugesetzt wurden.

Die Versuchsergebnisse sind in der folgenden Tabelle niedergelegt.

g Na_2O_2 im l	H_2SO_4 im l	g O im Liter vorher	g O im Liter nachher	gNaOH im l	R in kg	D in %	W_1	W_2	Q	M
					24,2	4,8	43,1	16,5	2,61	(roh)
I. Abwandlung der Konzentration										
25	17,9	4,07	0,65	-2,8	**14,8**	5,5	61,9	16,7	3,71	**42**
10	7.2	1,5	0,11	-0,72	**16,8**	7,0	57,3	17,0	3,37	**29**
2	1,45	0,25	0,09	0	**18,2**	7,0	54,9	18,7	2,94	**13**
0,5	0,36	0,08	0.04	0	**21,4**	9,0	53,8			
II. Abwandlung der Acidität										
10	7,2	1,5	0,11	-0,72	16,8	7,0	57,3	17,0	3.37	29
10	3,6	1,25	0	3,6	**15,8**	7,5	55,2	18,6	2,97	14
10	1,8	1,10	0	7,2	**10,4**	7,0	56,8	16,9	3,36	29
10	10,8	2,21	0,21	-4,88	**14,0**	11,7	48,8	15,8	3,15	21
10	14,4	1,65	0,14	-10,1	**12,0**	10	47,5	15,6	3,04	16
III. Ersatz der Schwefelsäure durch Magnesiumsulfat										
10	7,2	1,5	0,11	-0,72	16,8	7,0	57,8	17,0	3,37	29
10	32 g Magnes.-Sulfat	1,2	0,65	8,8 als $Mg(OH)_2$	**20,6**	**8,4**	**67,8**	17,6	3,85	48

Es enthält Spalte

1. die Gramm Natriumsuperoxyd im Liter Bleichbad.
2. die ccm Schwefelsäure im Liter Bleichbad.
3. die Gramm Sauerstoff im Liter Bleichbad vor dem Bleichen.
4. die Gramm Sauerstoff im Liter Bleichbad nach dem Bleichen.
5. die Gramm Natriumhydroxyd im Liter Bleichbad mit Minuszeichen versehen, wenn als fehlend zu betrachten, weil an ihrer Stelle Schwefelsäure vorhanden.
6. die Reißfestigkeit in Kilo.
7. die Dehnbarkeit in %.
8. den Weißgehalt des gebleichten Musters.
9. den Weißgehalt des gebleichten und methylenblaugefärbten Musters.
10. den Quotienten $W_1 : W_2$.
11. die Methylenblauzahl.

Die erste Linie enthält die entsprechenden Werte für die Rohware.

Die Übersicht über den Einfluß der Abwandlung der Konzentration lehrt nicht nur, daß die gewählte Konzentration von 1,5 g Sauerstoff im Liter viel zu hoch ist, sondern daß auch die scwächste Konzentration die Baumwolle bereits schädigt. Natürlich ist das im letzteren Fall erhaltene Weiß 53,8 als durchaus ungenügend zu bezeichnen.

Die Methylenblauzahl — ebenso die Kupferzahl — zeigen trotz der Faserschädigung keine Oxycellulose an. Offenbar ist die alkalilösliche Oxycellulose in der alkalischen Bleichflotte in Lösung gegangen und daher auf der Faser nicht mehr nachzuweisen.

Die Übersicht über die Abwandlung der Acidität liefert das Ergebnis, daß neutrale Superoxydbleiche die Baumwolle am wenigsten schädigt, daß dagegen Abweichungen sowohl nach der sauren wie nach der alkalischen Seite hin verhängnisvoll wirken.

In den sauren Flotten schreitet wahrscheinlich die Oxydation über die Oxycellulose hinweg, die darum auch hier nicht nachzuweisen ist.

Diese stark sauren Bäder entwickeln zwischen 70 und 80^0 stürmisch Sauerstoff. Vielleicht liefert diese Erscheinung einen Schlüssel zur Erklärung der Faserschwächung in stark sauren Superoxyd-Bleichbädern.

Da die mit saurem Superoxyd gebleichten Muster Fehlingsche Lösung beim Kochen zwar nicht reduzieren, aber „brechen", kommt es zur Ausscheidung nicht von rotem Kupferoxydul, wohl aber von gelblich grünem Kupferhydrozyd. Es hat den Anschein, als wenn bei der sauren Bleiche die superoxydierte Cellulose auf der Faser verbliebe und beim Kochen mit Fehlingscher Lösung die erwähnte eigenartige Reaktion ergäbe.

Die Zahlen für den Ersatz der Schwefelsäure durch Magnesiumsulfat in der Superoxydbleiche lehren, daß diese Art Superoxyd-Bleiche noch am bekömmlichsten für die Baumwolle ist. Reißfestigkeit und Weiß werden in ausgezeichneter Weise beeinflußt.

Ein wesentlicher Vorzug der Magnesiumbleiche wird auch durch die Zahlen der dritten und vierten Spalte deutlich. Von den 1,2 g Sauerstoff vor dem Bleichen sind nachher trotz der günstigen Bleichwirkung noch 0,65 g im Bade vorhanden. Die Magnesiumbleiche ist also auch die sparsamste Superoxyd-Bleiche. Der hohe Alkaligehalt von 8,8 g NaOH im Liter ist hier ganz unschädlich, da er in Form von $Mg(OH)_2$ vorliegt.

Natriumsuperoxyd wird besonders von der Deutschen Gold- und Silberscheideanstalt vorm. Rössler, Frankfurt a. M., mit Zusatz von Antikatalysatoren, wie Natriumsilicat und Magnesiumchlorid, in ihrem D. R. P. 284 761 empfohlen (Färb. Ztg. 1916, 203). Nach diesem Verfahren sollen sich die beiden Arbeiten des Bäuchens und Bleichens in eine einzige zusammenfassen lassen und die erhaltene Ware sich durch Haltbarkeit und Elastizität, besonders aber weichen Griff auszeichnen. Namentlich in Nähgarnbleichereien soll sich das Verfahren gut eingeführt haben (Bd. I, 205).

Die Wirtschaftlichkeit der Superoxydbleiche hängt davon ab, daß der Gehalt an aktivem, bleichendem Sauerstoff möglichst ausgenutzt wird.

Dazu gehört, daß kein Sauerstoff gasförmig, molekular entweicht und sich auf diese Weise der bleichenden Wirkung entzieht.

Wir haben zu unterscheiden zwischen Umständen, die die Zersetzlichkeit des Superoxyds begünstigen, und solchen, die sie aufhalten. Beide müssen so geschickt ausgenutzt werden, daß nahezu sämtlicher Sauerstoff bleichend wirkt.

Zu den die Zersetzung befördernden Umständen gehören allgemein: erhöhte Temperatur und alkalische Reaktion (S. 30); im besonderen: die Gegenwart gewisser Metalle wie Blei, Eisen und vor allem Kupfer (P. Lüttringhaus L. Färb. Ztg. 1901, 328 und 1902, 165). P. Heermann schreibt dem Kupfer einen verhängnisvollen Einfluß bei dem „Sauerstofffraß" der Wäsche unter Verwendung superoxydhaltiger Waschmittel zu (Chem. Ztg. 1918, 85, 159, 284, 337). Die Metalle wirken „katalytisch" d. h. schon ganz geringe Mengen genügen, um die sonst träge Reaktion überraschend zu beschleunigen.

Zu den die Haltbarkeit befördernden Umständen gehören allgemein: niedrige Temperatur und saure Reaktion; im besonderen: die Gegenwart gewisser „„Antikatalyte" oder „Stabilisatoren" wie Alkohol, Aether, Harnsäure, Stearinsäure, Benzoesäure, Pyrogallussäure, Acetanilid, Kleister, Traganth, Monopolseife, Kochsalz, Härtebildner (S. 191) und insbesondere Magnesiumsilikat nach D.R.P. 284761 der Deutschen Gold- und Silber-Scheideanstalt in Frankfurt a. M.

Die Superoxydbäder werden durch die Gegenwart des kolloiden Magnesiumsilikats so beständig, daß das Neutralisieren des Alkalis durch Schwefelsäure oder Magnesiumsulfat nach den Anwendungsvorschriften von Königswarter & Ebell überflüssig wird.

Auf 1 Liter Bleichbad mit 4 g Natriumsuperoxyd und 1 g Monopolseife setzt man so viel Magnesiumsilikat zu wie aus 0,3 g $MgCl_2$ und 0,375 g Natriumsilikat entsteht. Diese Menge soll nach Angabe der Patentinhaber zum Bleichen von 250 g Baumwolle genügen. Im allgemeinen rechnet man aber 3% Na_2O_2 vom Gewicht der Ware.

Die Apparatur ist einfach: In einem offenen Bottich mit Rührwerk werden die Bäder angesetzt; in einem offenen Bottich mit Heizschlange, Schleuderpumpe, Druck- und Saugleitung wird bei 7facher Flottenlänge gebleicht. Die Bottiche sind aus Ahornholz oder verglastem Steinzeug.

Ansatz des Bleichbades: Man löst erst das Peroxyd unter Rühren auf und fügt dann Magnesiumchlorid, Natriumsilikat und Seife in der angegebenen Reihenfolge hinzu.

Das Bleichen: Die über Nacht in einem schwachen, lauwarmen Seifenbade eingeweichte und abgequetschte Baumwolle wird in den Bottich eingesetzt, mit einem Tuch zugedeckt und mit Holzblöcken abgesteift. Man pumpt die Flotte in den Bleichbottich und läßt langsam kreisen unter schneller Erwärmung auf 90°. Das nach 1½ Stunde erschöpfte Bad — Prüfung mit Kaliumpermanganat — läßt man laufen; darauf wird mit frischer Flotte nachgebleicht, gespült, mit ½° Bé starker Schwefelsäure abgesäuert und wie üblich fertiggestellt.

Im Gegensatz zur kalten Chlorbleiche, bei der ein Überschuß an Chlor — sei es in Gestalt zu hoher Konzentration oder zu langer Flotte — infolge der geringeren Reaktionsgeschwindigkeit ohne Nachteil ist, wenn man die Einwirkungsdauer nicht übertreibt, ist bei der heißen Superoxydbleiche jeder Überschuß an aktivem Sauerstoff verhängnisvoll und daher streng zu vermeiden.

Nach J. Auerbach (Z. ges. Textilind. **1927**, 208 lassen sich noch 0,001% H_2O_2 mit schwefelsaurer Titansäurelösung durch Übergang in gelbrote Pertitansäure auf der Faser nachweisen.

f) Kaliumpermanganat.

Kaliumpermanganat empfiehlt sich als Bleichmittel für kleinere Betriebe, in denen nicht ständig gebleicht wird (Bd. I, 211). Sonst ist es zu teuer. Das Permanganatbad ist stets sauer zu halten, in alkalischer Flotte kommt es zu reichlicher Oxycellulosebildung, die sich bis zur vollständigen Zerstörung der Faser steigern kann.

Die Permanganatbleiche ist wegen des hohen Preises des Kaliumpermanganats im allgemeinen zu teuer. Sie ist aber leicht zu handhaben und erfreut sich daher vereinzelter Anwendung in besonderen Fällen, wo einmal eine Partie schnell außer der Reihe zu bleichen ist.

Dabei sind 2 Übelstände mit in den Kauf zu nehmen:

1. Die Oberflächlichkeit des Bleichens. Der sich auf der Faser niederschlagende Braunstein hindert die Lösung am ungestörten Eindringen in das Innere des Fadens.

2. Das leichte Nachgilben. Wenn nicht sehr sorgfältig gespült wird, bleibt Mangan, zunächst als farbloses Oxydul, auf der Faser zurück und oxydiert sich später beim Liegen an der Luft zu braunem Oxyd.

Ferner sind auch bei dieser Bleiche ganz bestimmte Regeln für die Einstellung von Konzentration, Temperatur, Azidität und Zeitdauer des angewandten Bleichbades zu beobachten.

Über das Bleichen mit Kaliumpermanganat hat zuerst Scurati Manzoni, Biella (L'Industria, Milano 1888) eine Studie veröffentlicht.

Die Versuche wurden mit ausgekochtem Baumwollgarn angestellt.

Die Lösungen enthielten ½, 1, 1½ und 2 Teile Permanganat auf 100 Teile Baumwolle und wurden sowohl neutral als auch alkalisch und sauer gehalten.

Das alkalische Bad wurde bereitet durch Zusatz von Ätznatron oder Ätzkali in der theoretisch zur Umwandlung des Permanganates in Manganat nötigen Menge; das saure Bad erhielt einen Zusatz von so viel Schwefelsäure, als theoretisch notwendig ist, um alle Übermangansäure frei zu machen.

1. In neutralen Lösungen findet die Reduktion des Permanganats langsam statt.
2. In alkalischen Lösungen findet die Reduktion wahrscheinlich in zwei Stufen statt. In der ersten Stufe geht die Purpurfarbe der Lösung schnell in grüne über, wenn die Baumwolle eingetaucht wird, indem ein teilweiser Absatz von Manganhydroxyd auf der Faser stattfindet. In der zweiten Stufe verliert das grüne Manganat seine Farbe sehr langsam, wobei das in der Lösung bleibende Mangan sehr langsam auf der Faser abgelagert wird.
3. In der sauren Lösung findet die Reduktion schneller statt.

Am Schluß ist das Garn in allen drei Fällen braun, bei 3 gleichmäßiger als bei 1 und 2.

Auffallend ist der Unterschied in der Festigkeit der Faser. Das im sauren oder neutralen Bad behandelte Garn ist fest, das im alkalischen Bade gewesene dagegen scheint morsch; es kann leicht zerrissen werden, besonders wenn mit 2%iger Permanganatlösung behandelt worden war, die Behandlung des Garnes in saurer Permanganatlösung ist mithin die zweckmäßigste.

Zur Vollendung der Bleiche wird das braungefärbte Garn nach der Behandlung mit Permanganat in einer Lösung von schwefliger Säure behandelt. (Bd. I, 212.)

Der Vorschlag von V. Thomas (R. g. d. mat. col. 1900) mit verdünnter Wasserstoffsuperoxydlösung nachzubehandeln, ist unbrauchbar. Wasserstoffsuperoxyd ist erstens teurer wie schweflige Säure, und zweitens in diesem Falle ohne jede bleichende Wirkung, da sein aktiver Sauerstoff durch das Mangansuperoxyd molekular entbunden wird.

Da das Manganoxydhydrat, welches von dem Garn entfernt werden muß, in Schwefelsäure löslich ist, so könnte das Bad genügend sauer gemacht werden, um das durch Reduktion entstehende Manganoxyd sogleich aufzulösen. Auf diese Weise wäre es möglich, allen durch das Permanganat erzeugten Sauerstoff auszunutzen und das Bleichen in einem einzigen Bade zu bewirken. Dies geschieht nach Scurati, wenn man ein Schwefelsäurebad von 5° Bé anwendet, dann wird das Garn nicht erst braun, sondern sogleich weiß und bei ungefähr fünfstündigem Eintauchen vollständig gebleicht; das Permanganat muß in zwei oder drei Anteilen nach und nach als konzentrierte Lösung in die Schwefelsäure von 5° Bé bei 15—20° C gerührt werden.

Scuratis Vorschlag scheitert an der auch in stark saurer Lösung eintretenden Faserschädigung, wie die nachstehenden Forschungsergebnisse lehren (L. M. f. T. **1923**, 263):

Als Regel kann für die Konzentration 1 g $KMnO_4$ = 0,152 g O im Liter, für die Temperatur 20° C und für die Acidität diejenige des käuflichen Salzes, d. h. Neutralität angenommen werden. Von der angegebenen Konzentration bin ich zunächst nach oben hin abgewichen, um im Bleichbad diejenige Menge bleichenden Sauerstoffs zu erhalten, die der Menge aktiven Chlors in den üblichen Chlorbleichbädern annähernd entspricht. 4 g Chlor entsprechen $4 \times 16 : 71 = 0{,}9014$ g Sauerstoff. Auf diese Weise ließ sich eher ein Vergleich zwischen den Bleichwirkungen beider Mittel ziehen.

Bei der Bemessung des Permanganats ist folgender Umstand zu berücksichtigen. Für die Bleichwirkung des Kaliumpermanganats wird allgemein die Gleichung angenommen

$$2\,KMnO_4 + H_2O \longrightarrow 3\,O + MnO_2 + 2\,KOH$$

wonach 2 Mole 3 Atome Sauerstoff abgeben, während für die oxydierende Wirkung bei der titrimetrischen Bestimmung die Gleichung gilt

$$2\,KMnO_4 + 3\,H_2SO_4 \longrightarrow 5\,O + 2\,MnSO_4 + K_2SO_4$$

wonach 2 Mole 5 Atome Sauerstoff abgeben.

Je 20 cm lange und 7 cm breite Kattunstreifen wurden 4 Stunden mit 120 ccm Bleichlösung behandelt. Die Ergebnisse sind in der nachstehenden Tafel zusammengestellt:

Die 1. Spalte enthält die Konzentration in g O im l
2. „ „ die Temperatur
3. „ „ die Alkalinität bzw. Acidität in g NaOH im l
4. „ „ die nach der Bleiche noch vorhandenen g O im l
5. „ „ die Reißfestigkeit R in kg
6. „ „ die Dehnbarkeit D in %
7. „ „ den Weißgehalt W_1 der gebleichten Ware
8. „ „ den Weißgehalt W_2 der gebleichten u. gefärbten Ware
9. „ „ den Quotienten Q
10. „ „ die Methylenblauzahl M
11. „ F. „ den qualitativen Nachweis von Oxycellulose mit Fehlingscher Lösung

Die erste Reihe gibt jedesmal die entsprechenden Werte der ungebleichten Ware.

Der Permanganatgehalt der Bäder wurde nach der üblichen Methode durch Titration von n/10 Oxalsäure bestimmt. Die Bestimmung der Acidität wurde sowohl direkt durch Tüpfeln auf Phenolphtaleinpapier als auch indirekt nach Craig, Chem. Zentralblatt 1919, IV, 487 nach vorheriger Entfärbung mit Wasserstoffsuperoxyd versucht; doch wurden in beiden Fällen keine befriedigenden Zahlen erhalten; ihre Angabe ist deshalb unterblieben. Sie haben auch keine hervorragende Bedeutung, da die Annahme berechtigt ist, daß die bei der Oxydation entstehende organische Säure der Menge nach das nach der Bleichgleichung freiwerdende Ätzkali überwiegt.

g O im l	Temperatur	g NaOH im l	nachher g O im l	R	D	W_1	W_2	Q	M	F
				23,2	10,0	44,7	21,1	2,12	(roh)	
			I. Abwandlung der Konzentration							
5,75	20	0	3,67	0,5	3,5	69,3	10,0	6,92	226	sehr stark
1,15	20	0	0,99	14,2	10,0	62,7	11,4	4,07	92	ziemlich stark
0,22	20	0	0,18	20,8	7,5	60,0	19,6	3,06	44	etwas
			II. Abwandlung der Temperatur							
1,15	20	0	0,99	14,2	10,0	62,7	11,4	4.07	92	ziemlich stark
1,15	35	0	0.68	8,0	5,5	62,9	11,6	5.40	156	stark
1,15	50	0	0,65	morsch		68,5	9,2	7.40	250	sehr stark
			III. Abwandlung der Azidität							
1,15	20	0	0,99	14,2	10,0	62,7	11,4	4.07	92	ziemlich stark
1,15	20	1,00	0,37	morsch		76,9	15,3	5,01	136	stark
1,15	20	1,00	0,61	2,1	3,1	79,5	17,9	4,42	108	ziemlich stark

Die erhaltenen Zahlen lehren zunächst, daß die Permanganatbleiche die Baumwollfaser weit stärker angreift als die Chlorbleiche. Die Methylenblauzahlen sind durchweg zu hoch ausgefallen. Selbst das schwächste Bad mit nur 0,22 g O — freilich immer noch etwas mehr als die üblichen 0,15 g der Praxis — hat schon so viel Oxycellulose erzeugt, daß M gleich 44 wird.

In der Permanganatbleiche wirken Konzentrations- und Temperaturerhöhung ziemlich gleich verhängnisvoll, während bei der Chlorbleiche der durch zu starke Konzentration angerichtete Schaden nicht so groß ist.

Alkalische Permanganatbäder wirken geradezu verheerend auf die Festigkeit der Baumwolle. Der so gefährlichen gleichzeitigen Einwirkung von Sauerstoff und Alkali ist die Cellulose schutzlos preisgegeben. Infolgedessen ist in Spalte 4 ein ungewöhnlich hoher Sauerstoffverbrauch, in Spalte 5 und 6 völlige Zermorschung der Faser und in Spalte 10 der höchste Oxycellulosegehalt, entsprechend M = 136, verzeichnet.

Aber auch die Gegenwart von viel freier Säure scheint bedenklich (s. oben). Auch hier beobachten wir höheren Sauerstoffverbrauch, starke Verminderung der Reißfestigkeit und Anwachsen des Gehaltes an Oxycellulose gegenüber der neutral gebleichten Faser.

Dieses überraschende Ergebnis hängt mit der ungewöhnlich hohen Konzentration der Bleichbäder zusammen; bei Herabsetzung der Konzentration auf die in der Praxis übliche Stärke verschwindet diese Anomalie in der Einwirkung der freien Säure. Das lehrt eine zweite Versuchsreihe, bei der die gewöhnliche Konzentration von 1 g im Liter als Norm gewählt wurde. Außer der Konzentration, Temperatur und Azidität wurde diesmal auch die Zeitdauer des Bleichens in einem IV. Versuch abgewandelt. Die erhaltenen Zahlen gibt folgende Übersicht wieder:

gO im l	Temperatur	g NaOH im l	Bleichzeit	nachher gO im l	R	W_1	W_2	Q	M
					22,8	50,4	14,6	3,45	(roh)
I. Abwandlung der Konzentration									
0,75	20	0	3 Stunden	0.711	13.8	61,8	11,0	5,62	62.9
0,15	20	0	3 Stunden	0,133	23.4	61,5	15,9	3,87	12,1
0,03	20	0	3 Stunden	0.024	25,2	59,8	14,7	4,13	19,0
II. Abwandlung der Temperatur									
0,15	20	0	3 Stunden	0,133	23.4	61,5	15,9	3.87	12,1
0,15	50	0	3 Stunden	0,125	17,6	62,0	12,7	4.88	41,0
III. Abwandlung der Azidität									
0,15	20	0	3 Stunden	0,133	23,4	61,5	15,9	3,87	12,1
0,15	20	1,00	3 Stunden	0,114	8,4	66,0	11,5	5,73	66.0
0,15	20	—1,00	3 Stunden	0,117	21,9	66,9	14,6	4,57	32,5
IV. Abwandlung der Zeitdauer									
0,15	20	0	3 Stunden	0,133	23,4	61,5	15,9	3,87	12,1
0,15	20	0	1 Stunde	—	23,2	57,2	16,4	3,50	1,5

Die zweite Versuchsreihe bestätigt zunächst die Ergebnisse der ersten mit Bezug auf Konzentration und Temperatur.

Die übliche Konzentration der Praxis von 1 g $KMnO_4$ im Liter erzeugt noch keine Oxycellulose (M = 12,1). Steigerung auf das 5fache hat schwere Schädigung zur Folge (R = 13,8; M = 62,9), ohne erhebliche Verbesserung der Bleichwirkung (W_1 = 61,8).

Die Temperatur darf auch bei dieser geringen Konzentration nicht erhöht werden; sonst bildet sich reichlich Oxycellulose (M = 41) bei gleichzeitiger Faserschwächung (R = 17,6).

Die Acidität ist bei geringerer Konzentration nicht von so erheblichem Einfluß (M = 32,5); immerhin wird das erträgliche Maß von Oxycellulose bereits überschritten. Es sei daher ausdrücklich davor gewarnt, sich nicht durch die glänzende Bleichwirkung der angesäuerten Bäder (W_1 = 66,9) verführen zu lassen. Denn auch hier wird das vorzügliche Weiß — es ist das beste der ganzen Versuchsreihe — durch eine wenn auch nur geringe Verringerung der Reißfestigkeit auf 21,9 kg erkauft. Danach wird der Bleicher neutral zu bleichen haben, wenn es auf Festigkeit der Ware in erster Linie ankommt; er wird der sauren Bleiche den Vorzug geben dürfen da, wo ein besonders schönes Weiß erzielt werden soll.

Die Zeitdauer der Permanganatbleiche scheint unter den üblichen Bedingungen von Konzentration, Temperatur und Neutralität mit drei Stunden gerade richtig bemessen zu sein. Eine Stunde genügt nicht, um dasjenige Weiß zu erhalten, das verlangt werden kann, ohne daß sich Oxycellulose nachteilig bemerkbar macht. Andererseits dürfte eine längere Zeitdauer abgesehen von der damit verbundenen Gefährdung der Faser schon mit Rücksicht auf die Verringerung der Arbeitsleistung sich verbieten.

Die vorstehenden Arbeiten beweisen zur Genüge, daß die Permanganatbleiche nicht minder scharfen Regeln unterworfen ist wie die Chlorbleiche. Im allgemeinen dürfen die in der Praxis geltenden Vorschriften als richtig bezeichnet werden. Sie müssen aber auch streng eingehalten werden, soll eine wirklich einwandfreie Bleichware erzielt werden.

g) Natriumperborat.

Ebenfalls zu teuer für den Großbetrieb ist Natriumperborat (Bd. I, 172), das sich anfangs durch seine allmählichere Sauerstoffabgabe gegenüber dem Natriumsuperoxyd empfahl; trotzdem verpufft auch hier immer noch Sauerstoff wirkungslos beim Aufwärmen des Bades. Die neueren Bestrebungen sind alle auf eine bessere Ausnutzung des Sauerstoffs gerichtet. So empfahlen Kirchhoff & Neirath einen Zusatz von Magnesiumchlorid zum Bleichbad auf Grund der Beobachtung, daß Magnesiumperborat seinen Sauerstoff langsamer abgibt (D. R. P. 250 262). R. Stárek empfiehlt (D. R. P. 289 742) einen Zusatz von Ätzkalk (Färb.-Ztg. **1916**, 180). In der „Buntbleiche“ findet Perborat Anwendung als schützender Zusatz zur Bäuchflotte (D. R. P. 250 397), ferner als entschlichtender Zusatz beim Abkochen von Rohware (Stolle & Kopke, Rumburg, D. R. P. 203 282).

h) Die Rasenbleiche.

Die Rasenbleiche spielt nur noch in der Flachsbleicherei eine Rolle. Nach Leimdörfer ist sie keineswegs ganz unschädlich. Er beobachtete nach 28tägiger Rasenbleiche bei Leinen eine Einbuße an Reißfestigkeit von 36 und an Elastizität von 5% (Ch. Ztg. **1912**, 526). Die Gefahr beruht vor allem in einer Verbrennung durch die Sonnenstrahlen im Hochsommer und kann nur durch fleißiges Umwenden der Strähne und Abkürzen des Auslegens abgewendet werden. Beschädigung durch Frost ist nicht zu befürchten (Rothwell, L. Färb.-Ztg. **1892**, 406; H. Alt. T. **1921**, 414).

i) Die Ozonbleiche.

Die viele Handarbeit verteuert die Rasenbleiche dermaßen, daß man immer wieder versucht hat, sie durch eine künstliche Ozonbleiche zu ersetzen. So stellte die schlesische Bleicherei Keferstein-Greiffenberg in Verbindung mit der Siemens & Halske Elektrizitäts-A.-G. seit 1890 Versuche an, indem sie ozonisierte Luft in Kammern leitete, in denen Leinengarn aufgehängt war. Ein Tag Ozonbleiche sollte 3 Tagen Rasenbleiche im Sommer und 14 Tagen Rasenbleiche im Winter gleichwertig sein (s. auch Felten & Guillaume-Lahmeyer-Werke bzw. AEG, D. R. P. 228985). Auch die Ozonbleiche greift die Faser an (Dorée, J. Soc. Dyers & Col. **1913**, 205; Kind, D. Färb.-Ztg. **1914**, 279).

Dagegen erblickt Heermann (L. M. f. Text. **1923**, 33) in der Ozonbleiche ein durchaus brauchbares und faserschonendes Hilfsmittel des Wäschereigewerbes.

Die Behandlung des Garnes vor der ersten Ozonung ist dieselbe wie vor der Rasenbleiche; nur wird nach dem letzten Auswaschen mit Terpentinöl und verwandten Stoffen (D. R. P. 77117 und 52205) oder mit schwacher Salzsäure (D. R. P. 78839) vorbehandelt.

Terpentinöl hat wie viele ungesättigte organische Verbindungen die Fähigkeit, Sauerstoff bei Gegenwart von Feuchtigkeit in Wasserstoffsuperoxyd zu verwandeln (Charitschkoff, Ch. Ztg. Rep. **1911**, 413).

$$O_2 + 2\,H_2O \longrightarrow 2\,H_2O_2$$

Die Einwirkung des Sonnenlichtes während der Ozonung ist viel geringer als bei der Rasenbleiche, so daß es mittels Ozon auch möglich ist, nachts zu bleichen, und der bei der Rasenbleiche so wichtige Einfluß des Wetters bei der Ozonbleiche fortfällt.

Nach der Ozonung wird das Garn wie bisher nach der Rasenbleiche gechlort; der Chlorkalk wird indessen schwächer genommen als nach der Rasenbleiche.

Das Ozon wird nicht aus Sauerstoff, sondern aus Luft hergestellt.

Die Einrichtung der Greiffenberger Ozon-Bleichanlage unterscheidet sich von den gewöhnlichen Bleichereien nur durch die Hinzufügung einer Ozonerzeugungsanlage und einer Ozonkammer.

Die Ozon-Erzeugungsanlage besteht aus einer Luftpumpe oder einem Ventilator, um Luft durch die Ozon-Erzeugungsanlage in die Ozonkammer zu treiben, einem Apparat zum Trocknen der Luft und dem eigentlichen Ozon-Erzeugungsapparat mit 60 sogenannten Ozonglimmröhren, je 10 zu einem „Rohrgitter" vereinigt (Abb. 14); der elektrische Strom wird vermittels einer besonders konstruierten Wechselstrommaschine, einer zu ihrer Magnetisierung dienenden Dynamomaschine, einem Transformator und endlich der Dampfmaschine erzeugt.

Die Anlage verbraucht etwa drei Pferdestärken.

Abb. 14. Ozonerzeugungsapparat.

Zur Beaufsichtigung genügt ein Maschinist, welcher außer für die Schmierung der Maschinen dafür zu sorgen hat, daß die elektrische Spannung an den Ozonröhren einigermaßen konstant bleibt; zu diesem Zwecke beobachtet er einen elektrischen Spannungsmesser und stellt danach die Dampfmaschine und die elektrischen Apparate ein.

Die Ozonkammer zeigt die Abb 15. Jede Trockenkammer läßt sich hierzu benutzen; die Wände werden weiß gestrichen. Das Ozon tritt am Boden durch ein kammförmiges System von durchlochten eisernen Gasröhren ein. Auch die Rohrleitung, welche das Ozon von dem Maschinenraum nach der Ozonkammer bringt, besteht aus eisernem Gasrohr, alle Rohre sind innen mit einer Schutzmasse, welche vom Ozon nicht angegriffen wird, bekleidet.

Das feuchte Garn wird in der Ozonkammer aufgehängt, die Kammer geschlossen und Ozon eingeleitet; nach vollzogener Ozonung wird die Kammer geöffnet und das Garn entfernt.

Wird das Ozon in die leere Kammer eingeleitet, so ist die Geruchsbelästigung so stark, daß man es nicht lange darin aushält; ist dagegen das Garn in der Kammer aufgehängt, so verschluckt es das Ozon so stark, daß man sich ohne Beschwerde in der Kammer aufhalten kann; man kann daher auch während der Ozonung die Kammer betreten und den Fortschritt des Bleichens beobachten.

Abb. 15. Ozonkammer.

Um die Maschinenanlage möglichst auszunutzen, empfiehlt es sich, zwei Ozonkammern für z. B. halbstündigen Wechsel einzurichten; während die eine Kammer frisches Ozon erhält, wird in der andern Kammer das vorhandene Ozon verschluckt.

Die Betriebskosten der Ozonbleiche sind nicht billiger als die der Rasenbleiche; allerdings fallen die Kosten des Auslegens auf dem

Rasen und des Abholens weg, es treten jedoch die Kosten des Maschinisten, des Schmieröls usw. hinzu.

Die Bleichzeit dagegen ist bei der Ozonbleiche erheblich geringer als bei der Rasenbleiche; bei günstigstem Wetter sind etwa drei Tage, im Winter, bei ungünstigem Wetter, wohl 14 Tage Rasenbleiche einem Tag Ozonbleiche gleichwertig zu rechnen.

Die wichtigsten Vorzüge der Ozonbleiche sind: die Wiesen fallen weg, das Bleichen kann im Hause vorgenommen werden, die Bleichzeit wird erheblich abgekürzt und das ganze Verfahren vom Wetter unabhängig gemacht.

Die Ozonbleiche wird auch mit der Hypochloritbleiche verbunden. (S. 232.)

Nach dem D. R. P. 228985 der AEG wird das Gewebe erst durch feuchtes, dann durch trockenes Ozon geführt.

Nach dem D. R. P. 272525 von E. Gminder soll während des Schleuderns mit ozonisiertem Wasserstaub (aus Wasser mit zugeleiteter ozonisierter Luft) gebleicht werden. Darauf beruhen auch die Ozonapparate der Ozongesellschaft Berlin W und der A. G. für Ozonindustrie, Berlin-Wilmersdorf. Es wird ozonisierte Luft in die Waschtrommeln geleitet.

Schließlich möge noch die „Luftbleiche nach den D. R. P. 240087, 242296 und 262047 von Müller, Eilenburg, erwähnt werden. Die Bildung von Oxycellulose soll dadurch vermieden werden, daß die Luft nicht mit dem Bleichgut selbst, sondern nur mit der Bäuchlauge in Berührung kommt. Ob das Verfahren eine Zukunft hat, müssen die Erfahrungen im Großbetrieb lehren, über die bis jetzt noch keine zuverlässigen Ergebnisse vorliegen (Ch. Ztg. Rep. 1913, 415).

m) Hydrosulfit.

Hydrosulfit wird nie allein, sondern nur in Verbindung mit oxydierenden Bleichmitteln gebraucht.

Die Badische Anilin- und Sodafabrik empfiehlt in ihrem Verfahren 333 die Nachbehandlung hypochloritgebleichter Baumwolle mit Blankit I. Nach der Chlorbleiche wird gespült, gesäuert, nochmals gespült und unmittelbar darauf möglichst heiß mit 1 g Soda und 1 g Blankit im Liter (weichen Wassers) nachbehandelt.

Das schönste Weiß wird bei 90—100° C in ¼—½ Stunde erzielt. Bei niederer Temperatur — mindestens 60° C — muß die Einwirkung auf ½—1 Stunde verlängert werden.

Zum Schluß wird nur gut gespült.

Ist das Flottenverhältnis kleiner als das übliche 1 : 20, so ist entsprechend mehr Blankit zu nehmen, mindestens 1% vom Gewicht der Baumwolle.

Der Vorzug der Nachbehandlung mit Blankit liegt nach Angabe der BASF in erster Linie in der Verbesserung des Weiß; weiter in der Entgilbung durch Weglösung etwaigen Eisenoxyds von der Faser und schließlich in der Ersparnis eines besonderen Antichlorbades.

Die hervorragende Verbesserung des Weiß durch eine Nachbehandlung mit Blankit nach den übrigen Sauerstoffbleichen — Permanganat und Superoxyd — ist bekannt. Namentlich die Superoxyd-Bleiche auf Wolle bedient sich schon lange des Blankits zu einer geradezu überraschenden Erhöhung der Bleichwirkung. Auch hier ist der überaus glückliche Gedanke einer Hintereinanderschaltung von oxydierendem und reduzierendem Bleichmittel seinerzeit von der Badischen ausgegangen.

Das neue Verfahren der Hintereinanderschaltung von Hypochlorit- und Blankitbleiche ist an der Chemnitzer Färbereischule nachgeprüft worden. Dabei sind, wie zu erwarten, die Angaben im Rundschreiben der Badischen bestätigt worden (L. M. f. Text.-Ind. **1925**, 20). Die Ergebnisse sind in der folgenden Übersicht zusammengestellt:

Behandlung	I.			II.					
	W_1	R	D	W_1	W_2	Q	M	R	D
1 St. NaOCl $^1/_2{}^0$ Bé	55	23,7	9,6	57,6	17,6	3,24	14	24,2	9,3
1 St. NaOCl, $^1/_2$ St. $^1/_2$% Soda + $^1/_2$% Blankit bei 95°	61,2	26,8	8,9	63,4	19,8	3,21	17	27,2	8,2
unbehandelt	45	24,2	9,5	45	16,8	2,66			

Es bedeuten: W_1 = Weißgehalt nach Ostwald,
R = Reißfestigkeit in kg,
D = Dehnbarkeit in %,
W_2 = Weißgehalt der Methylenblaufärbung,
$Q = W_1 : W_2$,

$$M = \text{Methylenblauzahl} = \frac{\text{Q—Q unbehandelt}}{\text{Q unbehandelt}}$$

Die Prüfung auf Oxycellulose beim zweiten Versuch ergab Abwesenheit, wie zu erwarten.

Das Festerwerden der Baumwolle durch die Nachbehandlung mit Blankit ist wohl rein mechanischer Natur; der Faden wird durch die heiße alkalische Behandlung gefestigt, indem sich die Einzelfasern mehr zusammenschließen.

Versuche im Großen sind stets mit möglichst frischer Blankitware anzustellen. Durch längere Lagerung könnte die Bleichwirkung zurückgegangen sein, wenn auch bekanntlich Blankit durch stabilisierende Zusätze haltbarer als Hydrosulfit gemacht worden ist.

Dem Einwand, daß Blankit zu teuer, sei durch eine Bemerkung allgemeiner Natur begegnet.

Die Einführung neuer Bleichverfahren, die ein besseres Weiß ohne Faserschädigung gewährleisten, scheitert im einzelnen Falle häufig an der *Erhöhung der Kosten*. Wir sind noch nicht gewöhnt, das erhaltene Weiß *seinem Gehalt und Wert nach abzustufen*, so wie es sich in der Färberei bei Beurteilung einer Färbung mehr und mehr einführt. Kein Fabrikant weigert sich, für eine Indanthrenfärbung höheren Farblohn zu bewilligen als für eine direkte Färbung. Ebenso sollte aber auch der Fabrikant bereit sein, *für ein reineres Weiß einen höheren Bleichlohn* zu zahlen. Solange für ihn Weiß gleich Weiß ist, kann dem Bleicher nicht zugemutet werden, ein teureres Verfahren zur Verbesserung des Weiß einzuführen. Von diesen fortschritthemmenden Zuständen kann uns wieder nur die *Anwendung von Maß und Zahl* befreien. Weiß ist nicht mehr gleich Weiß, sondern hat einen *ganz bestimmten Grad*, gemessen im Hasch und *ausgedrückt in Zahlen der 100-teiligen Grauleiter Wilhelm Ostwalds*.

6. Die Farbstoffe.

Häufig können die verwöhnten Ansprüche der Kundschaft an ein volles Weiß durch die Bleiche allein ohne Schädigung der Haltbarkeit der Faser nicht befriedigt werden. Es erscheint daher nicht mehr als billig und recht, wenn der noch verbliebene gelbliche Schein durch einen blauen Farbstoff aufgehoben wird, wodurch das Weiß für das Auge an Schönheit gewinnt. Die Gegenfarbe erzeugt ein schwaches Grau, und selbst ein geringer Überschuß an Blau wird von dem Auge angenehmer empfunden als das „schmutzige" Gelb. Das Anblauen geschieht naturgemäß im letzten Spülbad oder, wenn noch geschlichtet wird, durch Zugabe des Farbstoffs zur Schlichte. Das Blau wählt man je nach dem Ton des verlangten Weiß mehr röt- oder grünlich. Die Mineralfarben Ultramarin (lichtecht, nicht säureecht), Berlinerblau (lichtecht, nicht alkaliecht), Smalte (teuer) haben den Übelstand, daß sie wegen ihrer Unlöslichkeit leicht zu Streifenbildung Anlaß geben. Von löslichen Farbstoffen werden Berlinerblau, in Oxalsäure gelöst, Indigocarmin, Methylviolett und Wasserblau trotz mangelnder Lichtechtheit wegen ihrer Billigkeit bevorzugt. Genügend lichtecht sind Alizarincyanol EF und Alizarincyanolviolett R sowie Alizarinsaphirol (I. G.). Wird in der Schlichte geblaut, so kann man zu den noch lichtechteren, wasserunlöslichen Küpenblau greifen, die zudem vollständig säure- und alkaliecht sind. Die BASF empfiehlt einen Zusatz von 20—30 g Indanthrenblau RZ für ein rötliches und ebensoviel Indanthrenblau 2GSZ für ein grünliches Weiß zu 1 Liter Appreturmasse.

Die mechanischen Hilfsmittel der Bleiche.

Viele Apparate und Maschinen, auf denen gefärbt wird, können ebenso gut den Zwecken der Bleicherei dienen. Deshalb gilt das, was in Bd. III, 344 über die Apparatfärberei gesagt wurde, auch im großen und ganzen für die Apparatbleicherei. Einige maschinelle Einrichtungen sind aber für die Bleicherei eigentümlich und der Form des Blechgutes, ob lose oder Band oder Vorgespinst oder Wickel oder Garn oder Gewebe, angepaßt.

A. Baumwollbleiche.

Baumwolle wird selten als lose Baumwolle und Kardenband, häufiger als Garn, und am häufigsten als fertige Stückware gebleicht.

Geschichte:

In früheren Zeiten wandte man ausschließlich die Rasenbleiche an. Die Stücke wurden mehrere Tage mit heißem Wasser behandelt oder in Holzaschenlauge eingelegt („gebäucht"). Die gewaschene Ware wurde dann 2 bis 3 Tage lang auf Rasen ausgebreitet, um sie durch den Einfluß des Lichtes, der Luft und der Feuchtigkeit zu bleichen, wie dies auch jetzt noch bei der Hauswäsche und bei der Leinenbleiche geschieht. Das Bäuchen, Waschen und Auslegen auf Wiesen wurde dann so oft wiederholt, bis ein Weiß erzielt war. Später legte man noch in saure Milch während längerer Zeit ein. Eine solche Bleiche dauerte aber 1½—3 Monate und für Leinen sogar doppelt so lange. Später trat an die Stelle des Einlegens in Holzaschenlauge ein Abkochen mit Kalkmilch oder Ätznatron; schon vorher (1762) hatte der schottische Arzt Francis Home die saure Milch durch die billigere und schneller wirkende Schwefelsäure ersetzt. Immerhin beanspruchte auch diese Art der Bleiche noch sehr viel Zeit.

Die Entdeckung des Chlores 1774 und des Chlorkalkes 1798 ließen bei Anwendung von Chlorkalkbädern statt der Rasenbleiche in viel kürzerer Zeit eine schöner gebleichte Ware erzielen. Nach Einlegen in Wasser wurde mit Kalklösung und dann mit Natronlauge ausgekocht, gelüftet, mit Chlorkalk und darauf mit Schwefelsäure behandelt; sodann wurde wieder mit Natronlauge abgekocht, gelüftet und gechlort, nochmals gelüftet und gechlort, mit Schwefelsäure gesäuert und gewaschen.

1831 wurde durch W. H. von Kurrer die Salzsäure wegen der Löslichkeit ihres Kalksalzes statt der Schwefelsäure in die Bleicherei eingeführt.

1837 wandte der Chemiker Dana in Lowell bei Boston statt Ätznatron Soda mit Erfolg an.

Die elsässer Industriellen E. Schwarz und Scheurer-Rott haben durch planvolle Versuche (Bulletin de la société industrielle de Mulhouse 1829 bis 1839) die Reihenfolge, in welcher Kalk, Soda, Chlorkalk und Säure am besten zur Verwendung kommen, welche Mengen und welche Konzentrationen zweckdienlich sind, festgestellt. Ende der 30er Jahre wandte man schon folgendes Verfahren an: Kalkabkochung, Salzsäure, zwei Sodaauskochungen, Absäuern, Chloren, Absäuern.

Von England aus kam dann 1840 die Verwendung von Kolophoniumharz als Zusatz zur Soda rasch in Gebrauch und hat sich sehr gut bewährt.

In den 50er Jahren versuchte man zuerst ein Auslaugen unter Druck in geschlossenen Gefäßen; hierdurch wurde wesentlich an Zeit gespart. Dies Verfahren führte nun bald zum Bau verschiedener Kessel mit Kreislauf.

Die Breitbleiche (S. 172) wandte zuerst Fries-Callot in Gebweiler im Elsaß 1854 an.

Horace Koechlin suchte im Jahre 1883 ein Schnellbleichverfahren (S. 190) einzuführen: Er unterwarf die Gewebe, statt sie mit Kalk und Soda abzukochen, nur einer Behandlung mit Natronlauge und nachherigem Dämpfen. Für dies Verfahren baute 1886 die Maschinenfabrik Mather & Platt die Apparate (Mather-Plattbleiche).

Im Bleichverfahren von Mather-Thompson (S. 21) wurde durch Einwirkung von Kohlensäure auf mit unterchlorigsauren Salzen getränkte Baumwolle eine kräftige Chlorwirkung erstrebt.

1. Lose Baumwolle.

Das Bleichen loser Baumwolle gewinnt von Jahr zu Jahr an Bedeutung. Der dabei einzuschlagende Weg richtet sich danach, ob die Baumwolle noch versponnen werden soll oder nicht.

a) Behufs glatten Verspinnens soll sie ihre Geschmeidigkeit möglichst beibehalten, also nicht ihres natürlichen Fettgehalts beraubt werden. Man muß daher auf das übliche Bäuchen verzichten und sich auf die sog. Kaltbleiche (D.R.P. 176 609, S. 8) beschränken. Die Apparatur entspricht der für das Färben loser Baumwolle in Bd. III, 345 (Abb. 42) angegebenen; nur ist Eisen, weil nicht säure- und chlorbeständig, nicht verwendbar. Von Metallen eignet sich am besten Hartblei (1 Tl. Antimon, 8 Tle. Blei und $^1/_{20}$ Tl. Zinn) oder mit Blei ausgekleidetes Holz, für die Pumpen Phosphorbronze. Das widerstandsfähige Pitchpineholz bedarf keiner Auskleidung. Die in losem Zustand gebleichte Baumwolle hat den großen Vorzug, unbedingt gleichmäßig durchgebleicht zu sein.

Abb. 16. Koch- u. Bleichapparat SS der Zittauer Maschinenfabrik.

Für Abfallbaumwolle, die also nicht unmittelbar dem Ballen entnommen wurde, sondern der Spinnerei entstammt (Trommel- und Deckelputz von Karden, Kämmlinge, Spinnsaalkehricht, Linters), ist die Kochbleiche nicht zu umgehen, da die Verunreinigungen, wie Staub, Schmutz und Schmieröl, zu entfernen sind. Sehr stark beschmutzte Abfälle bedürfen sogar einer Vorreinigung auf der Stampfwaschmaschine, ähnlich den Strumpfbeizmaschinen Bd. III, S. 291.

Wo häufiges Umpacken dem Bleichgut schadet, wählt man einen Apparat, in dem sowohl gekocht als auch gebleicht werden kann, z. B. den Koch- und Bleichapparat SS der Zittauer Maschinenfabrik (Abb. 16).

Dieser besteht aus einem Bottich mit verzinktem Blechdeckel, Schleuderpumpe aus Bronze und Rohrleitung aus Hartblei mit Dampfeinblasedüse für den Kreislauf der Kochlauge. Die Chlorlauge und Säureflüssigkeit werden durch die Schleuderpumpe bewegt.

b) Wenn die Baumwolle nicht mehr versponnen werden, sondern zur Herstellung von V e r b a n d w a t t e, K u n s t s e i d e, Kollodium und Schießbaumwolle dienen soll, muß unter allen Umständen die Kochbleiche angewendet werden, da eine möglichste Annäherung an reine Cellulose anzustreben ist. Je nach dem Grad der Reinheit der Baumwolle und nach ihrem Verwendungszweck muß mehr oder weniger scharf, im geschlossenen Druck- oder im offenen Kessel ohne Druck (Abb. 16) gekocht werden.

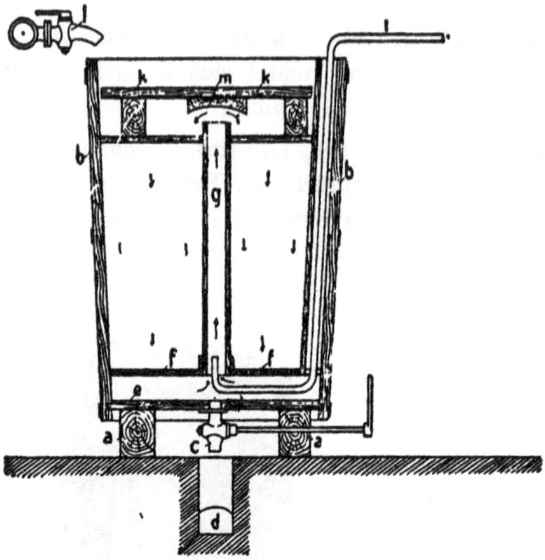

Abb. 17 Offener Kochkessel.

Die mildere Form ist die Abkochung im o f f e n e n Kessel (Abb. 17).

Auf dem Balkenroste a steht der aus starken Dauben hergestellte Bottich b so, daß der Abflußhahn c sich über dem Einlaufloch in den Kanal d befindet. In einiger Entfernung über dem eigentlichen Boden e ist der falsche Boden f mit dem Steigrohre g angebracht, in welchen von unten das von einer Holzverschalung umhüllte Dampfzuleitungsrohr i einmündet. Der Arbeitsvorgang ist folgender: Die Ware wird möglichst gleichmäßig eingelegt und hierauf mit dem Balkenkreuze k beschwert, um ein Aufsteigen zu verhindern. Nun wird durch Öffnen des Hahnes l die Stande mit Bäuchflüssigkeit gefüllt, diese tritt, sobald man Dampf zuleitet, die durch Pfeile angedeutete Kreisbewegung an. Hierbei wird die Lauge mit großer Kraft im Steigrohre g gegen den am Balkenkreuze k angebrachten ausgehöhlten Deckel m geschleudert und dadurch gleichmäßig über die Ware verteilt. Nach beendigtem Kochen läßt man die Flüssigkeit nach dem Kanal d durch Öffnen des Hahnes c ab und durch e reines Wasser behufs Abkühlung und Reinspülung der Ware zufließen.

Die Einrichtung einer offenen Kufe mit I n j e k t o r (S. 110) wird durch Abb. 18 veranschaulicht. (Nach J u l i u s Z i p s e r, Apparate, Geräte, Maschinen etc. Leipzig 1894.)

Die Bäuchkufe b steht auf drei Füßen a, daneben der Laugenbehälter c. Nachdem das Gewebe in regelmäßigen Schichten auf dem Siebboden d des Kessels b abgelegt ist, füllt man ihn durch Injektor e mit der Lauge, indem man die Hähne f und k schließt, Hahn g und Dampfventil h öffnet. Nachdem die Füllung durch Steigrohr i beendet ist, wird Hahn g geschlossen und f geöffnet, worauf der Flüssigkeitskreislauf vor sich geht. Zur Entleerung dienen Hahn k und Ablaßrohr l'. Der Injektor saugt die Bäuchflüssigkeit nur an, wenn sie nicht

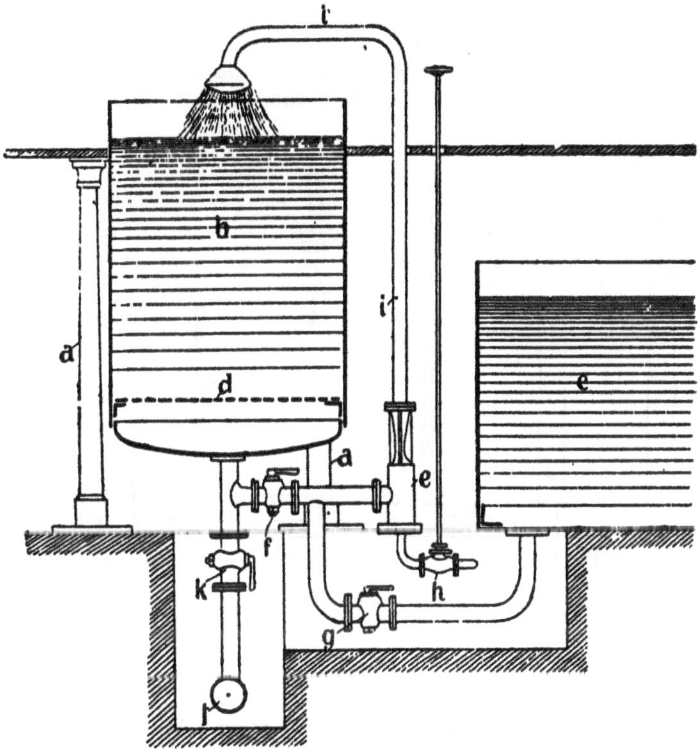

Abb. 18. Offene Kufe mit Injektor.

heißer als 70° C ist. In solchen Bottichen kann auch nachfolgend gechlort und gesäuert werden.

Der Bleichapparat von Josef Morris nach D. R. P. 18685 (Abb. 19) ermöglicht die Vornahme der verschiedenen Behandlungen in einem und demselben Bottich.

An den offenen Bottich a a mit dem durchbrochenen Boden b b ist in der Mitte des Bodens ein Rohr c mit den beiden Zweigrohren e e und dem Ablaßhahn d angebracht.

Der Bleichapparat wird auf folgende Weise angewendet:

Alle Hähne sind geschlossen und das Bleichgut wird in den Bottich gebracht. Man öffnet Hahn q und füllt den Bottich bis zur gewünschten Höhe mit Wasser Nachdem q wieder geschlossen, setzt man das Bäuchmittel zu.

Alsdann wird Dampfhahn l, sowie Hahn i[1] geöffnet.

Die den Behälter h h nun anfüllende Bäuchlösung wird durch den bei k im Trichter m ausströmenden Dampf mit fortgerissen und durch das Rohr m und die Mündung n, sowie Verteiler o über das im Bottich lagernde Bleichgut ausgesprizt.

Ist das Bäuchen weit genug vorgeschritten, so werden Hähne l und i[1] wieder geschlossen, dagegen der Ablaßhahn d geöffnet und die Bäuchlösung aus dem Bottich abgelassen.

Nun wird Hahn q am Wasserrohr p geöffnet und das Bleichgut mit Wasser gewaschen; darauf werden die Hähne q und d geschlossen, Hahn i in dem zum Behälter f f führenden Zweigrohr e geöffnet und durch Pumpe r r die Bleich-

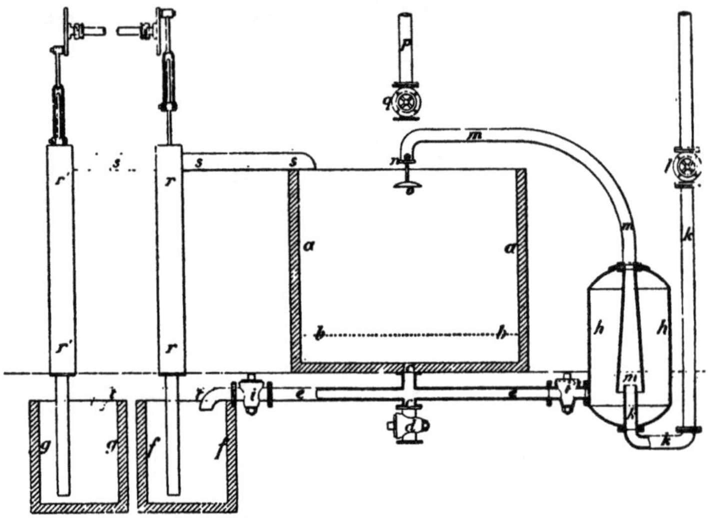

Abb. 19. Bleichapparat von Morris.

lösung über die Rinne s s in ununterbrochenem Strom über das Bleichgut und zurück in den Behälter gepumpt.

Ist dies lange genug geschehen, so läßt man die Lösung aus dem Bottich durch Hahn i wieder in den Behälter f f abfließen, worauf Hahn i geschlossen wird. Nun werden Hähne d und q geöffnet und das Bleichgut gewaschen.

Nun werden alle Hähne, mit Ausnahme desjenigen, welcher das Zweigrohr e mit dem Säurebehälter g g verbindet, geschlossen und durch die Pumpe rr[1] die Säurelösung auf das Bleichgut gepumpt.

Nachdem dies genügend lange stattgefunden, wird die Pumpe außer Gang gesetzt und der Inhalt des Bottichs in den Säurebehälter g g zurücklaufen gelassen. Alsdann wird Hahn i geschlossen und die Ware wiederum durch Hahn q gewaschen.

Die Anwendung eines getrennten Behälters h h für den Dampfstrahlapparat k m hat den Vorteil, einen inwendig ganz freien Bottich ohne Rohre verwenden zu können. Dieser Behälter ist jedoch nicht unbedingt nötig, indem man den Dampfstrahlapparat in den Bottich selbst legen kann.

In England hat die Firma V o s s & D e l i u s in M a n c h e s t e r diese Einrichtung auf den Markt gebracht (Abb. 20 und 21).

Abb. 20. Bleichapparat von Voss & Delius (ältere Form).

A Ein hölzerner viereckiger Bottich
B Ein durchlöcherter falscher Boden.
C Abflußöffnung.
D Kochrohre.
D[1] Injektions-Apparat für den Kreislauf der Sodalauge.
D[2] Ventil mit Schwingarm der zum Beiseitedrehen eingerichtet ist.
D[3] Verteilungsbrause am Schwingarm.
E Dampfventil mit Zuleitungsrohr für den Injektions-Apparat zum Kochen.
F Einsatz mit siebartigem Boden von Zinkblech zur Verteilung der Bleichflüssigkeit, der beim Kochen abgenommen wird.
G Behälter für die Säurelösung.
H Zentrifugal-Pumpe aus Messing mit bleiernem Leitungsrohr.
J Behälter für die Chlorkalk-Lösung.
K Eiserne Pumpe mit Leitrohr.
L Ventil und Leitungsrohr zwischen Bottich und Behälter J

M Ventil und Leitungsrohr zwischen Bottich und Säurebehälter G.
N Ablaßventil des Bottichs.
O Speise-Wasser-Ventil.

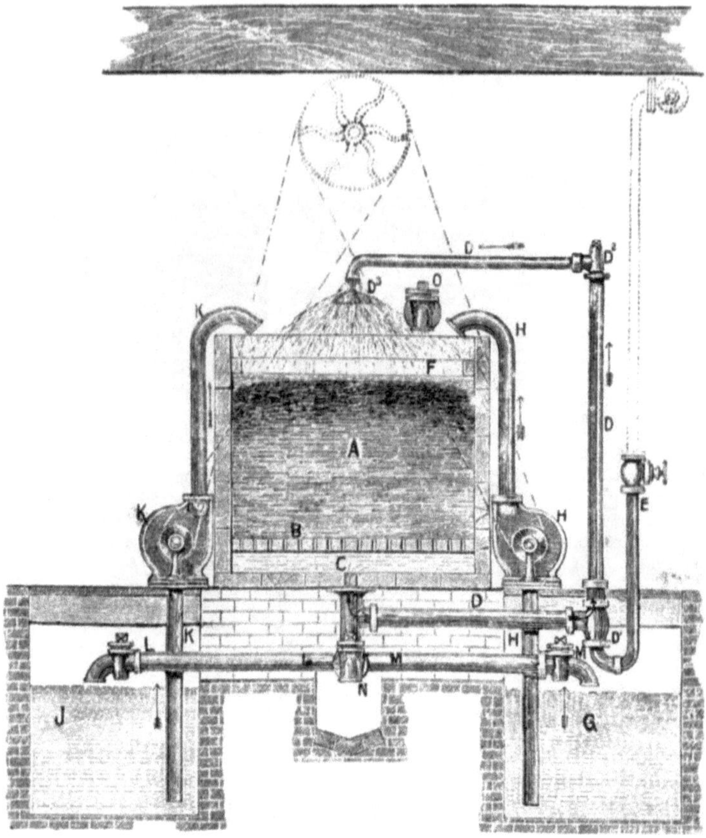

Abb. 21. Bleichapparat von Voss & Delius (neuere Form).

Weit stärker wirkt die Kochung im geschlossenen gußeisernen Kessel (Abb. 22). Das Material wird auf einem mit Baumwolltuch bedeckten eisernen Siebboden fest eingestampft, wieder mit Baumwolltuch bedeckt und mit einem eisernen Siebboden beschwert; dann läßt man die Lauge mit fettlösenden Zusätzen, wie Tetrapol oder Acetylentetrachlorid von unten her eintreten, damit die Luft nach oben entweichen kann, und setzt den Kreislauf mittels der Kreiselpumpe in Tätigkeit, nachdem durch indirekten Dampf geheizt und der Verschluß des Deckels gleichmäßig und dicht angezogen wurde. Nach beendigter Kochung (5—6 Stunden) wird zunächst im Kessel, dann auf dem „Holländer“ gespült und in den

Bleichbottich gebracht; Abb. 23 zeigt das Bleichfaß DIV der Zittauer Maschinenfabrik.

Ein Holzbottich mit einem durchlochten Doppelboden ist durch eine Rohrleitung mit einer Schleuderpumpe aus Hartblei verbunden. Diese befördert die Flotte durch die aufsteigende Druckleitung und den wagerechten Schlauch mit Übergußbrause auf das Bleichgut und saugt sie am Boden wieder ab. Die verschiedenen Ventile in der Leitung regeln die Verbindung mit den Vorratsbehältern und den Anschluß von Waschwasser.

Abb. 22.
Hochdruckkochkessel KA mit erhöhtem Vorwärmer der Zittauer Maschinenfabrik.

Nach dem D. R. P 418 620 von F. Kieser wird die Bleichflotte durch ein Sprinklerrohr nach Art des Segnerschen Wasserrades in feinen Strahlen über das Gut verteilt und zwar nur soviel, als die Ware durch Aufsaugung leicht aufnehmen kann. Dadurch, daß ohne Druck und ohne Saugen gearbeitet wird, soll die Bildung von Kanälen im Bleichgut vermieden werden.

Abb. 23. Bleichfaß DIV der Zittauer Maschinenfabrik.

Nach der Bleichung wird die Baumwolle ausgeworfen, in der Holländer-Waschmaschine (Abb. 79 u. 80 Bd. II) gespült, geschleudert (Bd. III, 332, Abb. 79), gezupft, Abb. 24 (Bd. III, 373) und getrocknet.

Abb. 24. Zupfmaschine der Zittauer Maschinenfabrik.

Für die gebleichte Verbandwatte besteht die üble Gewohnheit des „Griffigmachens" durch ein Bad mit 3 % Kernseife und nachfolgendes Absäuern mit Ameisen-, Essig- oder Schwefelsäure (!). Die niedergeschlagene Fettsäure vermag natürlich die Netzbarkeit der Faser nicht zu erhöhen und bedeutet eine Wiederverunreinigung, genau so wie das auch beliebte Bläuen mit Indigocarmin oder Pariserblau (F. Erban, Die Baumwollindustrie 1909; W. Zänker, Prüfung der Verbandwatte, D. Färb.-Ztg. **1914**, 128).

Abb. 25 stellt eine Bleicherei-Anlage der Zittauer Maschinenfabrik für lose Baumwolle bis zu 500 kg am Tage dar.

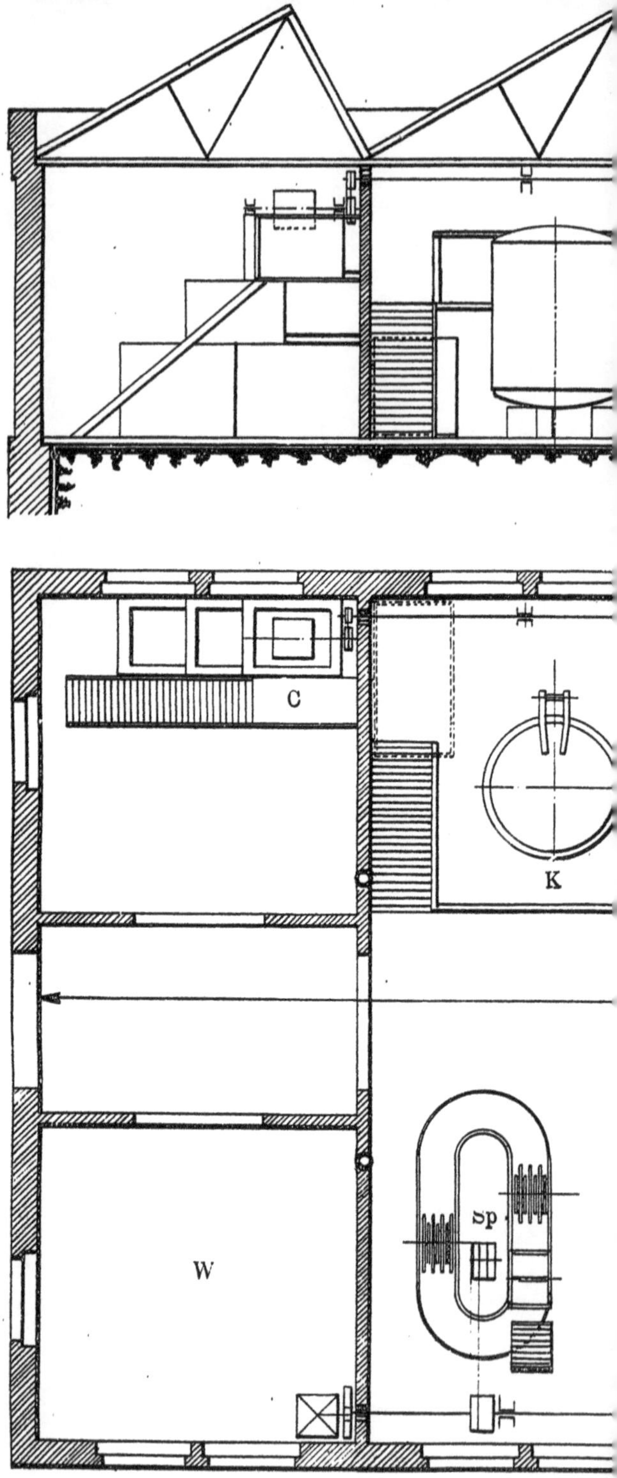

Abb. 25. Bleichereianlage fü

B = Bleichfaß
C = Chlorauflösetrommel
K = Kochkessel

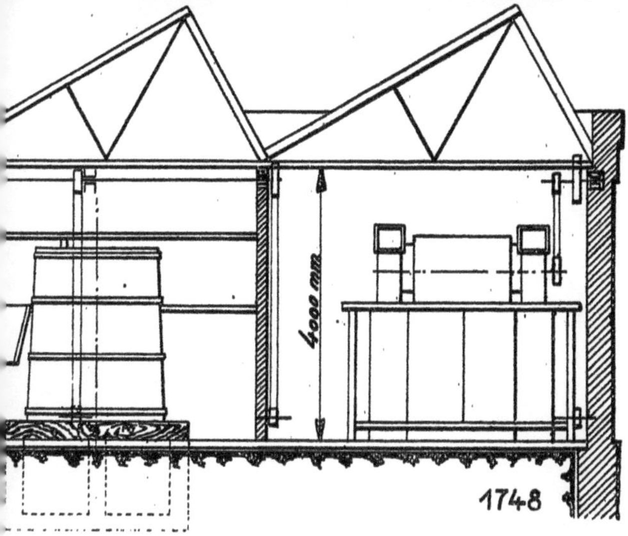

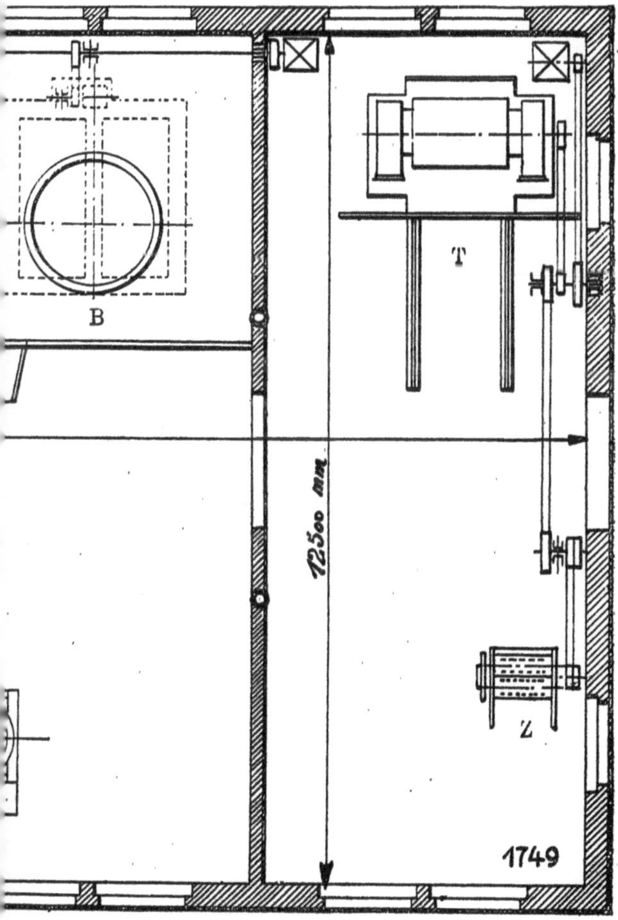

e der Zittauer Maschinenfabrik.

W = Warenlager

e Z = Zupfmaschine

rat

2. Kardenband und Vorgespinst.

Kardenband muß vorsichtig gebleicht werden, da der zarte, lockere Wickel leicht beschädigt wird und dann ungleichmäßiges Garn ergibt. Auch Vorgespinste bieten Schwierigkeiten nach dieser Richtung, da die Wickel selbst bei sorgfältiger Verschnürung das Bleichen kaum aushalten, ohne ihre Form zu ändern. Auch trocknen sie schwer gleichmäßig durch. Verfahren und Apparatur entsprechen im übrigen denjenigen der Bleicherei loser Baumwolle. Ist auf durchlochte Spulen gewickelt, so nähert sich die Apparatur derjenigen beim Bleichen von Kops und Kreuzspulen.

3. Kops und Kreuzspulen.

Der Vorteil dieser Art Bleicherei beruht auf der Ersparnis des Abweifens der auf der Spinnmaschine erhaltenen Spulen und des Umspulens der gebleichten Garnsträhne in der Weberei. Diese Ersparnis pflegt nur dann tatsächlich vorhanden zu sein, wenn das Garn genügend fein (über Nr. 14) ist und wenn die Handarbeit auf das äußerste beschränkt wird. Deshalb wird im Großbetrieb das Aufspindeln der Kopse ebenso wie später das Entfernen der Spindeln nach der Bleiche von Maschinen besorgt. Als am widerstandsfähigsten gegen die chemische Einwirkung der Bleiche haben sich Hartgummispindeln erwiesen.

Da die Kopse leicht verdrückt werden, wodurch viel Abfall entsteht, ist es wirtschaftlicher, sie auf Kreuzspulen umzuspulen und diese zu bleichen.

Wird im offenen Kessel gekocht, so kann man dieselben Apparate wie für lose Baumwolle verwenden. Nur füllt man die Hohlräume und Kanäle zwischen den Kops mit loser Baumwolle aus.

Zum Kochen unter Druck verwendet man liegende Kochkessel „Mather-Kier" (Abb. 11, S. 22). 200—250 kg Kops werden lose in einen Wagen mit Siebboden gepackt und in den Kessel eingefahren. Da hier keine Baumwolle zum Ausfüllen der Zwischenräume gebraucht wird, muß man dafür die Lauge etwas längere Zeit kreisen lassen, bis man sicher ist, daß sie auch ganz durch das Innere der Kops hindurchgedrungen ist. Am Schluß wird im Apparat gewässert, der Wagen herausgefahren und die Kops mit Chlorkalklösung gebleicht.

Weniger als das beschriebene Packsystem hat sich das Aufstecksystem für die Kopsbleiche eingeführt. Dann kommt nur die Kaltbleiche nach Erban in Frage; die für das Färben im Aufstecksystem beschriebenen Apparate (Bd. III) können verwendet werden mit der nötigen Einschränkung bezüglich des Materials.

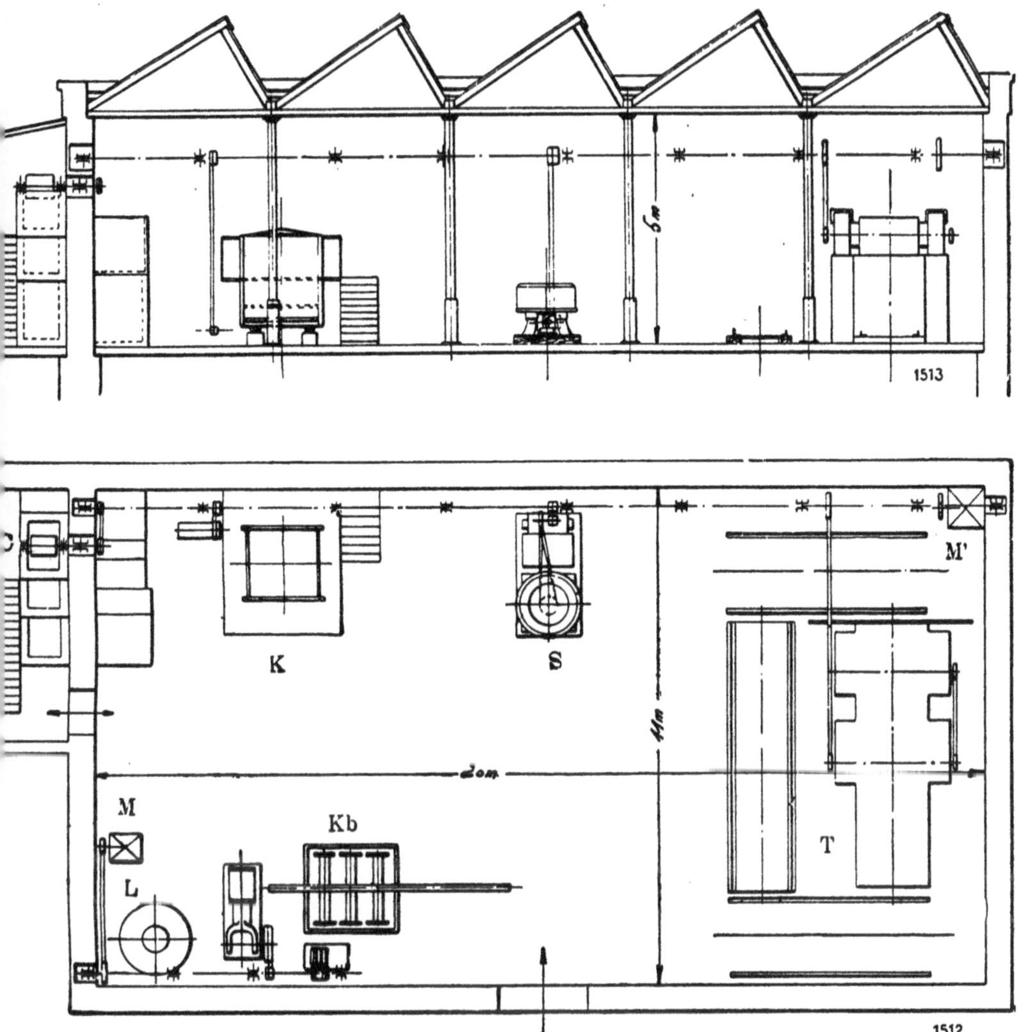

Abb. 27. Bleichereianlage für Kops, Kreuzspulen und Kettenbäume der Zittauer Maschinenfabrik.

C = Chlorauflösetrommel EY.
K = Koch- und Bleichapparat SS.
Kb = Kettbaumbleichapparat RV.
L = Luftstation zum Entwässern der Kettbäume
M = Motor (20 PS)
M' = Motor (18 PS)
T = Kanaltrockner SK (Bd. III, 386)

4. Ketten.

Diese werden am besten gleich auf dem Kettbaum (Abb. 26), der dann nur durchlocht zu sein braucht, gebleicht. Das Kaltbleichverfahren ist auch hier das gegebene; es erhält den Faden glatter, geschmeidiger und voller, so daß beim nachfolgenden Schlichten an weichmachenden

Abb. 26. Kettbaum-Bleichapparat RV
der Zittauer Maschinenfabrik.

Mitteln gespart werden kann. Auch hier muß das Material Phosphorbronze oder Nickelin sein. (Bd. III, S. 354 ff.)

Abb. 27 stellt eine Bleichanlage für Kops, Kreuzspulen und Kettenbäume der Zittauer Maschinenfabrik dar.

5. Garn.

Garn für Buntgewebe und für helle Farben, ferner Näh-, Stick-, Häkel- und Strickgarne müssen als solche gebleicht werden. Die einzelnen Strähne — je eine „Handvoll" (Keitel) — werden, damit sie später wieder erkannt werden und sich nicht verfitzen, unterbunden („gefitzt"), dann zweifundweise zu „Schlaufen" („geknudelt") oder bis zu 5 Pfund zu kleinen Ketten verschlungen. So werden sie kunstgerecht in den Kessel eingelegt und je nach Reinheit offen oder unter Druck gekocht. Arbeitsweise und Apparatur entsprechen ganz den für lose Baumwolle angegebenen. Nur ist hier weit mehr auf ein gleichmäßiges Durchbleichen Wert zu legen, da etwaige Unregelmäßigkeiten nicht mehr durch das Verspinnen ausgeglichen werden. Zur Vermeidung der gefürchteten Kochflecken darf die Baumwolle in der heißen alkalischen Flüssigkeit nicht in Berührung mit der Luft kommen.

Hochdruckkessel mit geschlossener Dampfschlange und innerem Flüssigkeitsrücklauf. (Pornitz, Haubold.) (Abb. 28.) Hochdruck-Kochkessel KC der Zittauer Maschinenfabrik (Abb. 29). Der zylindrische Kessel enthält in der Mitte ein Steigrohr. Unter dem Siebboden befindet sich in der Höhlung des gewölbten Bodens eine geschlossene Dampfschlange. Die kochende Flüssigkeit steigt im Rohr aufwärts, wird vermittels eines Überguß-Schirmes gleichmäßig über das Bleichgut verteilt und fließt an den Wänden des Kessels wieder nach unten. Der Dampf tritt nicht direkt zur Bäuchflüssigkeit, vermehrt sie also nicht, sondern gibt seine Wärme durch Ausstrahlung ab. Das in der Schlange sich verdichtende Wasser wird durch den Kondens-Ableiter abgeführt. Zum bequemen Einbringen der Ware ist der ganze Deckel abhebbar; er kann durch Klauenschrauben dicht befestigt werden. Der Deckel hat Sicherheitsventil, Manometer und Lufthahn zum Ablassen der kalten Luft beim Beginn und zum Entweichen des Dampfes nach Beendigung des Kochens.

Auch wird ein besonderes Dampfrohr mit Ventil an dem Standrohr angebracht, um namentlich beim ersten Erwärmen direkten Dampf in die Lauge einströmen zu lassen. Gleichzeitig wird hierdurch die Flüssigkeit von unten abgesaugt und in die Höhe getrieben.

Die ein- und, wenn nötig, zweimal gebäuchte Ware wird dann in den Bleichbottich (Abb. 124) umgepackt. Sehr beliebt ist auch das Bleichen

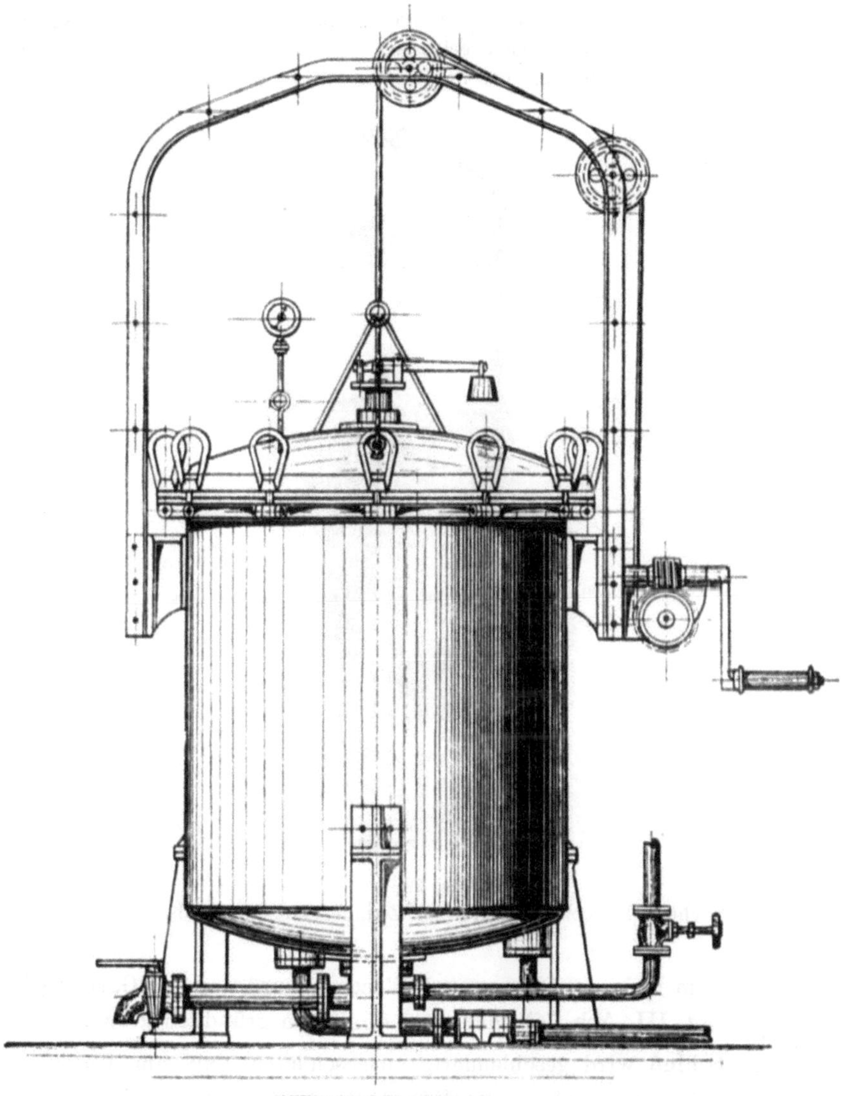

Abb. 28. Hochdruckkessel mit geschlossener Dampfschlange und innerem Flüssigkeitsrücklauf.

mit Chlorlauge im geschlossenen Kessel unter Vakuum (Abb. 30, s. a. Abb. 109 und 110).

Der schmiedeeiserne Kessel ist mit Blei ausgeschlagen und mit Holz ausgelegt. Der mittels Wandkrans in Scharnieren abhebbare Deckel schließt luftdicht. Die Luftpumpe erzeugt durch die Rohrleitung ein genügendes Vakuum; dann wird durch die Ventile und Rohre aus den Zisternen Chlorlösung bzw. Säure aufgesaugt und auf die Ware gespritzt. Nach einiger Zeit wird die Flüssigkeit jedesmal wieder in die Zisternen abgelassen. Das Spritzrohr steht auch in Verbindung mit der Wasserleitung, das Spülwasser geht in den Kanal.

Abb. 29.
Hochdruck-Kochkessel KC der Zittauer Maschinenfabrik.

Nach dem Chloren, Säuern und Waschen wird auf der Garnwaschmaschine (Bd. III, Abb. 76) oder einer ähnlichen gründlich gespült.

Zum Schluß wird geschleudert, ausgeschlagen und am besten in Garntrockenmaschinen (Bd. III, Abb. 84) bei gelinder Wärme und starker Luftbewegung getrocknet. Zum Schluß wird oft auf der Garnschlagmaschine (Bd. III, Abb. 95) geschlagen. Mercerisierte Garne werden oft unmittelbar ohne vorherige Abkochung gechlort. In jedem Fall hat das Bleichen dem Mercerisieren zu folgen, da sonst die Mercerisierlauge das Bleichgut von neuem beschmutzen und nach Ver-

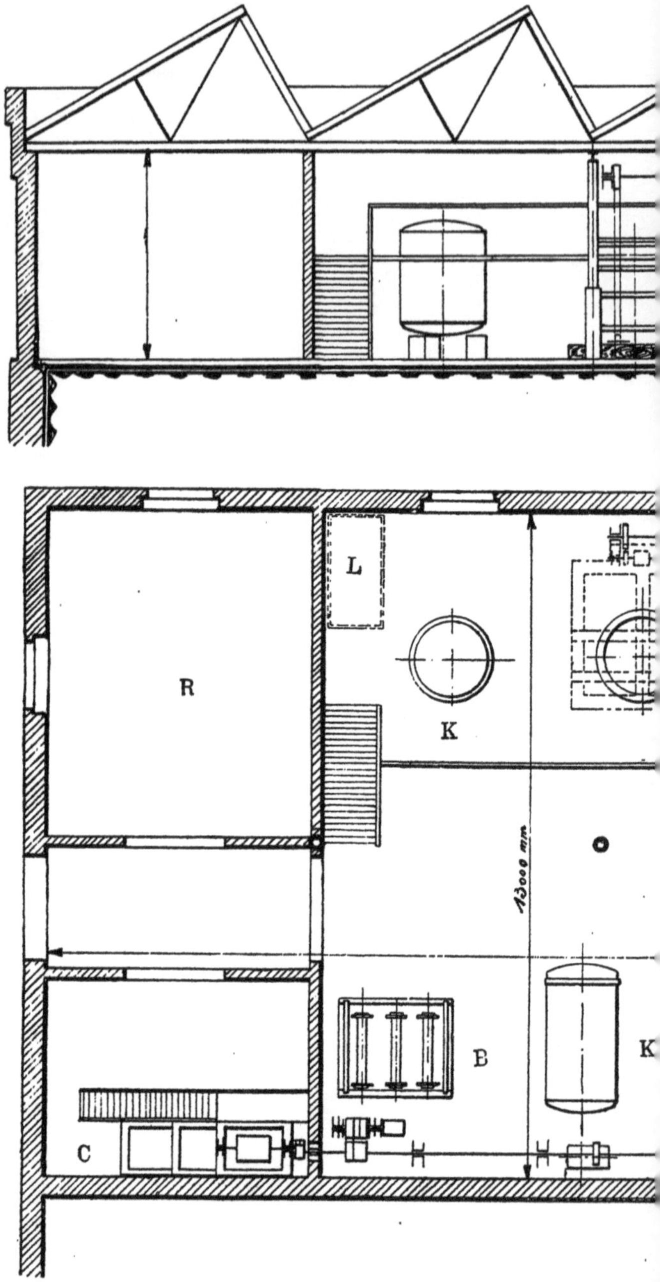

Abb. 31. Baumwollgarnbleiche m

B = Bleichapparat
C = Chlorauflösetrommel
K, K_1 = Kochkessel

L = Laugenbehäl
Lu = Luftstation
R = Rohwarenlag

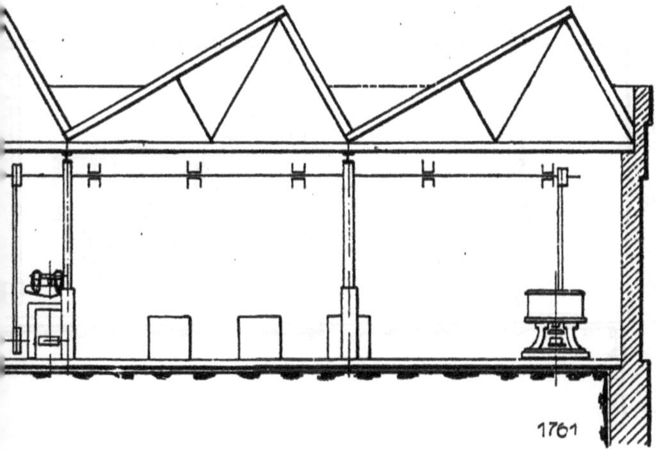

1761

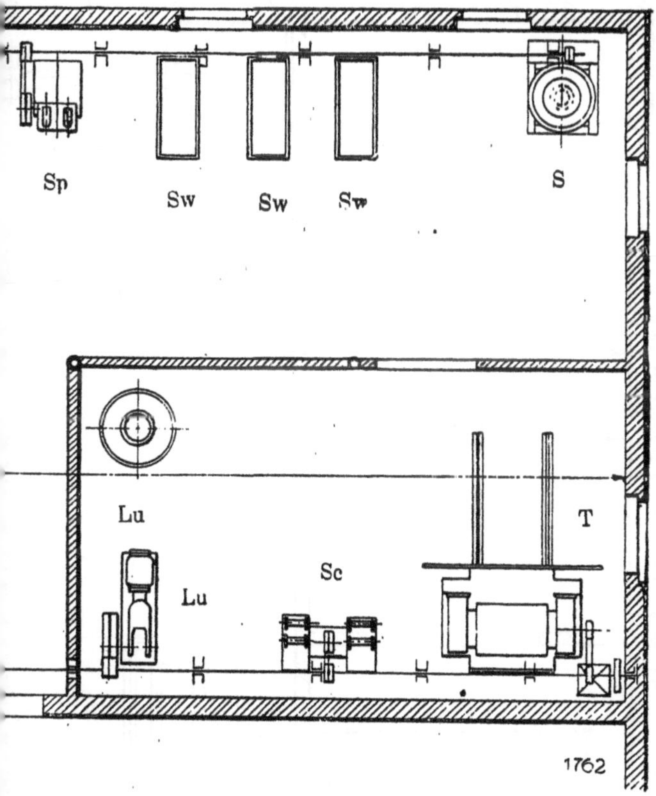

1762

hung der Zittauer Maschinenfabrik.

S = Schleuder
c = Schlagmaschine
p = Spülmaschine
Sw = Spülwannen
T = Trockenapparat

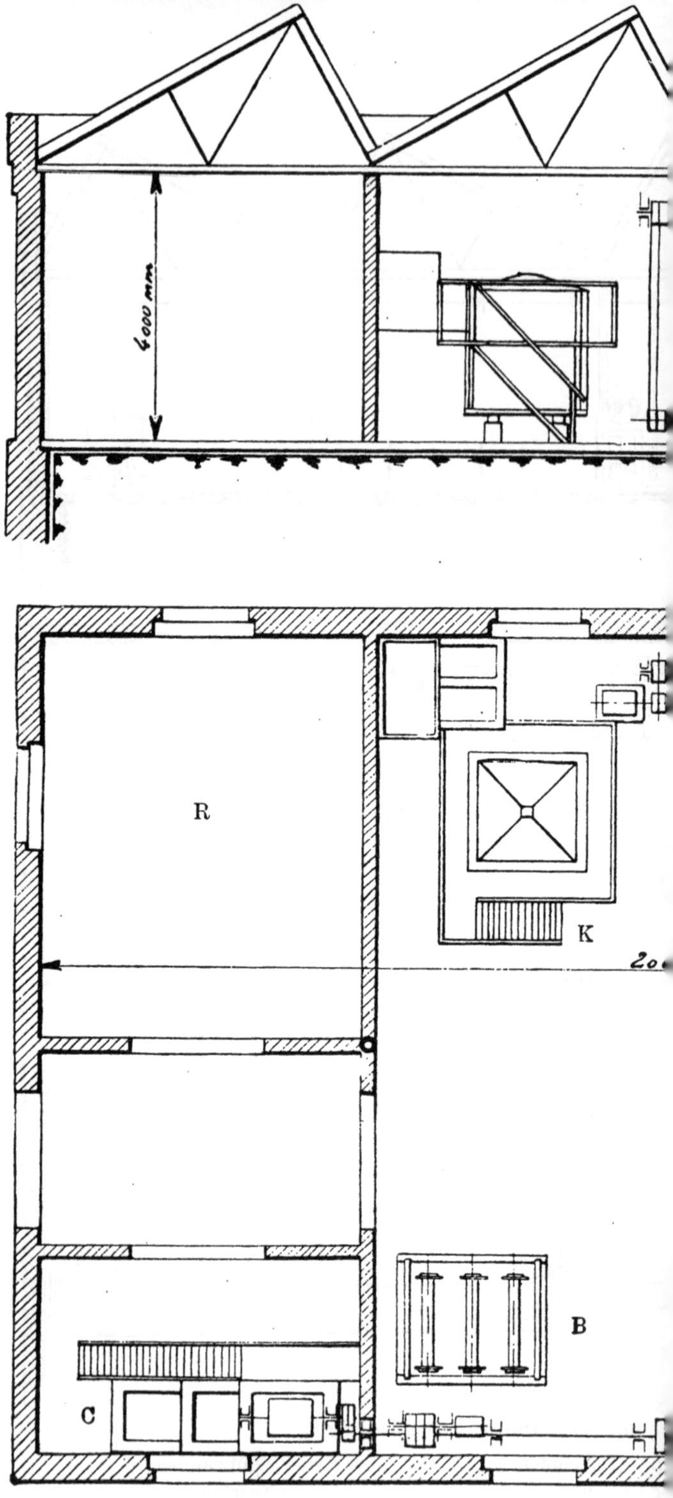

Abb. 32. Baumwollgarnbleiche mit Nie

B = Bleichapparat
C = Chlorauflösetrommel
K = Koch- und Bleichapparat

L = L
R = R
S = S

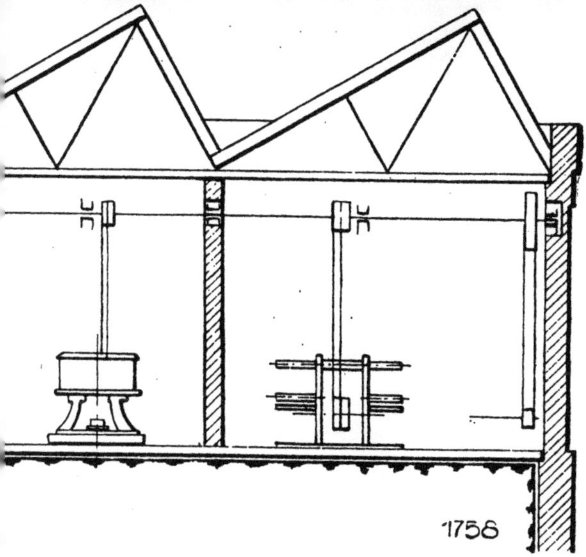

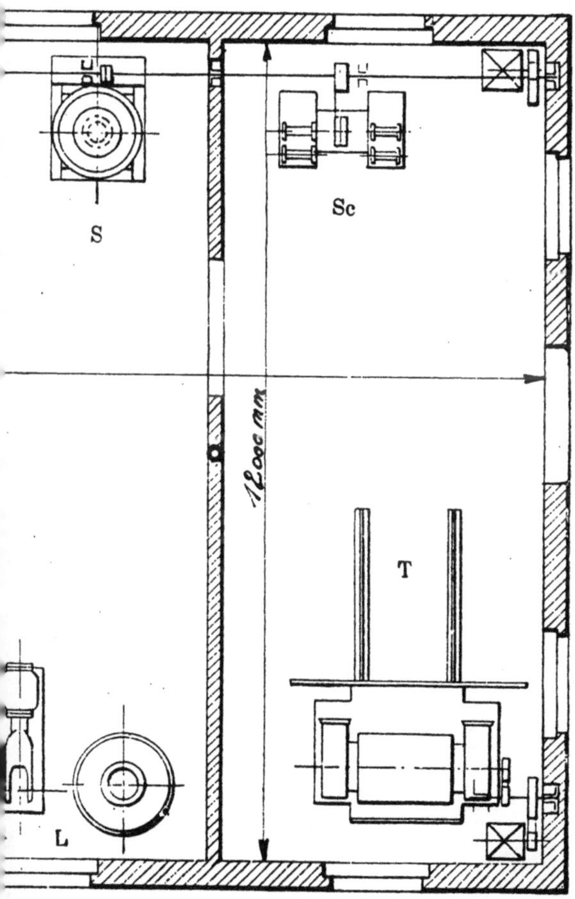

g der Zittauer Maschinenfabrik.

Sc = Schlagmaschine
Sp = Spülmaschine
T = Trockenapparat

suchen des Verfassers zudem eine Einbuße an Reißfestigkeit eintreten würde. Mercerisierte Garne werden oft noch chevilliert (Bd. III, 483).

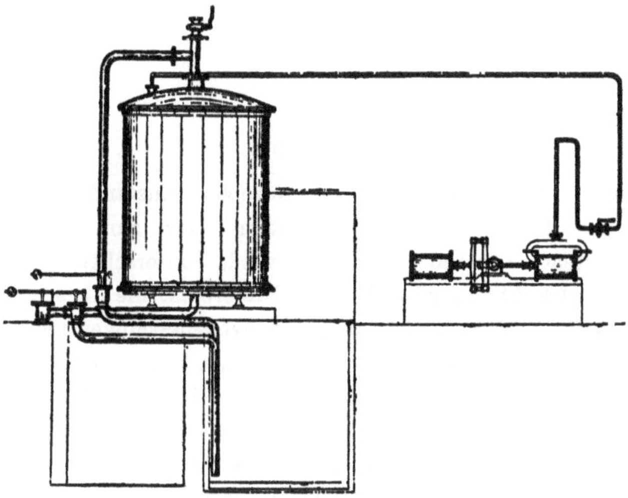

Abb. 30. Vakuumbleichapparat.

Abb. 31 stellt eine Baumwollgarnbleiche mit Hochdruckkochung, Abb. 32 eine solche mit Niederdruckkochung für bis zu 1000 kg Tagesleistung dar.

6. Gewebe.

Die meiste Baumwolle wird im gewebten Zustand gebleicht. Je nachdem das Gewebe in ausgebreitetem oder zum „Strang“ zusammengerafftem Zustand gebleicht wird, unterscheidet man die Breit- und die Strangbleiche. Erstere ist die theoretisch richtigere, da bei ihr Flecken, Knicke und Fadenverschiebungen nicht so leicht eintreten können. Sie bietet aber noch so große technische Schwierigkeiten, daß man, wo es eben möglich ist, die leichter und schneller auszuführende Strangbleiche vorzieht. Abgesehen von schwerer, dichter und sonstwie empfindlicher Ware werden Baumwollgewebe fast durchweg der Strangbleiche unterworfen. Die Stückbleicherei ist nicht so einfach, weil es sich hier nicht nur um die Entfernung der der Rohfaser entstammenden Verunreinigungen handelt, sondern auch die zum Schlichten der Kette verwendeten Appreturmittel, wie Stärke, Fette, Ton, Bittersalz, Glaubersalz, beseitigt werden müssen.

Die Rohware ist trocken und luftig zu lagern, um Schimmelbildung und Stockflecken zu verhindern (S. 204). Die Stückbleiche beginnt mit der Vorappretur.

a) Vorappretur.

α) Zeichnen. Jedes Stück wird mit bleichbeständigen Farben — Asphalt in Terpentinöl, Teer, Silbertinte, Anilinschwarz (O. Gaumnitz, T. **1921**, 198) — oder durch Einsticken (Abb. 33) gezeichnet.

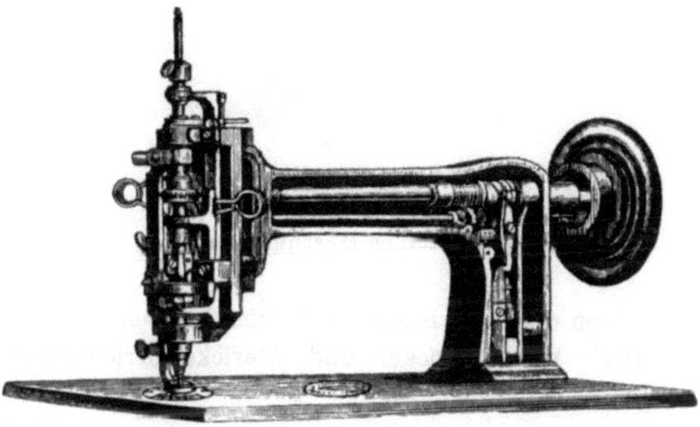

Abb. 33. Kurbelstickmaschine von Jos. Prasse, Warnsdorf.

β) Heften. Die Stücke werden mit der Heftmaschine (Abb.. 34) stückweise zu der gewünschten „Bleichpost“ von bis zu 12000 kg zusammengeheftet.

γ) Sengen. Das Sengen hat den Zweck, die Oberfläche des Gewebes von den hervorstehenden Härchen, dem Flaum, zu befreien und dem Stoff ein glattes Aussehen zu geben. Man bedient sich dazu der Sengmaschinen; deren gibt es vier verschiedene Arten: die Platten-, die Walzen- und die Gas- und elektrische Senge (vgl. F. Erban, D. Färb.-Ztg. **1911**, 891).

A. Plattensenge.

Für das Beseitigen der Fasern hat man in frühester Zeit schon glühende Metallkörper über das Gewebe gestrichen, oder umgekehrt das Gewebe über die Metallkörper geführt.

Später entstand die sogenannte Plattensengerei, welche sich bis auf den heutigen Tag erhalten hat. Bei dieser werden Kupfer- oder Eisen-

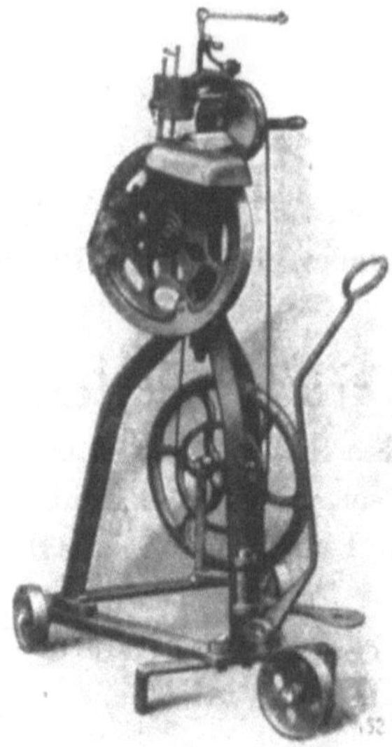

Abb. 34. Kuppelmaschine RO der Zittauer Maschinenfabrik.

platten durch einen darunter befindlichen Ofen glühend gemacht und das Gewebe mit Hilfe von Aufwickel- und Abwickelvorrichtungen darüber gezogen.

Abb. 35. Plattensenge LR der C. G. Haubold A. G., Chemnitz.

Die **Plattensenge**, Bauart LR, (Abb. 35) der C. G. **Haubold** A.-G., Chemnitz, hat folgende Bestandteile:

1 **Ofen**, ausgerüstet mit Rosten, Rostbalken, gußeisernen Auflegeschienen;
2 Türen mit Verschlußstücken und Scharnieren, Ankerplatten für die Ecken des Mauerwerkes mit Ankerschrauben;
1 **kupferne Sengplatte**:
1 **Eisenblechdach** über der Sengplatte, das durch Ketten- und Handgriff über Deckenleitrollen hochgezogen werden kann;
je 1 schmiedeeiserner, an Hebeln befestigter **Stab** vorn und hinten am Mauerwerk zum schnellen Abheben der auf der Sengplatte liegenden Ware;
je 1 sauber bearbeitetes, hoch- und tiefstellbares **Messer** an der Vorder- und Rückseite des Ofens zur Warenführung;
1 **Abwickel-** bzw. **Aufwickel**vorrichtung vor und hinter dem Ofen;
je 1 stehende **Dampfmaschine** zum Antrieb der Holzlattenhaspel durch Räderübersetzung.

Wird die Ware in feuchtem Zustande gesengt, so zieht der Rauch- und Dunstfang über der Platte den sich entwickelnden Wasserdampf ab.

Zur Vergrößerung der Leistungsfähigkeit der Plattensengen werden, ähnlich wie bei den Gassengen, mehrere Öfen hintereinander vom Gewebe bestrichen (Abb. 36).

Abb. 36. Doppelte Plattensenge AS mit Warenbewegungsvorrichtung und zwei Trockentrommeln. Zittauer Maschinenfabrik.

Statt durch eine Streichschiene die Funken zum Verlöschen zu bringen, läßt man die von der Platte kommende Ware auch über eine in einem Wasserkasten sich drehende Walze gehen oder man führt sie durch einen mit Dampf gefüllten Behälter.

Die kupfernen Platten arbeiten ebenso wirtschaftlich wie die gußeisernen. Erstere können nach längerem Gebrauch durch Hämmern wieder gerichtet werden und halten also für lange Zeit; die billigeren gußeisernen Platten können, nachdem sie einmal verbogen oder blasig geworden, nicht weiter verwendet werden.

B. **Walzensenge** (Zylindersenge) (Abb. 37).

Die Platte ist durch eine sich drehende hohle Walze aus Gußeisen ersetzt; diese steht auf der einen Seite mit einer Feuerung, auf der anderen mit einem Schornstein in Verbindung. Neuerdings wird sie auch durch einen eingebauten Gasbrenner erhitzt. Wie bei der Plattensenge die

Platte, wird hier die Walze zur Rotglut erhitzt. Die Ware geht in der der Drehung der Walze entgegengesetzten Richtung darüber. Diese Senge

Abb. 37. Zylindersenge „TG" der Zittauer Maschinenfabrik. (Ohne Darstellung des Ofens.)

arbeitet gleichmäßiger und spart mehr Feuerung als die Plattensenge. Wie bei dieser wird das Gewebe nach den Sengen durch Wasser gezogen.

C. Gassengmaschine.

Wirtschaftlicher vollzieht sich das Sengen auf der Gassengmaschine. Durch Mischung von Leuchtgas mit atmosphärischer Luft erhält man eine heißere und zugleich vollständig rußfreie Flamme. Man wendet, wo kein Steinkohlengas vorhanden, Gase aus Petroleum, Terpentin und anderen Ölen mit Vorteil an, die dann an Ort und Stelle mittels sogenannter Gasolinapparate hergestellt werden.

Abb. 38 zeigt einen solchen Apparat der Zittauer Maschinenfabrik. Er wird auf folgende Weise in Betrieb gesetzt:

Die Kapsel a wird losgeschraubt und der obere Behälter mit Gasolin gefüllt, bis es im Stand-Glas verschwindet. Dann wird a geschlossen. Die Füllung soll bei Tage oder elekrtischem Licht stattfinden. Sämtliche Hähne müssen vor dem Füllen geschlossen sein.

Sodann füllt man die äußere Zarge h mit Wasser; dieses wird mit Hilfe eines durch ein Loch an der Decke eingeführten Dampfröhrchens mit einströmendem Dampf stets warm erhalten. Durch diese Erwärmung vergast das Gasolin schneller.

Man öffnet nun den Gasolin-Zuführhahn b und läßt Gasolin nach unten fließen. Beim ersten Male kann man etwa eine Minute lang Gasolin herunterfließen lassen Dann schließt man Hahn b, jedoch nicht vollständig, so daß noch fortwährend etwas Gasolin nachfließt.

Es werden nun Luftzuführbahn c und Gashaupthahn d gleichzeitig geöffnet. Der Lufthahn c wird nie ganz geöffnet werden dürfen, weil sonst zu viel Luft zugeführt wird.

Vor dem Öffnen dieser Hähne muß der Ventilator in Gang gesetzt sein, damit sofort Luft dem Apparate zugeführt wird.

Auch muß vor der Einströmung des Gases in die Maschine, ebenso wie bei Steinkohlengas, noch Luft nach Bedarf dem Gase beigemischt werden.

Man zündet nun das Gas an und beobachtet, ob es zu fett, d. h. gelb brennt, oder ob es zu mager ist.

Ist das Gas zu fett, so läßt man weniger Gasolin zuströmen, indem man Hahn b etwas schließt, oder man läßt etwas mehr Luft zuströmen, indem man Hahn c mehr öffnet.

Bei zu magerem Gase verfährt man umgekehrt.

Die Hähne e und ee sind Gasolin-Ablaßhähne; diese haben einen abnehmbaren Schlüssel, welcher niemals am Apparat stecken bleiben darf, weil sonst von unberufener Hand dieser Hahn geöffnet werden könnte.

Sollte es vorkommen, daß einmal durch Unaufmerksamkeit zu viel Gasolin heruntergelassen wird, so wird solches durch ee abgelassen und bei a wieder aufgefüllt.

f ist ein Wasserhahn. a sitzt genau über b; man kann bei etwa vorkommender Verstopfung des Hahnes b mit einem Draht von oben Luft schaffen.

Abb. 38. Gasolin-Apparat der Zittauer Maschinenfabrik.

Gasolin ist ein Petroleum-Destillat von spez. Gewicht 0,6 bis 0,65. Heute wird Benzol bevorzugt.

In der richtigen Mischung von Gas und Luft, in der Konstruktion der Apparate für die Luftpressung, die Mischung der Preßluft mit dem Gase und der Brennern selbst liegt das Wesentliche für ein gutes Sengen. Diese Teile müssen bei der Gassengmaschine nicht nur gestatten, Gas und Luft auf das innigste miteinander zu mischen, dem Gemenge je nach Erfordernis einen höheren oder geringeren Druck zu geben, sondern auch die Mischung unter gleichmäßigem Druck am Verbrennungsorte zur Ausströmung kommen zu lassen, ohne dabei eine besondere Aufmerksamkeit und Intelligenz des die Maschine bedienenden Arbeiters vorauszusetzen.

Bei normal verlaufendem Sengen werden Baumwollgewebe nicht geschwächt. Der Gewichtsverlust übersteigt nach Abzug der Feuchtigkeit 2% nicht.

Durch Albert Scheurer ist erwiesen, daß die Baumwolle ohne Veränderung die Einwirkung einer verlängerten, trockenen oder feuchten Hitze von 150° aushält. Bei 160° erreicht man den kritischen Punkt, wo das Gewebe eine Änderung erleidet. Wenn trotzdem nach dem Sengen eine Schwächung der Faser beobachtet wird, so ist dies meistens durch metallische oder ätzende Bestandteile verursacht, welche absichtlich oder zufällig vor dem Weben der Schlichte für die Ketten oder nachher der Appretur für die rohen Stücke zugesetzt werden.

Die Art und Weise, wie bei Gassengmaschinen die Flamme auf und in das Gewebe wirkt, ist von großem Einfluß.

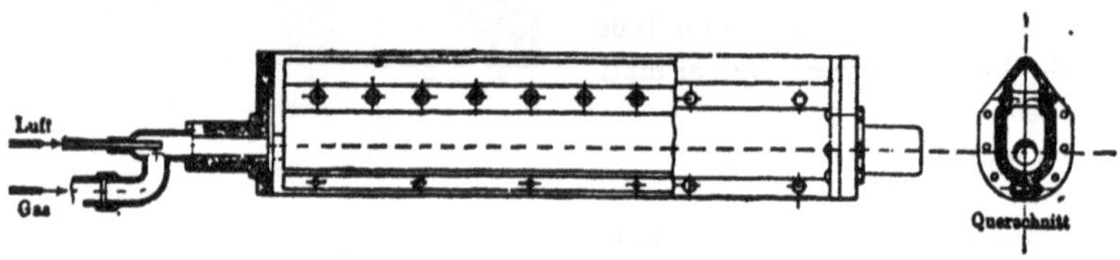

Abb. 39. Brenner.

In den älteren Maschinen streift die Flamme das zu sengende Gewebe und arbeitet sozusagen seiner Fläche parallel. Man hatte wohl schon früher Versuche angestellt (Hall 1816), die Flamme durch das Gewebe hindurchzusaugen, aber diese Arbeitsweise war verlassen worden, weil sie das Gewebe ärmer machte; durch Verbrennen auch des in den Maschen des Gewebes befindlichen Flaumes erhielt der Stoff einen weniger vollen Griff. Binder hat die Versuche wieder aufgenommen und kam durch Änderung der Flammen und der Geschwindigkeit des Gewebes unter Umgehung obiger Mängel zu einer bedeutenden Gas- und Arbeitsersparnis (D. R. P. 94160).

In Abb. 39 ist ein Brenner von etwa 12 Liter Inhalt dargestellt. Der Brennschlitz hat eine Breite von 0,5 mm auf 1040 mm Länge; letztere kann vermittelst zweier Schieber verändert werden. Wie gewöhnlich sind die Brenner um ihre Achse drehbar und ein Hebelsystem erlaubt, sie nötigenfalls vom Gewebe zu entfernen. Gas und Druckluft werden vermittelst biegsamer Rohre zugeführt. Um die Flamme je nach der Gewebegattung regeln zu können, ist die Hahnbüchse mit Teilkreis und der Hahnschlüssel mit Zeiger versehen.

Abb. 40 zeigt das Saugrohr mit Wasserkühlmantel; es nimmt unmittelbar die Verbrennungsgase auf und ist mit dem neben der Maschine stehenden Saugventilator verbunden. An beiden Enden trägt es die

Schieber R' zur gleichzeitigen Regelung der Saug- und Brenneröffnung (durch die Stellvorrichtung V [Stellrad und Zahnstange] beweglich). Ferner die Rolle R zur Entfernung des Gewebes von den Brennern.

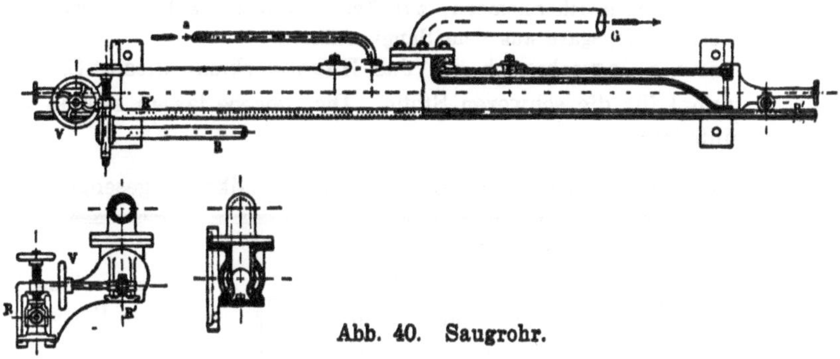

Abb. 40. Saugrohr.

a Eintritt des kalten Wasser.
G Austritt der Verbrennungsgase.
R Rolle zum Verändern der Entfernung des Stoffes vom Brenner.
R' Schieber mit Zahnstange.
V Stellrad.

Abb. 41 zeigt eine Gassengmaschine von Scheurer, Lauth & Co. mit zwei Gebläsebrennern, in welche eine Saugvorrichtung nach System F. Binder eingebaut ist:

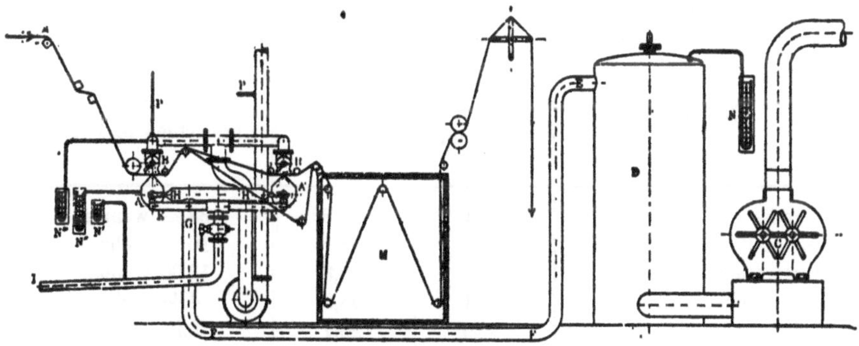

Abb. 41. Gassengmaschine von Scheurer, Lauth & Co.

A und A' Brenner.
B und B' Saugrohre System Binder.
C Roots Gebläse, die Preßluft liefernd.
D Windkessel mit Druckregler.
E F G H Druckluftleitung zur Brennerspeisung.
I K Gasleitung zur Brennerspeisung.
L Saugventilator.
M Dampfkasten.
N Wassermanometer für den Druck des Windkessels D.

N′ Wassermanometer für den Gasdruck.
N″ Wassermanometer für den Druck des Gas-Luftgemisches.
N‴ Wassermanometer für das Vacuum im Saugrohr.
P Stickstoffthermometer, zur Temperaturnahme des Verbrennungsgases.
P′ Gas-Quecksilberthermometer, zur Temperaturnahme beim Austritt der Verbrennungsgase aus dem Saugventilator.

Der geringe Gasverbrauch ist das Hauptmerkmal dieses Sengverfahrens, zumal für die schweren Stoffe. Die Gewebe lassen sich in zwei Klassen einteilen:

a) Gewebe mit 630 mm Wasserdruck im Windkessel gesengt:

Gewebeart	Gasverbrauch in Litern auf 100 m		Mit Saugwirkung weniger in Prozenten
	ohne Saugwirkung	mit Saugwirkung	
Kaliko 75/26	210,3	121,5	41,77
Satinette	223,7	119,9	46,40
Kaliko 20/20	192,5	109	43,16
Piqués	235,4	123,4	47,57
Rips	239,5	119	50,31
Piqué long	259	127,3	50,84
Perkal	237	121,8	48,60

b) Gewebe mit 300 mm Wasserdruck im Windkessel gesengt:

Gewebeart	Gasverbrauch in Litern auf 100 m		Mit Saugwirkung Unterschied in Prozenten
	ohne Saugwirkung	mit Saugwirkung	
Organdis	36,1	22,3	38,22 weniger
Jaconas (fein)	48,2	53	10 mehr
Baumwollflanell	84,9	73,3	13,66 weniger
Batist 25/25	72,1	75,3	4,44 mehr
Wollmusselin	36,5	26,7	26,9 weniger
Seidensatin	83,1	83,1	—
Satin (Seidenkette)	81,9	72	12,08 weniger

Wie ersichtlich, ist be ischweren Stoffen die Gasersparnis 41,77 bis 50,84%, bei leichteren hingegen nur gering. Sehr leichte Stoffe können ebenfalls mit Saugwirkung gesengt werden, da es aber unpraktisch ist, die Geschwindigkeit von 90 m in der Minute zu überschreiten, so ist man auf das Verringern der Flammen angewiesen; diese wird nach Art, Durchlässigkeit, Gewicht usw. des Stoffes geregelt. Solche leichten Stoffe sind sogar doppelseitig gesengt.

Alle Sengsysteme bräunen mehr oder weniger die Stoffe, aber diese braune Färbung hat keine nachteilige Wirkung auf die Festigkeit der Gewebe. Nach den Versuchen von Lévy-Spira (Z. f. Farb.- u. Text.-Chemie 1902, 144) können die verschiedenartig gesengten Gewebe folgendermaßen eingeteilt werden:

1. Am wenigsten gebräunt sind die ohne Saugwirkung mit vorheriger Trocknung gesengten Stoffe.

2. Diejenigen Stoffe gesengt mit Saugwirkung und mit Trocknen.

3. Diejenigen Stoffe gesengt ohne Saugwirkung und ohne Trocknen.

4. Am meisten gebräunt werden mit Saugwirkung ohne vorheriges Trocknen gesengte Stoffe.

Nach dem D. R. P. 119 929 bringt C. Scharrer über ein- und derselben Flamme eine Reihe von innen mit Wasser gekühlten Führungs-

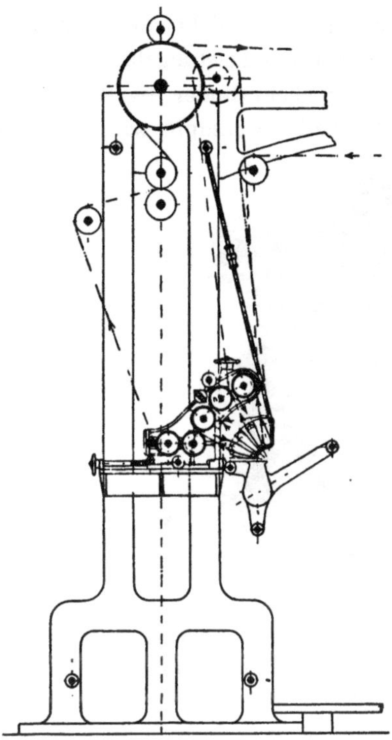

Abb. 42.
Führungskörper nach Scharrer.

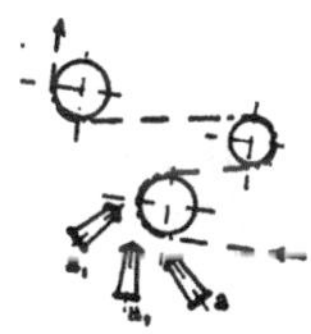

Abb. 43. Brennerverstellung nach Gebauer.

körpern an, wodurch die Sengflamme in der Längsrichtung des Gewebes ausgebreitet und ihre Berührung damit vergrößert wird. Die einmalig vorbeistreichende Ware wird auf diese Weise gleichsam drei- oder mehrmals mittels einer Flamme gesengt, die Sengflamme also besser verwertet (Abb. 42). Vgl. a. Abb. 45 von G. Haubold in Chemnitz.

Nach dem D. R. P. 126 415 bringt Fr. Gebauer in Berlin eine Einrichtung, mit der man mittels eines Brenners, je nach Stellung desselben, mit der Flamme entweder tangential oder senkrecht oder auch gleichzeitig tangential und senkrecht auf die Gewebe einwirken kann. Je nachdem nun der Brenner der Maschine nach a gestellt ist, wird eine tangentiale, nach a_1 eine geringe tangentiale und senkrechte und nach

a_2 eine gleiche tangentiale und senkrechte Berührung der Gewebe mit der Sengflamme ermöglicht (Abb. 43).

Die Rohware enthält stets einen gewissen Feuchtigkeitsgehalt. Kommt nun diese feuchte Ware auf die Seng-Maschine, so wirkt der erste Brenner nicht sengend, sondern trocknend, was aus dem aufsteigenden Wasserdampf zu ersehen ist. Um nun den ersten Brenner nicht zum Trocknen, sondern zum Sengen zu benutzen, und mithin die Leistungsfähigkeit der Maschine zu erhöhen, wird auf einem Vortrockenzylinder die Ware vorgewärmt; indem die vorhandene Feuchtigkeit verdampft wird, richten

Abb. 44. Gassenge, schwere Bauart, für Leucht- und Ölgas, IA, mit Trockentrommel und Antrieb durch Planscheibenvorgelege, der Zittauer Maschinenfabrik.

die Fasern des Gewebes sich auf, so daß sie sich leichter und gleichmäßiger wegsengen lassen (Abb. 44).

Durch eine neuartige, unmittelbar über dem ersten Brenner angeordnete, gesetzlich geschützte Vorrichtung haben C. G. Haubold A. G. Chemnitz die oben bezeichneten Nachteile der bisherigen Sengmaschine beseitigt und die Voraussetzungen für ein völlig befriedigendes Sengergebnis geschaffen. An Stelle der bisher über dem Brenner bzw. den Leitkörpern befindlichen Führungswalzen werden zwei Trockenzylinder angeordnet, über die das Gewebe in der aus Abb. 45 ersichtlichen Weise geführt wird. Durch diese beiden zwischengeschalteten Heizzylinder wird das Gewebe jedesmal in hinreichend getrocknetem, hocherwärmtem Zustande an die Sengflamme hingeführt und auf diese Weise stärkste Sengwirkung gesichert. Eine weitere Gewähr hierfür bietet auch die verbesserte Ausbildung der lamellenförmigen Leitkörper, die in bekannter Weise das Gewebe in mehrfacher Schleife über die Flamme führen. Sie besitzen eine viel größere beheizte Oberfläche als vordem. Auch der erzielte Sengeffekt ist gegenüber früher viel besser, da sich das

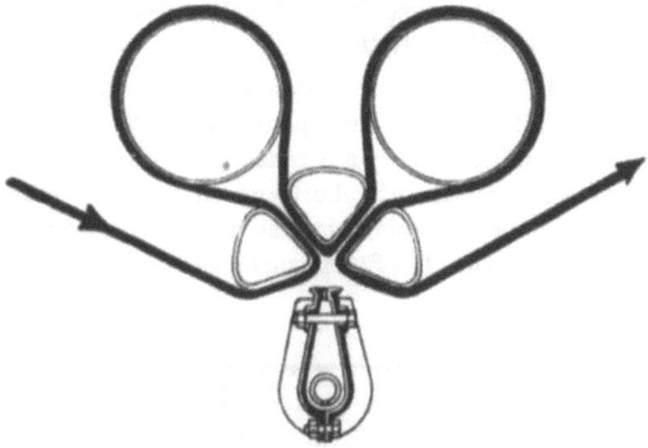

Abb. 45. Vortrocken- u. Warenführungs-Einrichtung von C. G. Haubold A. G., Chemnitz.

Gewebe bei der Umkehrung über den spitzen Winkel der Leitkörper derart öffnet, daß sich die Schußfäden auseinanderlegen und ein vollkommenes

Abb. 46. Gassengmaschine mit 2 Brennern RC der C. G. Haubold A. G., Chemnitz.

Grundsengen erfolgt. Hinzu kommt, daß die Ware mit viel größerer Geschwindigkeit durch die Maschine geführt werden kann als zuvor und daß der Gasverbrauch auf das unbedingt nötige Maß beschränkt bleibt.

Die Gassengmaschine mit 2 Brennern, Bauart RC, der C. G. Haubold A. G., Chemnitz (Abb. 46 und 47) zum zweimaligen Sengen einer Seite oder einmaligen Sengen beider Seiten in einem Warendurchlauf hat folgende Bestandteile:

2 gußeiserne Gestellwände mit fester Querverbindung und einer doppelten Einlaßvorrichtung mit Drehspannriegel und Leitwalzen;

2 Brenner, auf beiden Seiten in Drehzapfen ruhend. Durch einen dieser Drehzapfen strömt das Gas- und Luftgemisch in den Brenner. Zugstangen verbinden die Brenner untereinander; so daß sie gemeinschaftlich an- und abgestellt werden können. Die Flammenstärke kann bei jedem Brenner durch

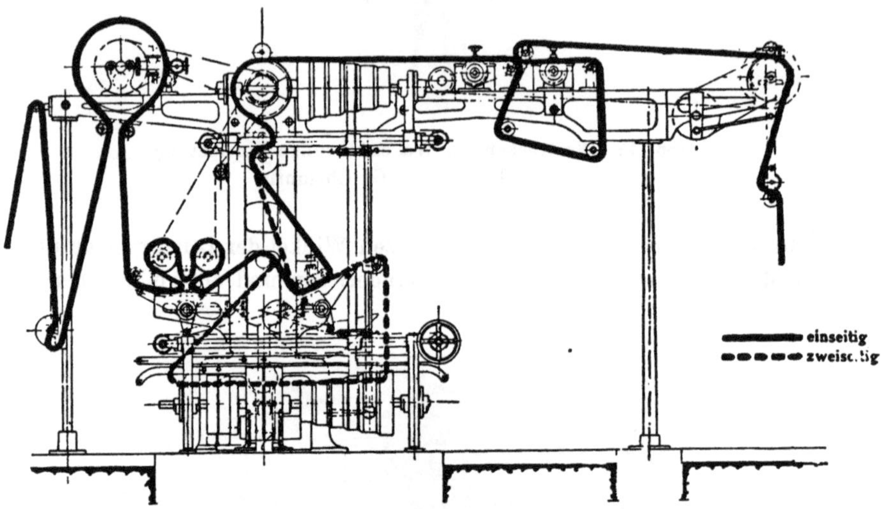

Abb. 47. Warenlauf auf der Gassengmaschine RC mit 2 Brennern der C. G. Haubold A. G., Chemnitz.

Verstellen der Schlitzbreite geregelt werden. Beim Sengen schmaler Waren werden die freiliegenden Teile der Brennerschlitze durch Schieber abgedeckt;

2 in gemeinsamen Hebeln gelagerte Metall-Leitwalzen zur Warenführung über die Brenner. Sie können infolge Verstellbarkeit der Hebel so auf und nieder verstellt werden, daß man die Sengflammen entweder durch das Gewebe hindurch oder nur an das Gewebe anschlagen lassen kann;

1 von der Maschine angetriebenes Gebläse, eine Rohrleitung mit Hähnen und Skala sowohl für die Luft, als auch für das Gas, und ein großer, eiserner Windkessel, zur Erzeugung des Gasgemisches;

mehrere Leitwalzen zur Gewebeführung;

1 gußeisernes, angetriebenes Quetschwalzenpaar zur Funkentötung;

1 Zugwalzenpaar mit großer Eisenblechtrommel und Holzdruckwalzen zur Gewebeführung;

1 Legezeug mit großer Eisenblechtrommel und Legehebel mit Walzen;

1 Antriebsvorrichtung mit großem Planscheibenvorgelege und Fest- und Losriemenscheibe.

Die Großleistungs-Gewebe-Gassengmaschine, Bauart Osthoff RC I, D. R. P. 328 393, 328 999 und 397 146 der C. G. Haubold A. G., Chemnitz (Abb. 48), hat

1. besondere Brenner. Das Abdecken der Brennerflammen nach der jeweiligen Warenbreite erfolgt durch von beiden Seiten in die Brenner einströmende Druckluft;
2. eine besondere Mischanlage zur Erzeugung des Gasluftgemisches, bestehend aus:

Abb. 48. Großleistungsgewebe-Gassengmaschine, Bauart Osthoff RC, der C. G. Haubold A. G., Chemnitz.

1 großen Kreiskolben-Gebläse für die Luft und
1 zweiten Kreiskolben-Gebläse für das Gas (Gassauger). Beide sind auf einer gemeinsamen Grundplatte befestigt und je mit einem patentierten Druck- und Leistungsregler verbunden. Ihr Antrieb erfolgt gesondert durch Fest- und Losriemenscheibe.

3. einen besonderen in die Rohrleitung nach den Brennern eingebauten, leicht handlichen, patentierten Universal-Steuerapparat, er dient zum Einstellen und Regeln der Flammenbreite und -stärke.

Um die noch brennenden Härchen vollständig auszudrücken, wird die Ware von den Abzugswalzen durch Quetschwalzen gezogen und dann durch einen Bürstapparat von dem Sengstaub auf beiden Seiten gereinigt.

D. Elektrische Senge.

Wo eine billige Stromquelle vorhanden ist, sollte der sauberen, gefahrlosen elektrischen Senge (Abb. 49) der Vorzug gegeben werden.

In einem gußeisernen Gestellt werden unverbrennbare Stäbe durch den elektrischen Strom zum Glühen gebracht; ihre Anzahl und Breite richten sich nach den gewünschten Leistungen. Am Einlaß der Maschine befinden sich Spannstäbe und kupferne Trockentrommeln, hinter der

Abb. 49. Elektrische Senge der Zittauer Maschinenfabrik.

Sengvorrichtung zwei eiserne Löschwalzen, deren untere in einem Wasserkasten läuft, am Auslaß ein Faltenleger.

δ) Scheren. Während durch das Sengen nur der feine Flaum weggebracht wird, müssen stärkere Unebenheiten des Gewebes, Knoten und Fasern auf mechanischem Wege mit Schneidewerkzeugen entfernt werden. Früher scherte man die Zeuge mit gekrümmten Scheren; später wurde von Courlier die Schermaschine erfunden. Man unterscheidet zweierlei Schermaschinen, die Quer- (Transversal-) Schermaschine und die Längs- (Longitudinal-) Schermaschine.

Bei der Quer-Schermaschine bewegt sich das Schneidzeug über das festgespannte Gewebe in der Richtung des Schußfadens und es kann also jeweils nur so viel geschoren werden, als der Länge des Schneidzeuges entspricht. Nach Rückgang des Schneidzeuges wird das Gewebe um diese Länge in der Maschine weiter geführt und bleibt festgespannt stillstehen, bis das Schneidzeug die betreffende Fläche wieder bearbeitet hat.

Diese Maschine wurde in der Tuchbranche gebraucht, um Gewebe mit starken Sahl-Leisten zu scheren; heute ist sie nur selten im Gebrauch, da die seitlich verstellbaren Tische neuerer Tuchschermaschinen gestatten, die dickeren Leisten neben dem Tische zu führen; das Schneidzeug kann also fest auf das am Tische aufliegende Tuch (ohne Leisten) gestellt werden.

Bei der Längs-Schermaschine wird das zu scherende Gewebe unter dem festgelagerten Schneidzeug in ununterbrochenem Laufe durchgeführt (Abb. 50 und 50 a).

Die Schneidzeuge — gewöhnlich zwei — der Schermaschinen bestehen aus Zylindern mit 6 bis 12 Spiralmessern.

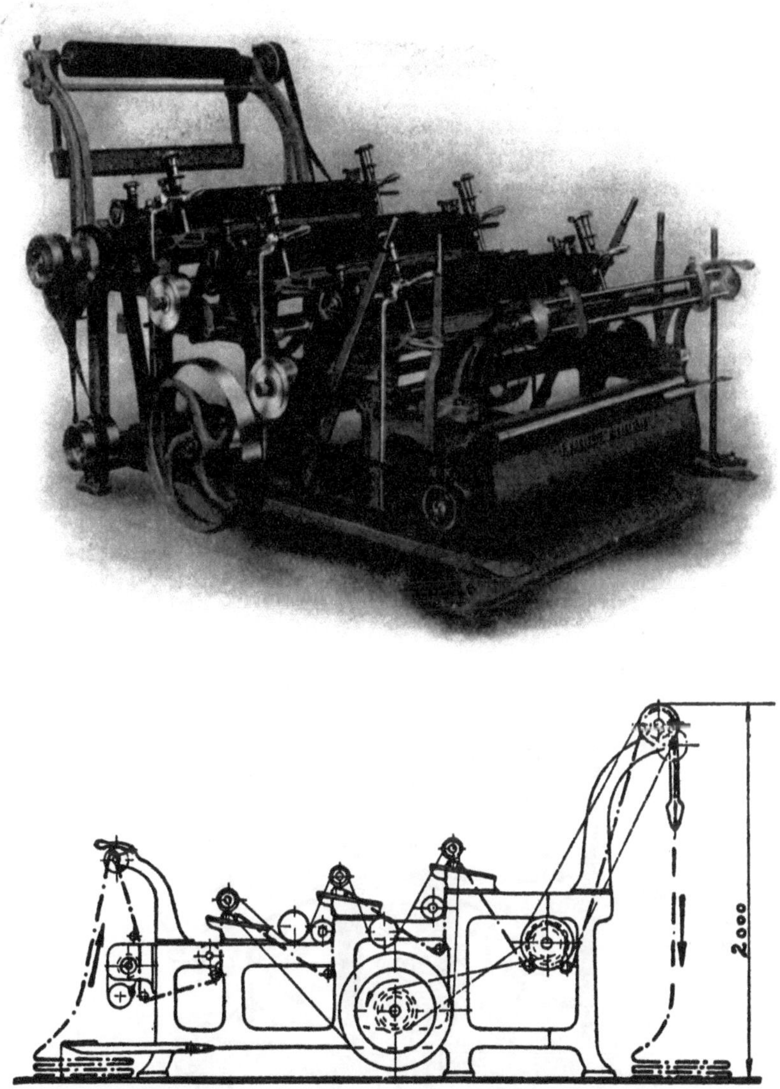

Abb. 50 u. 50a. Schermaschine mit 8 Schneidzeugen von A. Monforts, M.-Gladbach.

Die Gewebe laufen zwischen dem Zylinder und einem Untermesser, welches vom Zylinder selbst genau eingeschliffen ist, hindurch.

Um die Fäserchen aufzurichten, schnittfertig zu stellen, dreht sich vor jedem Zylinder eine kleine Bürstwalze. Die neuesten Schermaschinen sind weiter mit Schutzvorrichtungen versehen; der Arbeiter kann die Maschine nur in Gang setzen, wenn die Schutzvorrichtung über den Schneidezeugen geschlossen ist.

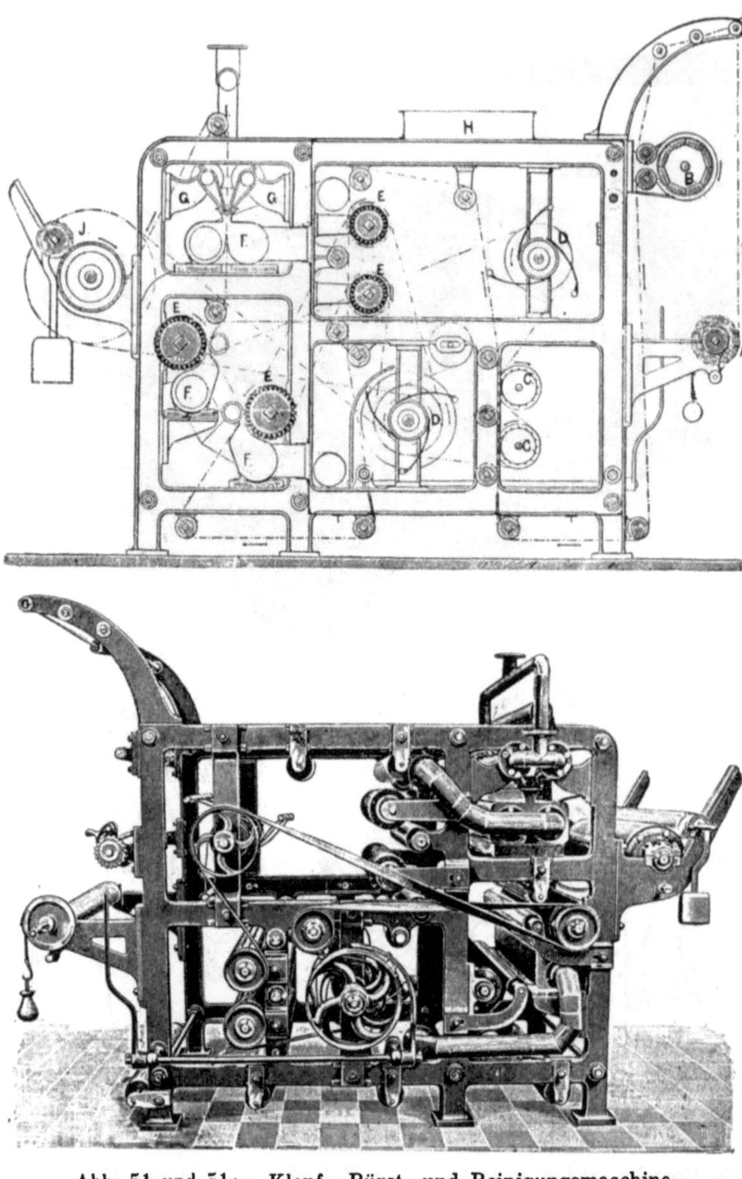

Abb. 51 und 51a. Klopf-, Bürst- und Reinigungsmaschine.

Meistens wird mehrmals geschoren; häufig auch nochmals nach dem Bleichen, besonders bei Druckware.

ε) **Bürsten.** Die gebleichten und geschorenen Baumwollgewebe bedürfen in vielen Fällen noch einer Reinigung von den anhaftenden mecha-

Abb. 52 und 52a. Rauhmaschine von E. Gessner, Aue.

nischen Verunreinigungen, Staub, Flocken und Fäserchen durch Klopfen und Bürsten auf besonderen Maschinen. Eine solche **Klopf-, Bürst- und Reinigungsmaschine** wird nach den D. R. P. 75007 und

76 338 von Carl Scharrer in Abb. 51 im Querschnitt, Abb. 51 a im Schaubild gezeigt:

A. Abrollvorrichtung.
B. Spannwalze.
C. Messerwalzen. (Werden nur für ungebleichte Ware gebraucht; für gebleichte Stoffe sind sie durch Bürstenwalzen ersetzt.)
D. Schlägerwalzen.
E. Bürstenwalzen.
F. Staubkästen.
G. Bläser mittels Rootsventilatoren angetrieben.
H. Saugöffnung des großen Staubkastens in Verbindung mit den kleinen Staubkästen. Das Ansaugen wird mittels eines Ventilators bewirkt.
I. Aufrollvorrichtung des gereinigten Stückes.

Die Leistung der Maschine in 10 Stunden beträgt rund 45 000 Meter; der Kraftbedarf (mit den beiden Ventilatoren) 2½ PS.

Der abgebürstete und abgeblasene Staub wird sofort, ehe er sich zu einer Masse ansammeln kann, durch Staubfangkästen abgefangen und den Abzugsröhren zugeführt; die Flocken können nicht durch die Rundbürsten nach rückwärts wieder auf den bereits geputzten Teil der Ware aufgeworfen werden; das verhindern die am Ausgange der Maschine angebrachten, sich gegenüberstehenden und die Ware zwischen sich durchlassenden Schlitzgebläse.

Ein Teil der Gewebe wird weder gesengt noch geschoren, sondern gerauht, d. h. besonders die Schußfäden werden oberflächlich angerissen, um eine pelz- oder filzartige Beschaffenheit auf einer oder beiden Seiten hervorzubringen (Abb. 52 und 52 a). Nach dem Sengen und Scheren folgt das Mercerisieren, wenn solches gewünscht wird.

b) Bleichen.

Nach der Vorappretur beginnen die eigentlichen Arbeiten der Bleiche.

1. Die Strangbleiche.

α) Entschlichten.

Unerläßlich ist es für Druckware, in anderen Fällen kann es auch unterbleiben, da es nur dazu dient, dem Bäuchen vorzuarbeiten. Es gibt vier Wege zur Aufschließung der stärkehaltigen Schlichte: 1. Vergärenlassen, 2. Hydrolyse durch Säuren, 3. Lösen in heißer verdünnter Natronlauge und 4. Oxydation.

1. Vergärenlassen.

Dies Verfahren ist das älteste. Man läßt das je nachdem aus der Sengerei oder Rauherei in breitem Zustand kommende Gewebe durch einen Porzellanring in gefaltetem Zustand in eine Waschmaschine (s. u.) und darauf in Bottiche einlaufen, die mit 20—30° warmem Wasser gefüllt sind. Die tagelang dauernde und leicht faulig werdende Gärung läßt sich durch Zusatz von Malzauszug oder noch besser Diastafor der Deutschen Diamalt-Gesellschaft, München, beschleunigen (1—2½ g im Liter, 60—70° warm, 5—6 Stunden; Bd. I, 277; Ch. Ztg. **1906**, 219). Neuere Entschlichtungsmittel sind Novo-Fermasol derselben Firma (T. **1925**, 183), sowie Biolase von Kalle & Co., Biebrich (T. **1925**, 184). Im Gegensatz zu Diastase wird Biolase durch Säuren in ihrer Wirkung behindert. Schwache Alkalien stören nicht. Degomma D (mit Holzmehl) und D L (vollkommen löslich) von Röhm & Haas A. G., Darmstadt, werden nur bei 55° angewandt. Ebenso Rinderpankreas, s. a. D. R. P. 359 597 der Wyla-Werke in Weil in Baden.

2. Hydrolyse durch Säuren.

Das Entschlichten mit Säure erfordert mehr Vorsicht, damit nicht Eintrocknen und Karbonisation eintritt. Doch ist das Verfahren billiger und entfernt auch Rostflecken. Man tränkt mit heißer 1%iger Salz- oder Schwefelsäure auf der Waschmaschine (s. u.). Früher ließ man über Nacht liegen; Freiberger zieht auch hier den fortlaufenden Betrieb vor.

3. Entschlichten mit Alkalien.

Billig ist auch das Entschlichten durch alkalische Lösungen. Man kann 1—2%ige Abfallauge von der Mercerisation oder alte Kochlauge verwenden; die damit getränkte Ware wird einige Stunden in einem Behälter mit Lattenrost liegen gelassen.

4. Oxydierende Entschlichtung.

Die Entschlichtung mit Perborat („Obor") nach D. R. P. 203 282 ist schon mehr ein Bleichen. Man soll in eine Lösung von 0,1—0,2% Perborat einlegen, langsam zum Kochen treiben und ½—1 Stunde kochen.

Die Entschlichtung mit Aktivin — 1—5‰ kochend — empfahl R. Haller, Spinner u. Weber **1924**, Heft 41, S. 11, und R. Feibelmann, L. M. f. T. **1927**, 392.

β) Waschen.

Nach dem Entschlichten folgt gründliches Spülen auf sog. Strangwaschmaschinen oder Clapots (clapoter = plätschern).

Strangwaschmaschinen.

Im allgemeinen führte man 1820 die Strangwaschmaschinen ein; die weniger leistungsfähigen Waschräder blieben vereinzelt für besondere Zwecke (Trikotgewirke) bis auf unsere Tage in Betrieb.

Abb. 53. Waschrad.

Das Waschrad (Abb. 53) besteht aus einer Trommel von 2 m Durchmesser und ¾ m Tiefe mit Riemenscheibe. Durch zwei unter einem rechten Winkel sich kreuzende durchlöcherte Abteilungen ist die Trommel in vier Teile geteilt. Auf der Vorderseite befinden sich vier Öffnungen, durch welche die Stücke in die Trommel gebracht werden. In jede Abteilung kommen 2 Stück. Auf der Rückseite der Trommel befindet sich für jedes Abteil ein runder Ausschnitt mit Messingstäben verschlossen, um die Ware vor dem Herausfallen zu schützen, auch im Umkreise sind kleine Öffnungen für den Ablauf des Wassers angebracht. In das Waschrad fließt durch einen kreisförmigen Ausschnitt fortwährend Wasser. Die Geschwindigkeit des Waschrades beträgt genau 20 Umdrehungen in der

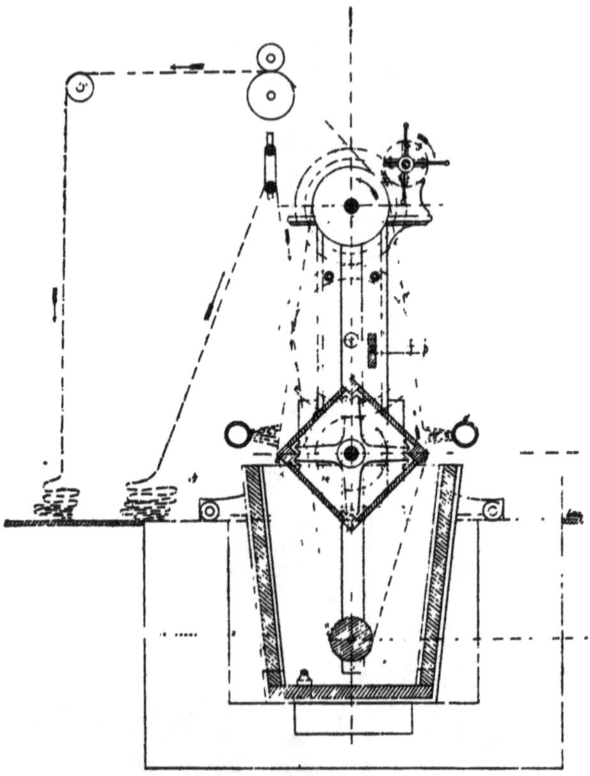

Abb. 54. Waschmaschine mit festem Strang.

Minute so, daß die Ware fortwährend hin- und hergeworfen wird. Bei langsamer Umdrehung würde die Ware gleiten, bei schnellerer durch die Schleuderkraft festgehalten werden.

Man unterscheidet Strangwaschmaschinen mit festem und mit losem Strang.

α) Die Maschinen für festen Strang, bei welchen der Warenstrang nach Verlassen der oberen Waschwalzen auch im unteren Wasserbehälter unter einer festgelagerten drehbaren Walze läuft, bieten gegenüber den Maschinen für losen Strang den Vorteil größerer Betriebssicherheit. Der Strang im gespannten Zustande gibt weniger leicht Veranlassung zum Verwirren und Auflaufen auf die Waschmaschinenwalzen als der lose Strang; erzieht sich auch mehr in die Länge und ergibt ein größeres Übermaß in der fertigen Ware, ein Umstand, auf den, bei manchen billigeren Bleichwaren, bedauerlicherweise großes Gewicht gelegt werden muß.

β) Die Maschinen für losen Strang schonen die Ware mehr, waschen gründlicher durch und nutzen das Wasser besser aus.

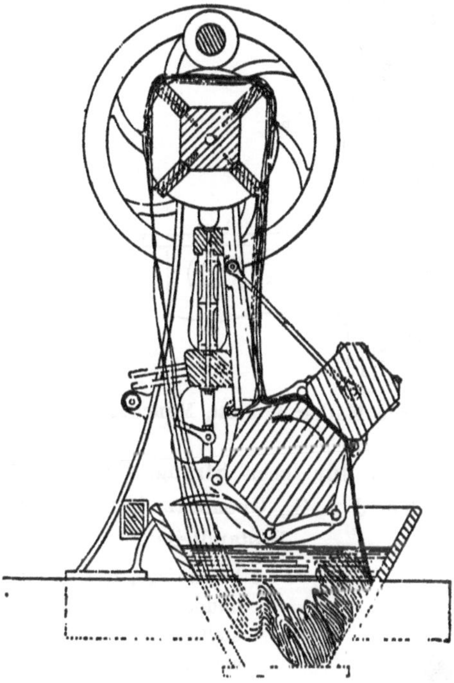

Abb. 55.

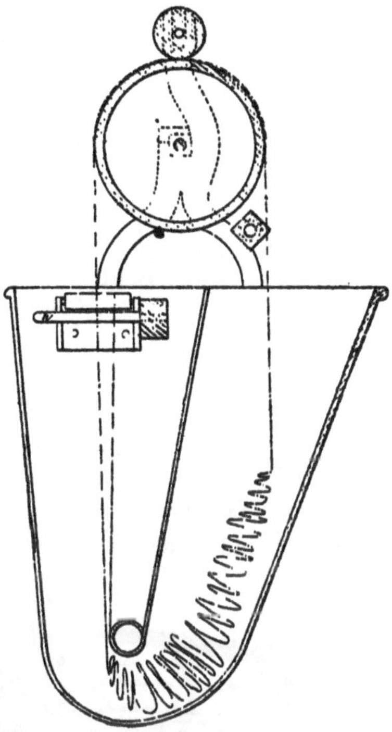

Abb. 56.

Waschmaschine mit losem Strang.

Zu den älteren Maschinen mit festem Strang gehört die von Charles Robert Robinson und Thomas Bowden (E. P. 11 132 vom Jahre 1846), Abb. 54 (s. a. Abb. 62, S. 96), zu den älteren Maschinen mit losem Strang, die von William und Colin Mather und Ferdinand Kaselowsky (E. P. 13 310, 1850) Abb. 55 und Henry Thomson (E. P. 847 vom Jahre 1852) Abb. 56.

Aus diesen alten Vorbildern haben sich die neueren Strangwaschmaschinen entwickelt.

Die Strangwaschmaschine der Firma Mather & Platt Ltd. in Manchester (Abb. 57) kann sowohl für festen wie für losen Strang benutzt werden. Die gepunktete Linie zeigt die Strangführung für die Arbeit mit festem Strang an.

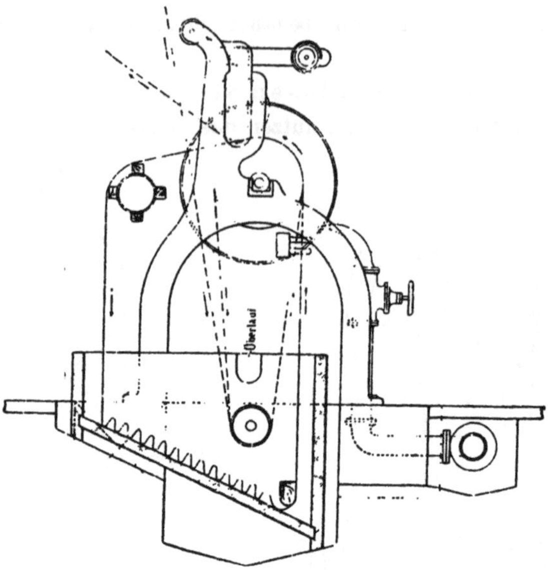

Abb. 57. Strangwaschmaschine von Mather & Platt, Manchester.

Die Strang-Waschmaschine für losen Strang, Bauart ER (Abb. 58 und 58 a) der C. G. Haubold A.-G., Chemnitz, hat folgende Bestandteile:

Abb. 58. Strangwaschmaschine für losen Strang der C. G. Haubold A. G., Chemnitz.

2 breitfüßige, fest miteinander verbundene Gestellwände aus Gußeisen;

2 Waschwalzen aus Rotbuchenholz, die untere mit 500 mm, die obere mit 400 mm Durchmesser, mit Schrauben- und Hebeldruckvorrichtung;

je 1 Paar eiserne Quetschwalzen von 400 mm Breite auf der linken und rechten Seite über den Waschwalzen. Von beiden Paaren sind die unteren Walzen mit starkem Kupfer bezogen bei 250 mm Durchmesser, die oberen mit starkem Gummi bei 200 mm Durchmesser. Das Abheben der oberen Quetschwalzen erfolgt durch Spindel mit Handrad;

je 1 Porzellanring mit Halter vor jedem Quetschwalzenpaar zum Ein- und Ausführen des Stranges;

1 Holzplattenhaspel und

1 pendelnder Holzrechen mit daran befestigter Holzleitwalze zum Führen der Stränge durch den Bottich;

1 Spritzrohr zum Abspritzen der Stränge, nachdem sie über die Haspel gelaufen sind;

1 Holztrog mit Abflußrohr unter der Unterwalze zum Auffangen des Schmutzwassers.

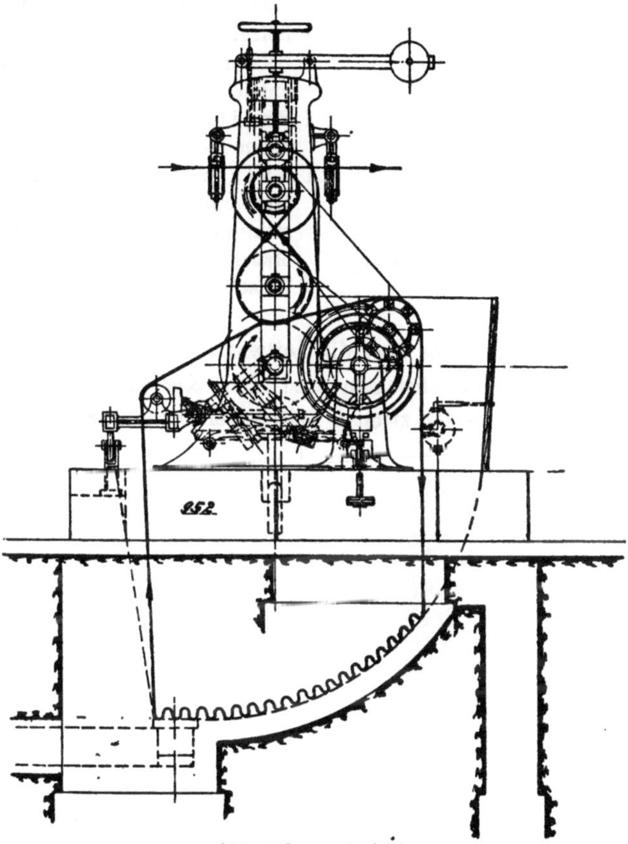

Abb. 58 a. Aufriß.

Der Antrieb der Maschine erfolgt durch Fest- und Losriemenscheibe und Räderübersetzung auf die untere Waschwalze, durch eine Expansionsscheibe auf die unteren Quetschwalzen und durch eine Riemenscheibe auf die Holzplattenhaspel; die Ausrückung durch Hochstellen des beweglichen Rechens. Bei Schlingenbildung rückt die Maschine selbsttätig aus.

Die Strangwaschmaschine, schwere Bauart ES (Abb. 59) der C. G. Haubold A. G., Chemnitz, hat folgende Bestandteile:

2 eiserne, miteinander verstrebte Seitengestelle; auf ihnen sind besondere Gestelle für die Quetschwalzen- und Leithaspellagerung angebracht;

1 großer, hölzerner Kumpf mit Siebboden, Rechen, Abflußvorrichtung, Dampfeinströmrohr mit Absperrventil und Kasten für das Abwasser. Dieser Kumpf ist in die unteren Seitengestelle genau eingepaßt.

Abb. 59. Strangwaschmaschine, schwere Bauart ES, der C. G. Haubold A. G., Chemnitz.

2 Ausquetschwalzen von je 500 mm Durchmesser, aus Rotbuchenholz mit durchgehenden Eisenwellen;

1 hölzerne Leitwalze;

2 hölzerne Leithaspel mit Kettenantrieb;

1 Spritzrohr mit Hahn vor der einen Leithaspel;

1 Antriebsriemenscheibe mit Mitnehmerkupplung und Ausrückvorrichtung für sofortiges Stillsetzen der Maschine oder statt dessen Fest- und Losscheibe mit Riemenverschiebung.

Arbeitsweise:

Der Strang läuft endlos über die Leitwalze, einen Leithaspel und den Rechen durch die Quetschwalzen und den Kumpf. Nach beendetem Waschen wird er durch den zweiten Leithaspel fortgeführt.

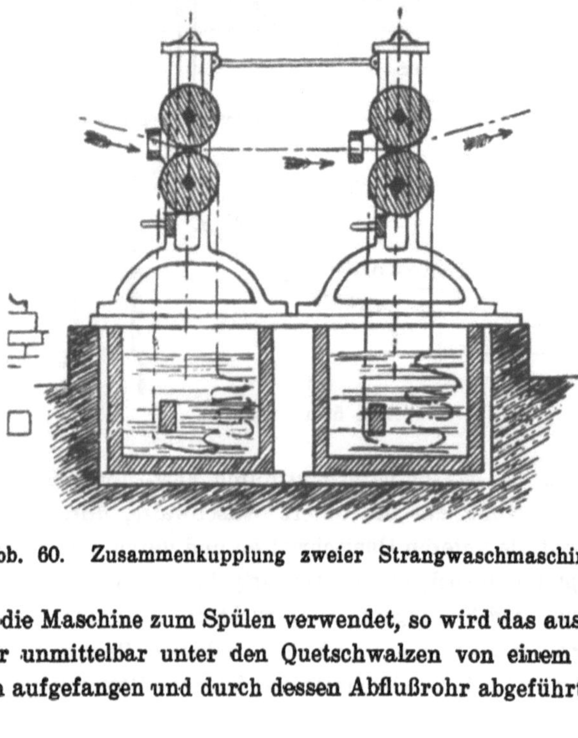

Abb. 60. Zusammenkupplung zweier Strangwaschmaschinen

Wird die Maschine zum Spülen verwendet, so wird das ausgequetschte Spülwasser unmittelbar unter den Quetschwalzen von einem besonderen Holzkasten aufgefangen und durch dessen Abflußrohr abgeführt.

Zuweilen werden zwei oder mehrere Strangwaschmaschinen hintereinander gekoppelt (Abb. 60). Man richtet die Waschtröge dann so ein, daß das Wasser im Gegenstrom zum Warenlauf geführt wird.

Der Wasserverbrauch der Strangwaschmaschinen.

Die theoretisch nötige Wassermenge richtet sich nach dem Gewicht des Gewebes und dem Gehalt der wegzuwaschenden Chemikalien; in der Praxis werden die Waschmaschinen fast durchweg gleichmäßig mit Wasser gespeist, einerlei nun ob leichte oder mittelschwere Gewebe gewaschen, ob Säure von ¼° Bé oder 1° Bé entfernt werden soll.

Nach Dépierre („Die Waschmaschine", deutsch von Grothe, Wien 1884) benötigen die verschiedenen Strangwaschmaschinen mit losem Strang im Mittel 180 Liter Wasser für einmalige Wäsche von 100 m Bleichwaren, wie Köper, Cretonne, Calicot usw. Dagegen eine Maschine nach Whitacker, welche man etwa mit einer Strangwaschmaschine für festen Strang vergleichen könnte, verlangt 200 Liter Wasser für 100 m Gewebe (und ebensoviel eine Breitwaschmaschine von Pierron für 110 m).

Nach Theis („Die Strangbleiche", Krayn, Berlin S. 229) benötigen 100 m Baumwollgewebe im Gewicht von 13 kg mit ½° bis ¾° Bé starker Säure gesäuert etwa 300 Liter Wasser beim Waschen im losen Strang und 350 Liter beim Arbeiten im festen Strang.

Eine Fabrik für Maschinen mit losem Strang bezeichnete die nötige Wassermenge mit 420 Litern für 100 m Gewebe.

Ein Fabrikant von Maschinen für festen Strang gibt die benötigte Wassermenge mit 1000 Litern in der Minute für eine Maschine mit Doppelstrang und 130 m Geschwindigkeit an; also 385 Liter für 100 m Gewebe.

Theoretische Ableitungen über die Leistungsfähigkeit der Waschmaschinen verdanken wir F. Erban (Die Garnfärberei mit den Azo Entwicklern, Berlin 1906, S. 477) und F. H. Thies (T. 1921, 125).

In der Erbanschen Gleichung

$$(\lim c_n) = o = x \cdot \frac{w + a - z}{w + a} \cdot \frac{v + z}{v} - s \cdot \frac{v + z - w + a}{v\,(w + a)}$$

bedeutet

c_n die Konzentration des Bades nach der Behandlung von n Arbeitseinheiten;
x die Nachbesserungskonzentration (hier vorübergehende Härte);
w das von der Ware mitgenommene Wasservolumen;
a das aus dem Bottich ablaufende Wasservolumen;
z das mit der Ware zugeführte Volumen (saurer) Flüssigkeit;
v das Volumen der Standflotte;
s die Menge Substanz, die zum Neutralisieren der in der Ware auf die Arbeitseinheit enthaltenen Menge Säure erforderlich ist (CaO).

Beispiel: Ein Stück Ware von 10 kg Gewicht bringe beim Eintritt in die Maschine 10 Liter einer 1%igen Schwefelsäure (z) mit und nehme beim Austritt wieder 10 Liter (w) mit. v sei 2000 Liter. s ist in diesem Falle 1 Mol. CaO = 56 (zur Neutralisation von 100 g H_2SO_4 = 1 Mol.); x sei 0,1 (bei 10° Härte), Dann wird

$$0 = 0{,}1 \cdot \frac{a}{10 + a} \cdot \frac{2000 + 10}{2000} - 56 \cdot \frac{2000 + a}{2000\,(10 + a)} \text{ und } a = 772\ \text{l}$$

In der Thiesschen Gleichung für die Waschmaschine mit losem Strang:

$$L = \frac{M \cdot V \cdot C_0}{Z \cdot W \cdot C_n} \text{ bedeutet}$$

L = die Leistung der Maschine,
M = die Masse des Waschguts,
V = das Volumen der mitgeführten Flotte,
Z = die benötigte Zeit,
W = die benötigte Wassermenge,
C_0 = die Konzentration am Anfang des ersten Waschganges,
C_n = die Konzentration am Ende des n-ten Waschganges.

Beispiel:

M = 1 m; V = 0,2 l; Z = 1 Minute; C_0 = 10; C_n = 0,02.

Dann wird W = 100 l, wenn man die Leistung der Maschine = 1 setzt.

Hat die Maschine Quetschwalzen, so verkleinert sich V und infolgedessen auch W.

In der Thiesschen Gleichung für die Waschmaschinen mit festem Strang.

$$L = \frac{C_0 \cdot M}{C_n \cdot \left(\frac{V_2}{V_1}\right)^n \cdot n\,(V_2 - V_1) \cdot Z}$$

bedeutet

C_0 = die Konzentration am Anfang des ersten Waschganges,
C_n = die Konzentration am Ende des n-ten Waschganges.
M = die Masse des Waschgutes,
V_1 = das Volumen vor dem Abquetschen,
V_2 = das Volumen nach dem Abquetschen,
n = die Zahl der Waschgänge.
Z = die benötigte Zeit.

Beispiel:

M : Z = 1 m in 1 Minute; C_0 = 10; C_n = 0,02; V_2 = 0,2 l; V_1 = 0,13 l; n = 15.

Um den Mindestverbrauch einer gegebenen Maschine festzustellen, empfiehlt Thies zunächst den „Quetschfaktor“ $\frac{V_2}{V_1}$ zu ermitteln. Dieser entspricht dem „Titerabfall“ $\frac{C_0}{C_1}$ von Teilwaschgang zu Teilwaschgang. Man gresse daher ein geeignetes Gefäß an den laufenden Strang sowohl vor als auch nach dem Abquetschen, titriere den Inhalt durch die ganze Maschine hindurch und ziehe das Mittel.

Aus dem Quetschfaktor und dem verlangten Titerabfall ergibt sich die Zahl n der Waschgänge.

γ) Abquetschen.

Nach dem Verlassen der Waschmaschine muß der Warenstrang in den meisten Fällen noch besonders abgequetscht werden, um einmal einen zu großen Überschuß aus der Waschmaschine mitgeführten Wassers zu entfernen, dann auch, um möglichst **gleichmäßig** feucht in die Bäuchkessel einlegen zu können. Zu dem Zwecke hat man an den Waschmaschinen selbst kleine Quetschwalzen angebracht (vgl. Abbild. 58), welche der Warenstrang beim Verlassen der Maschine durchläuft.

Abb. 61.
Strangausquetschmaschine BQ der Zittauer Maschinenfabrik.

In vielen Fällen genügt dies, namentlich bei der Schlußwäsche, nicht. Man wendet dann besondere Vorrichtungen an, die sogenannten Abquetschmaschinen (Squeezer). Dies sind schmale Wasserkalander mit 2 oder 3 Walzen, welche je nach der Ware, welche abgequetscht werden soll, aus Holz und Bronze, Baumwolle, Kokosfaser hergestellt oder damit überzogen sind. Sie werden sowohl für einen, wie auch für das gleichzeitige Abquetschen von zwei Strängen gebaut. Vielfach wird ein kurzer Wasserbehälter vorgelagert, der mit frischem Wasser gespeist wird.

Die Ausquetschmaschine (B Q der Zittauer Maschinenfabrik) (Abb. 61) trägt in einem gußeisernen Gestell zwei kräftige Quetschwalzen, etwa 30 cm breit und 35 cm dick. Die untere ist mit Bronze, die obere mit Gummi oder aufgepreßter Baumwolle oder Jute bezogen. Der Strang läuft auf beiden Seiten durch eine Porzellanöse. Die vordere bewegt sich mit einer Schiene hin und her, damit die Walzen gleichmäßig abgenutzt werden.

δ) Bäuchen mit Kalklauge.

Diese Behandlung, auch kurzweg „Kalken“ genannt, ist nach dem Sengen die erste bei vielen Strangbleichverfahren. Sie bezweckt die den Baumwollstoffen anhaftenden Verunreinigungen derart zu verändern, daß sie bei den nachfolgenden Behandlungen entfernt werden können. Wachs und Stärke werden dabei weggelöst; Fette und Öle gehen in die entsprechenden Kalkseifen über, die beim nachfolgenden Säuern zersetzt

Abb. 62. Chlor- und Säuremaschine DOb der Zittauer Maschinenfabrik.

werden. Die Farbe des Baumwollstoffes wird hierbei wenig verändert, das Gewebe sieht nachher eher etwas dunkler aus als vorher.

Das Durchtränken der Ware geschieht in den nachstehend beschriebenen Kalkmaschinen mit Kalkmilch. Bei feineren Geweben rechnet man 3%, bei gröberen 5—7% Kalk vom Gewicht der Ware. Man nimmt z. B. für 2000 kg Ware 60 kg Kalk in 2000 Litern Wasser.

Die Maschinen zum Durchtränken des Stoffes mit Kalk (Chlorkalk, Säure) in Strangform gleichen sehr den Clapot-Waschmaschinen.

In der Chlor- und Säuremaschine DOb der Zittauer Maschinenfabrik (Abb. 62) liegen zwei Walzen nebeneinander, die durch Hebeldruck gegen eine dritte, direkt angetriebene Zentralwalze angedrückt werden.

Die Chlor-, Säure- oder Kalkmaschine, Bauart E O für losen Strang mit 2 Quetschwalzen (Abb. 63 und 63a) der C. G. Haubold A. G. in Chemnitz hat folgende Bestandteile:

2 breitfüßige Gestellwände, die untereinander gut verbunden sind. Sie tragen

2 mit Schrauben- und Hebeldruck angepreßte, rotbuchene Walzen von je 450 mm Durchmesser, zwischen welche der Strang durch Porzellan-

Abb. 63. Chlor-, Säure- oder Kalkmaschine EO der C. G. Haubold A. G., Chemnitz.

ringe aus- und eingeführt wird; auf die Oberwalze werden durch Hebel und Gewichte

2 rotbuchene Quetschwalzen von je 300 mm Durchmesser und 400 mm Breite aufgepreßt.

Der Antrieb der Maschine erfolgt durch Fest- und Losriemenscheibe von der Unterwalze aus; die Ausrückvorrichtung ist sowohl von der Einlaß-, als auch von der Auslaßseite aus bedienbar.

Unten am Gestell befindet sich ein stehender, offener Holzrechen.

Von der Kalkmaschine läuft die Ware durch zwei Quetschwalzen zum Bäuchkessel. Während in England die liegenden Mather-Kiers sich eingeführt haben, in die die außerhalb zu füllenden und zu entleerenden Wagen eingefahren werden (Abb. 12), hat man in Deutschland auch in der Stückbleicherei stehende Kochkessel, in die man die Ware schnell und sachgemäß durch den Rüsselapparat von Thies und Mathesius (Abb. 64, D. R. P. 209 457) einlegt. Vgl. S. 163.

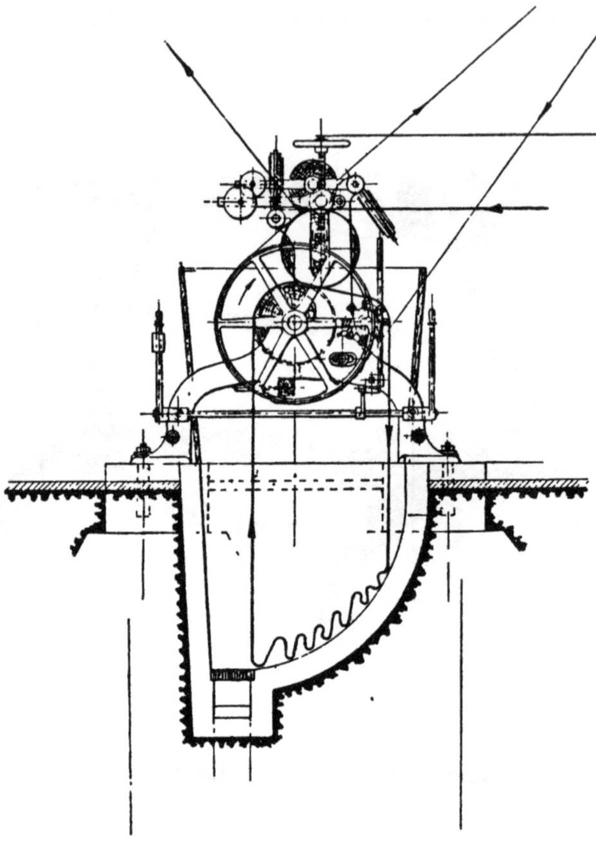

Abb. 63 a. Querschnitt.

Die Maschinen arbeiten mit 2—4 Strängen gleichzeitig; die Geschwindigkeit ist 80—200 m in der Minute. In einen Kessel gehen 12 000 bis 14 000 kg Ware.

Der Rüsselapparat ist eine Abänderung des S. 131 beschriebenen Strangablegers nach D. R. P. 145 583 und verknüpft dessen Vorzüge des mechanischen Ablegens mit dem alten Verfahren des Ablegens von Hand.

An einen oberen, trichterförmigen, in kardanischen Gelenken aufgehängten Teil setzt sich eine Anzahl fernrohrartig ineinander verschiebbarer Rohre, der

„Rüssel" an. Das untere gekrümmte Rohr läßt sich je nach der Kesselfüllung in die gewünschte Höhe schieben. Der von einer Haspel kommende Warenstrang

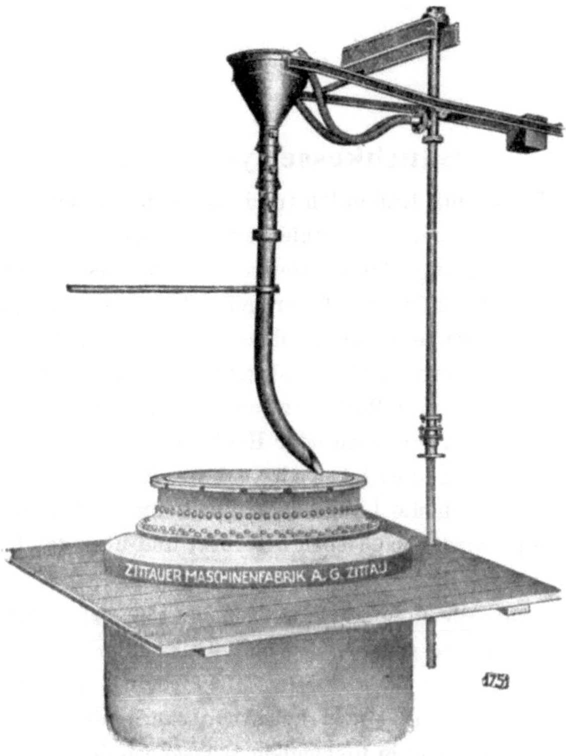

Abb. 64. Rüsselstrangablegeapparat SQ² der Zittauer Maschinenfabrik.

kann auf seinem Weg durch Trichter und Rüssel von einem Flottenstrom mitgenommen werden.

Bäuchkesselsysteme*).

Die zum Kochen mit Kalkmilch (und Bäuchen mit Soda oder Soda und Kolophoniumseife) dienenden schmiedeeisernen Kessel (Kiers) sind sehr verschiedenartig gebaut. Außer Gebrauch gekommen sind diejenigen Apparate, welche direkt durch Feuer geheizt werden. Selten trifft man noch die offenen Bäuchkessel an, in denen die Ware bloß ohne Druck abgekocht wird. Bedeutend rascher und gründlicher geschieht das Bäuchen in den zuerst von Scheurer-Rott verwendeten, in neuerer Zeit ausschließlich noch gebauten geschlossenen oder Hochdruck-Kesseln. Die gebräuchlichsten sind die aufrechtstehenden Kessel mit gewölbtem Boden, in welchen sich die Lauge ansammelt, um mittels eines Injektors oder einer Pumpe wieder nach oben befördert und über das Bleichgut verteilt zu werden.

Die Hochdruck-Bleichapparate werden für 150, 300 bis 600 Stück, oder bis zu 12000 kg Gewebe gebaut. Die mit Kalkwasser durchtränkte Ware wird über einen Haspel oder durch Führungsringe in den Kessel eingeführt, dessen Boden mit einem hölzernen oder gußeisernen Gitterwerk oder mit einer Schicht von in fließendem Wasser rundgewaschenen Steinen versehen und mit grober Sackleinewand überdeckt ist. Ein im Kessel stehender Junge verteilt die einlaufende Ware von Hand oder mit einem kurzen Stock gleichmäßig und stampft sie mit den Füßen ein. Ist eine genügende Menge Ware in den Kessel eingebracht, so wird sie mit Packtuch bedeckt und mittels eines eisernen Gitters verstemmt. Nach Füllung des Kessels mit der nötigen Laugen- und Wassermenge wird die Luft durch Einblasen von Dampf ausgetrieben und hierauf das im Deckel angebrachte Mannloch oder der bei kleineren Kesseln ganz abnehmbare Deckel dampfdicht verschraubt.

Der beim Kochen angewandte Druck und die Zeitdauer sind verschieden, je nach der Einrichtung der Kessel, der Konzentration der Lauge, der Art des Gewebes usw. Je höher der Druck, desto rascher ist das

*) Einzelheiten s. Theis, Strangbleiche, Berlin 1905, S. 1—210; ferner F. H. Thies, Zur Entwicklung der Kochmethoden und Kochanlagen in Textilveredlungsbetrieben (Ch. Ztg. **1920**, 949).

Bäuchen beendet. Bei Drucken von ¾—5 Atmosphären sind 12—3 Stunden erforderlich.

Nach Beendigung des Kalkens wird die Lauge abgelassen und der Kessel möglichst rasch mit kaltem Wasser gefüllt. Unterbleibt diese Maßregel, so trocknet der Kalk an den Berührungsflächen des Gewebes mit der heißen Kesselwandung so rasch und so fest an, daß er durch nachheriges Säuern nicht mehr entfernt werden kann. Hierdurch entstehen dann, namentlich nach dem Drucken und Dämpfen, an den betreffenden Stellen braune Flecken, an welchen das Gewebe geschwächt ist.

Mit den 50er Jahren setzte im Bau von Bäuchkesseln ein neuer Abschnitt ein; indem man, wie bei Dampfkesseln, Kesselbleche verwandte, konnten ohne allzugroße Kosten Apparate geschaffen werden, die einen höheren Druck widerstanden, wie er für ein wirksames Bäuchen notwendig war.

Neben einem höheren Druck, von etwa 3 Atmosphären, suchte man vor allem einen gesicherten Kreislauf der Lauge durch die im Kessel-eingeschichtete Ware zu erreichen.

A. Kessel mit zeitweilig unterbrochenem Kreislauf.

Eins der ersten Patente dieser Art wurde an Louis Christian Koeffler in England unter Nr. 214 im Jahre 1853 erteilt. Abb. 65

Die beiden Kessel a und a' sind mit Deckeln und Ventilen e f und e' f' versehen; e und e' sind für den Ausgleich des äußeren Druckes angebracht. Auf den falschen Böden g und g' sind zentrale Rohre h und h' eingebaut, deren obere Enden in die Ventile i ausmünden und mit Kappen j versehen sind. Der obere

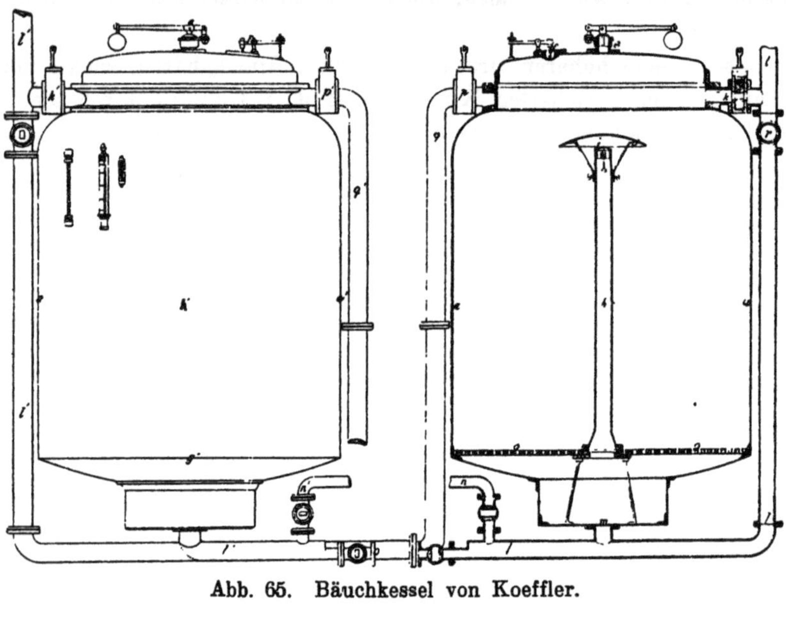

Abb. 65. Bäuchkessel von Koeffler.

Teil des Kessels a ist verbunden einerseits durch Hahn k und die Leitung l 1. mit der Dampfleitung eines Dampfkessels, 2. mit dem unteren Teil des Kessels a bei m, 3. mit der Abzweigung n, welche in einem Abperrhahn endigt, andererseits durch Hahn p und Rohr q, mit dem Boden des zweiten Kessels a'. In gleicher Weise wie Kessel a ist Kessel a' mit Dampfleitung l', Hahn k', Abzweigung n und Hahn o' ausgestattet; Rohrleitung q' führt zum unteren Ende des Kessels a.

Die Arbeitsweise ist folgende: Nachdem die Kessel ordnungsmäßig mit Ware und Lauge beschickt sind, werden k, p, o und n geschlossen und Dampf durch Leitung l eingelassen; dieser gelangt durch m in den Kessel, erhitzt die Lauge und treibt sie durch das zentrale Rohr h nach oben, wobei Ventil i geöffnet und die Lauge über das Bleichgut geworfen wird. Dies wird unter Beobachtung der Temperatur der Lauge fortgesetzt, bis genügend gebäucht ist.

Dann wird Hahn r geschlossen und k und p' geöffnet: der Dampf drückt die Flüssigkeit aus dem oberen Teile des Kessels a durch die Ware nach dem unteren Teile des in Kessel a' und durch das Fasergut; während dieser Zeit bleibt Ventil i auf dem Zentralrohr h geschlossen. Nunmehr wird Ventil p' geschlossen und durch l' Dampf eingelassen, wodurch, wie vorhin beschrieben, die Bäuchflotte in Kessel a umläuft.

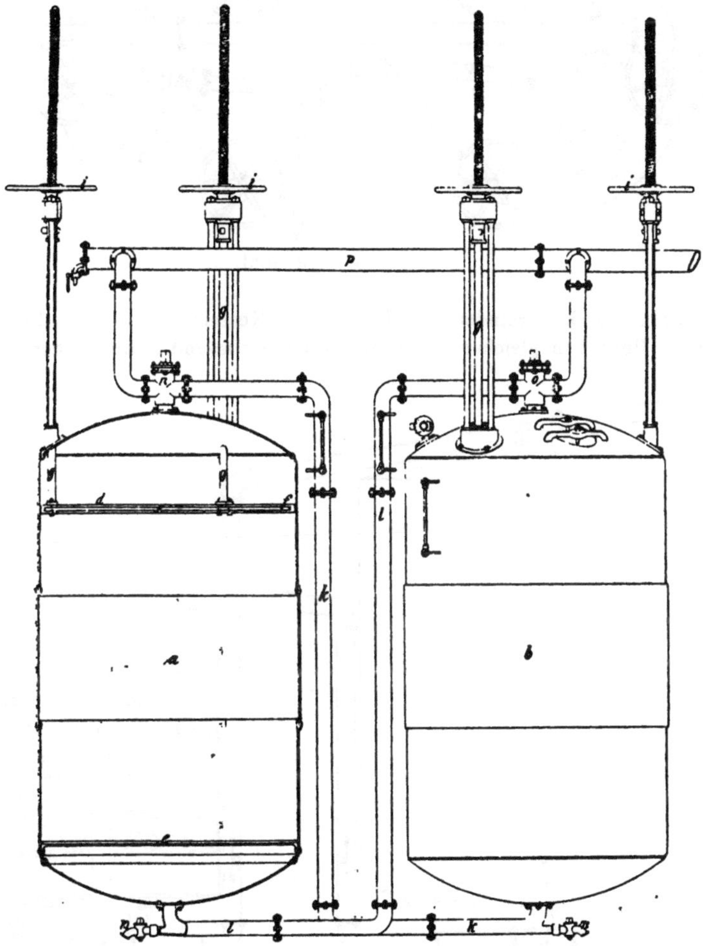

Abb. 66. Bäuchkessel von Barlow und Pendlebury.

In ähnlicher Weise schlägt Koeffler vor, die Ware im Kessel, der für diesen Zweck mit Blei ausgeschlagen sein muß, zu chloren und zu säuern. Preßluft muß alsdann an Stelle von gespanntem Dampf treten.

Samuel Barlow und John Pendlebury empfahlen in ihrem E. P. 1741 im Jahre 1854 folgende Bäuchvorrichtung:

Zwei in gleicher Höhe nebeneinander stehende Kessel a und b (Abb. 66 und 66a) sind mit einem falschen Boden c versehen. Bewegliche Roste d im oberen Teile der Kessel zum Zusammenpressen des Bleichguts werden durch einen Ring f gehalten und sind mit Führungen g, Schrauben h und Handrädern i versehen.

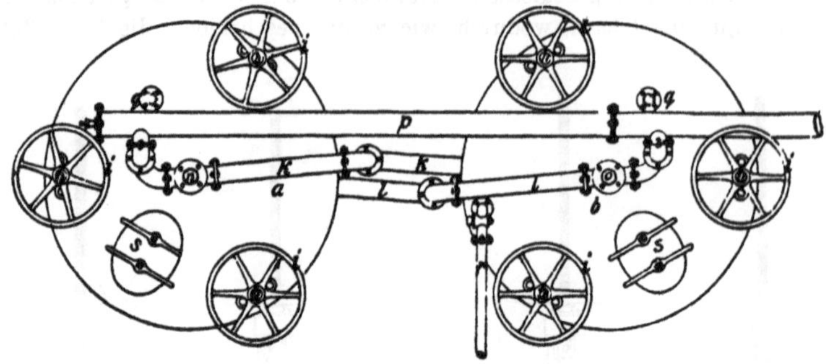

Abb. 66a. Aufsicht.

Rohrleitung k verbindet den Boden des Kessels b mit dem Deckel des Kessels a, Rohr l in gleicher Weise die gegenüberliegenden Enden der Kessel a

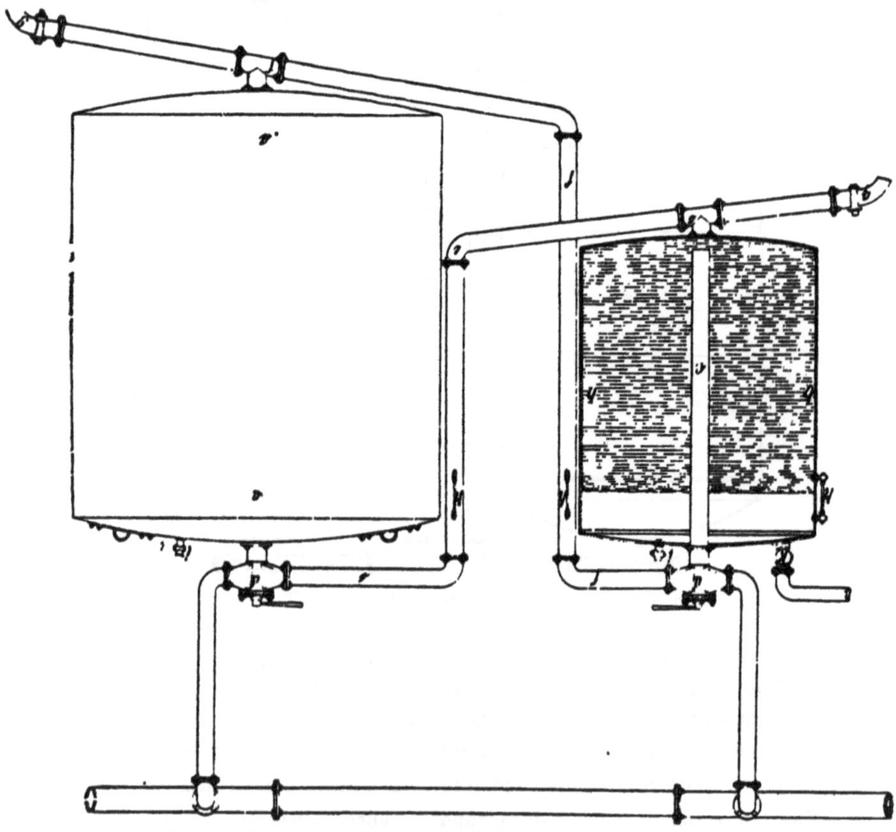

Abb. 67. Bäuchkessel von Pendlebury mit Laugenerhitzer.

und b. m sind Ablaßhähne, n und o Zweiweghähne, durch welche je nach der Stellung Dampf aus Leitung p oder die Lauge aus einem zum anderen Kier getrieben wird. Bei q sind Sicherheitsventile, bei r Einlaßrohre für Lauge angebracht.

Man bedient sich der Einrichtung in folgender Weise: Nachdem beide Kessel mit Ware beschickt sind, wird genügend Bäuchflüssigkeit in Kessel a gegeben;

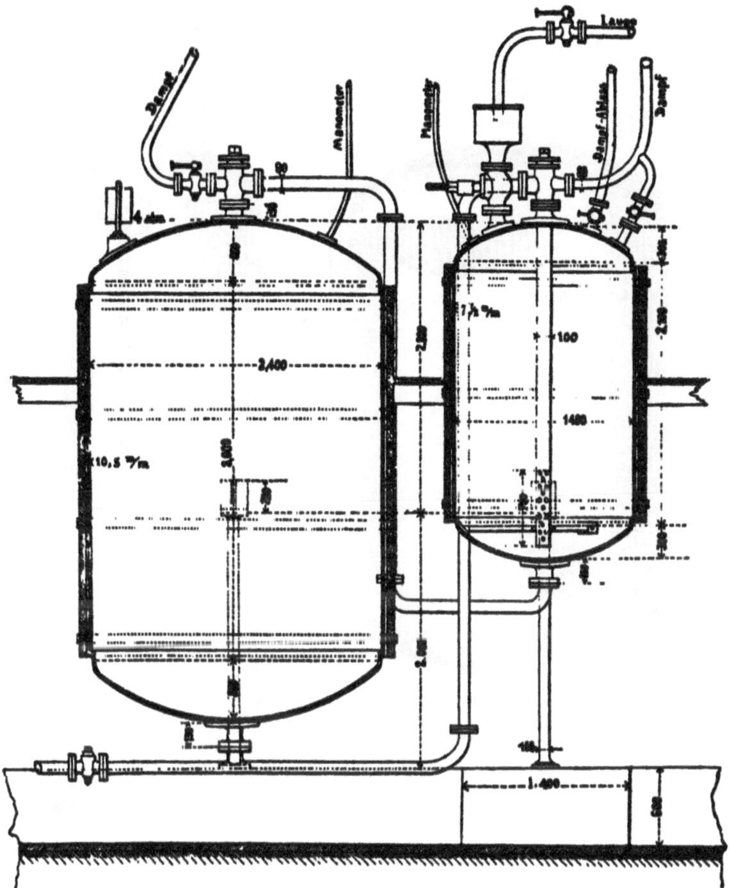

Abb. 68. Hochdruckkessel (Pendlebury).

dann werden die Mannlöcher sowie alle Hähne mit Ausnahme desjenigen, welcher die Verbindung vom Boden des Kessels a zum Deckel des Kessels b herstellt, geschlossen und Dampf in Kessel a eingelassen. Der Dampf treibt die Lauge durch die Ware in Kessel a und durch die Rohrleitung in den oberen Teil des Kessels b. Darauf werden die Hähne umgestellt, wodurch sich das Spiel im umgekehrten Sinne wiederholt. Auf diese Art wird fortgearbeitet, bis das Bleichgut genügend durchgebäucht ist.

1856—1858 führte John Pendlebury nach E. P. 1563 und 2867 einen besonderen Laugenerhitzer mit gespanntem Dampf ein (Abb. 67).

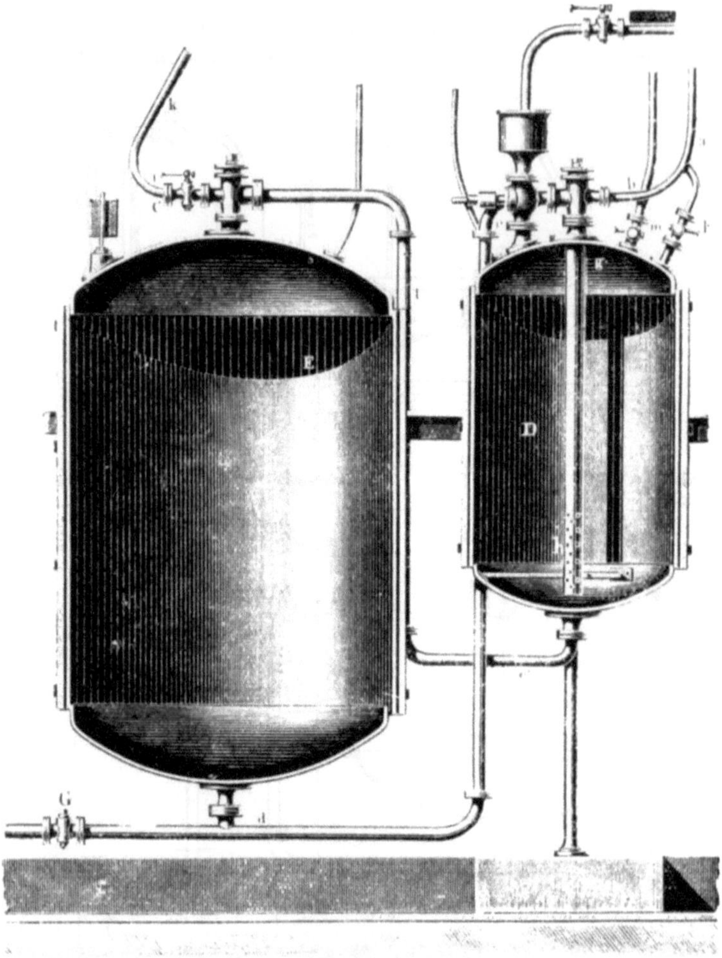

Abb. 68a. Hochdruckkessel (Pendlebury).

Die zu bleichende Ware wird in den größeren Kessel a gebracht, die Bäuchflüssigkeit in Kessel b durch Hochdruckdampf, welcher durch Ventil d und Rohr c zuströmt, erhitzt. Nachdem steigt die Lauge durch Leitung e in den Bäuchkessel a, durchdringt hier die Ware und geht durch die untere Rohrleitung f wieder in den Heizkessel b zurück. In dieser Weise wird weiter gearbeitet, bis die Ware fertig gebäucht ist.

Durch Hähne g wird darauf die Lauge abgelassen. h sind Wasserstandsgläser, i Lufthähne und k dient zum Einlaß der Lauge.

Dieser Pendlebury-Kessel hat, ebenso wie der von Barlow, Eingang in große Betriebe gefunden. In England führten Mather & Platt diese Patente aus. Auf dem Kontinent wurde der Pendlebury-Kessel von der Firma André Koechlin & Co. in Mühlhausen i. E. gebaut. Abb. 68 gibt die Konstruktionszeichnung dieser Firma wieder. Abb. 68a das Schaubild.

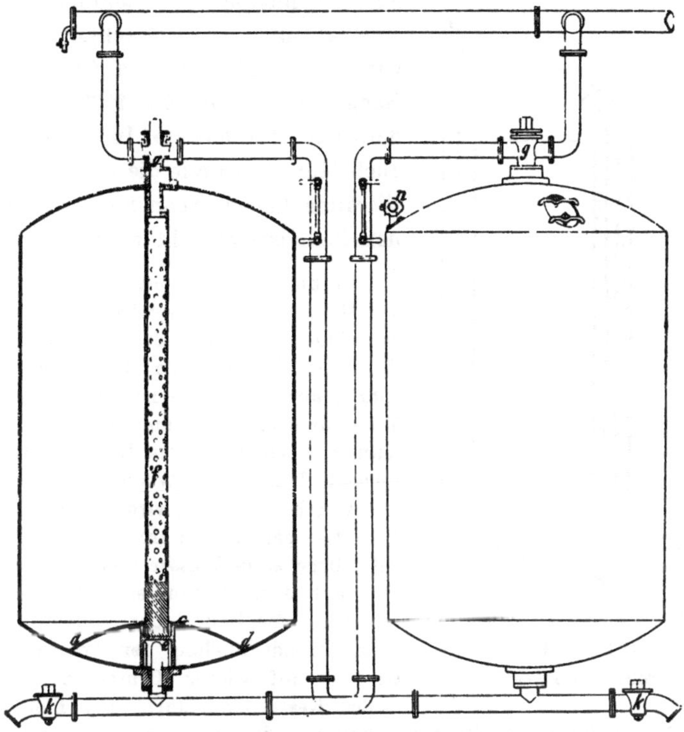

Abb. 69. Doppelter Bäuchkessel mit Standrohr von Barlow.

Nach dem Einlegen der Ware in den größeren Bäuchkessel E wird ein Auslaßhahn G geöffnet und durch kiC Dampf einströmen gelassen; dieser drückt die Ware nieder und verdrängt alle Flüssigkeit wie auch alle atmosphärische Luft. Dann beginnt man mit dem Einfüllen der Bäuchflüssigkeit, die inzwischen in dem kleineren Siedekessel D durch direkte Dampfeinführung durch a b zum Sieden gebracht worden ist. Ist alle Flüssigkeit des kleinen Kessels in den großen hinübergedrückt, so wird der entsprechende Zuführungshahn geschlossen und dann abermals Dampf in den größeren Kessel einströmen gelassen. Hat sich dann nach einiger Zeit der Dampfdruck gesteigert, so öffnet man einen anderen Hahn bei d, wodurch die Bäuchflüssigkeit wieder in den kleinen Kessel zurückgepreßt wird. Hier wird von neuem mit direktem Dampf erhitzt, um abermals in den großen Kessel gedrückt zu werden. Das Spiel wird etwa 4 Stunden lang wiederholt, in welcher Zeit die Ware hinlänglich abgekocht wird. Man öffnet hierauf den Ablaßhahn G; nachdem der Dampf die Flüssigkeit aus dem Bäuchkessel hinausgetrieben, läßt man noch einige Minuten durchblasen, sperrt dann ab, öffnet den Lufthahn und sobald kein Druck mehr im Kessel vorhanden ist, das Mannloch, kühlt die Ware mit kaltem Wasser ab und nimmt heraus.

Samuel Barlow setzte 1858 nach E. P. 1414 ein oder mehrere durchlochte Standrohre in den Bäuchkessel ein; dadurch soll eine gleichmäßigere Verteilung der Lauge erreicht und das Bleichgut vor Verwirrung bewahrt werden (Abb. 69, 70). Nach Thies,. Ch. Ztg. 1920, 951 können derartige durchlochte Innenrohre (und auch Mäntel) gerade die entgegengesetzte Wirkung haben, wenn nicht bis zur reinen Zellulose gekocht wird.

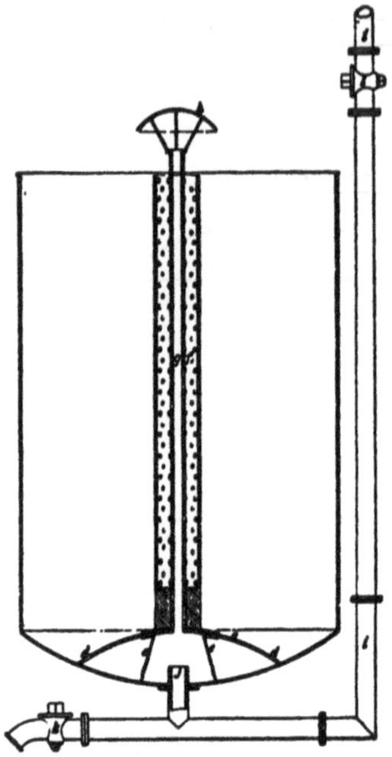

Abb. 70. Offener Kessel mit Standrohr von Barlow.

Im unteren Teile ruht eine schirmförmige, am Umfang bei d durchlochte Platte c auf dem Stutzen e. Auf diesem Stutzen ist andererseits das zentrale durchlochte Standrohr f angebracht; es ist an seinem oberen Teile durch die Verbindung g mit der Dampfleitung verbunden. Das Bäuchen findet auf folgende Weise statt: Wenn die Kessel gefüllt und verschlossen sind, wird durch die Hähne g Dampf eingelassen; er treibt das in der Ware befindliche kalte Wasser und die Luft durch Hähne k aus. Darauf schließt man k und läßt bei n die Bäuchlauge einfließen. Durch entsprechende Stellung der Zweiweghähne g wird darauf wieder Dampf in einen der beiden Kessel eingeführt. Der Dampf treibt nun die Lauge durch das Bäuchgut und von dem einen zum anderen Kessel; man schaltet die Hähne alsdann um, um in entgegengesetzter Richtung zu arbeiten und wiederholt dies, bis die Ware genügend durchgebäucht ist.

Im Jahre 1870 wurde eine Vereinigung des Pendleburyschen Kessels B mit dem Barlow-Kessel AA von Dr. A. Spirk in Nr. 15 der Deutschen Industrie-Zeitung vorgeschlagen (Abb. 71).

Durch den Hahn H tritt der Dampf in den Siedekessel B ein und bringt die Bäuchflüssigkeit zum Kochen. Im Kessel A befindet sich die Ware. Man läßt durch den Hahn E Dampf einströmen, bis die atmosphärische Luft und das Wasser entfernt sind, und bei N der Dampf auszuströmen beginnt. Dann wird N geschlossen und Hahn E so gestellt, daß die kochende Bäuchflüssigkeit aus dem Kessel B durch das Rohr LL auf die im linksseitigen Kessel A befindliche Ware sich ergießt. Hier wird die Flüssigkeit abermals zum Kochen erhitzt und durch das Rohr MM in den Siedekessel B zurückgetrieben. Man öffnet nun Hahn O, um das in der Ware befindliche Wasser und die atmosphärische Luft auszutreiben. Beginnt der Dampf bei R auszuströmen, so wird R geschlossen und Hahn O so gestellt, daß die kochende Bäuchflüssigkeit aus dem Kessel B durch Rohr L in den rechtsseitigen Kessel A auf die Ware sich ergießen kann. Nachdem Hahn T geschlossen, läßt man durch O Dampf in den rechtsseitigen

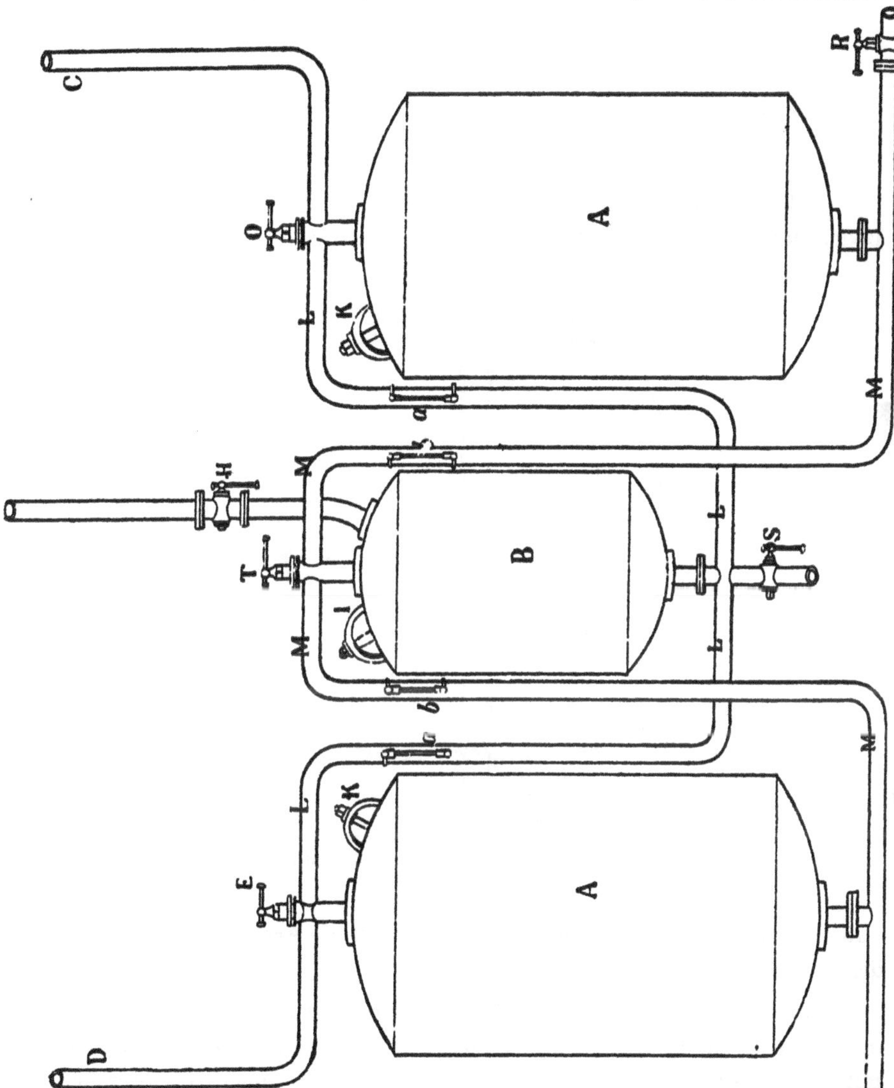

Abb. 71. Vereinigung des Pendlebury- mit dem Barlow-Kessel nach Spirk.

Kessel A einströmen, bis die Flüssigkeit zum Kochen gebracht ist, läßt eine kurze Zeit kochen und stellt nun Hahn T so, daß die kochende Flüssigkeit aus dem rechtsseitigen Kessel A durch das rechtsseitige Rohr M in den Siedekessel B zurückgehen kann. Diese wechselseitigen Arbeiten werden 4—5 Stunden lang wiederholt.

B. Kessel mit ununterbrochenem Kreislauf.

α) Mittels Injektor.

Colin Mather ließ nach E. P. 1045, 1853 unter dem sog. falschen Boden des Kessels (Abb. 72 und 73) ein Auspuffrohr a in das Steigrohr b

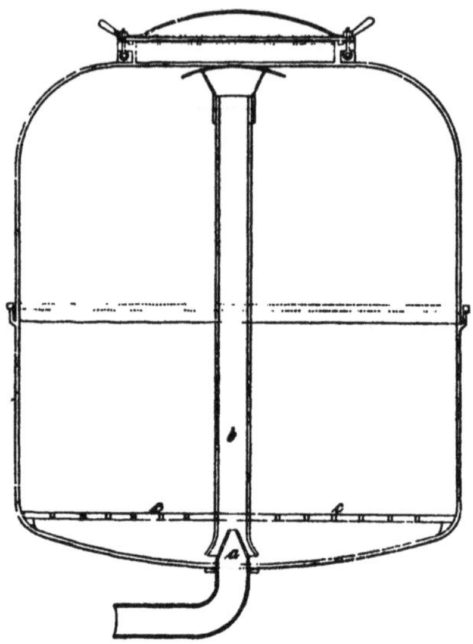

Abb 72. Injektorkessel nach Colin Mather.

unten einmünden und den einströmenden Dampf die Arbeit des Aufsteigens der Lauge bewirken.

Später, zu Anfang der 70ere Jahre, hat die Firma Gebr. Körting in Hannover diese Idee weiter ausgebaut und zahlreiche Bäuchkessel mit ihren Injektoren ausgestattet. Abb. 74 zeigt einen Körtingschen Injektor.

Während die Iejektoren bei offenen Kesseln nicht bis an den Siedepunkt arbeiten, können sie bei geschlossenen Kesseln darüber hinaus benutzt werden. In diesem Falle muß die Dampfspannung mindestens eine Atmosphäre höher sein, als der im Bäuchkessel gehaltene

Druck. Ein Sicherheitsventil ist so belastet, daß der Druck nicht höher als 1 Atm. unter dem Dampfdruck steigen kann.

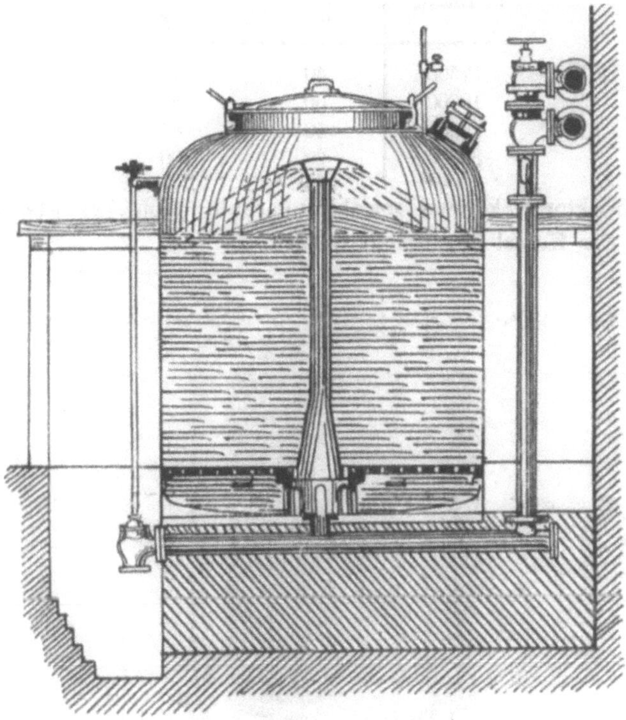

Abb. 73. Injektorkessel von Mather und Platt.

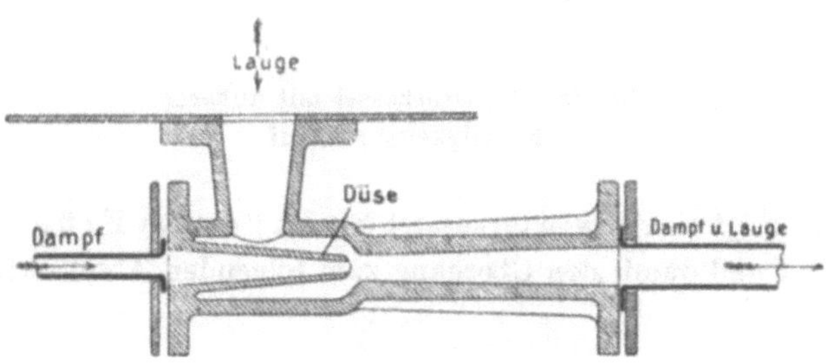

Abb. 74. Körtingscher Injektor.

Die Röhren für den Dampf und die Lauge müssen mindestens die Weite in nachstehender Tabelle erhalten. Scharfe Biegungen sind zu vermeiden. Die Kessel sollen so hoch wie möglich mit Lauge gefüllt werden.

Stündliche Leistung in Litern	Geringster Durchmesser des	
	Dampfrohres mm	Wasserrohres mm
7500	40	50
10000	50	60
15000	50	80
30000	60	100

Die Injektoren können sowohl innerhalb (Abb. 72) wie außerhalb (Abb. 18) der Kessel angebracht werden.

Abb 75 Injektorkessel mit äußerem Flüssigkeitskreislauf.

Abb. 75 zeigt einen Injektorkessesl mit äußerem Flüssigkeitskreislauf und damit den Übergang zum folgenden Abschnitt.

β) Mittels Pumpe.

1868 schlugen nach dem E. P. 2085 Auguste Scheurer Rott und Scheurer Rott, fils, in Thann die Anwendung der Pumpe vor. Der Kessel arbeitet bei $3\frac{1}{2}$ Atmosphären Überdruck und liefert in 8 Stunden ein Ergebnis, welches gleichwertig mit einem 36stündigen Kochen auf bis dahin übliche Weise sein soll. Abb. 76 zeigt die Einrichtung des Kessels mit der seitlich angeordneten Druckpumpe, Abb. 77, eine Seitenansicht der Pumpe selbst und Abb. 78 die Verbindung des unteren Teiles des Kessels mit der Pumpe.

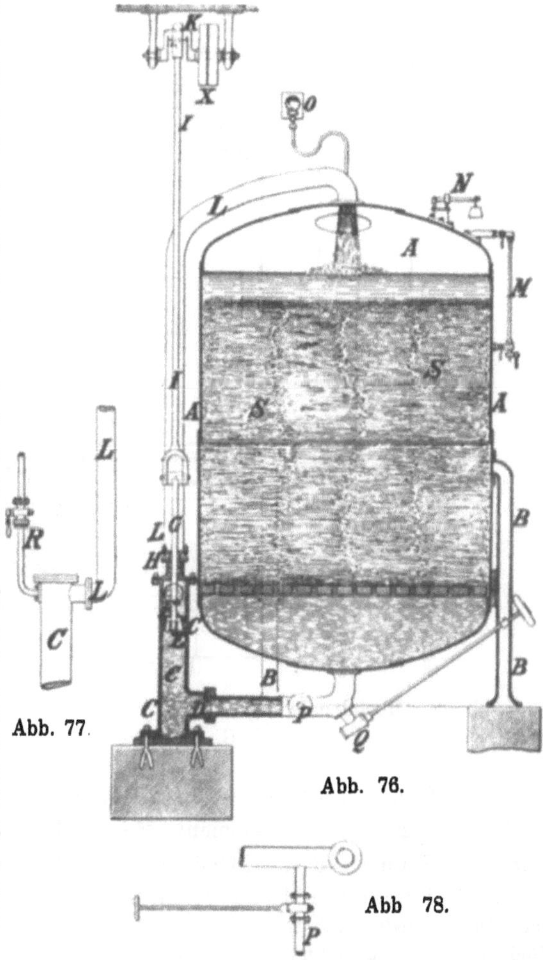

Abb. 77. Abb. 76. Abb 78.

Abb. 76—78. Bäuchkessel mit Pumpe nach Scheurer-Rott.

Der Kessel A steht auf Säulen B; C ist die Pumpe, D ihr Rückschlagventil. Der Pumpenkolben E ist an seinem oberen Ende mit dem Ventil F versehen, G ist die Führung und H die Stopfbüchse. Die Leitstange I stellt die Verbindung mit dem Antrieb K und X her. Rohrleitung L verbindet die Pumpe mit dem oberen Teil des Bäuchkessels. M ist ein Wasserstandsglas, N ein Sicherheitsventil und O ein Manometer. Rohr P (Abb. 78) führt von dem Laugenbehälter zum Kessel. Ventil Q dient als Ablaßhahn nach beendigtem Bäuchen. Durch Rohr R

(Abb. 77), welches im oberen Pumpenteil eintritt, wird Dampf zum ununterbrochenen Erwärmen der kreisenden Lauge zugeführt. Da der Druck im oberen und unteren Teile des Bäuchkessels A, d. h. über und unter dem Bleichgut S fast der gleiche ist, so hat die Pumpe nur die Arbeit, die Flotte unten im Kessel abzusaugen und sie in den oberen Teil zu heben. Die Tourenzahl der Pumpe wird nach dem Kesselinhalt geregelt.

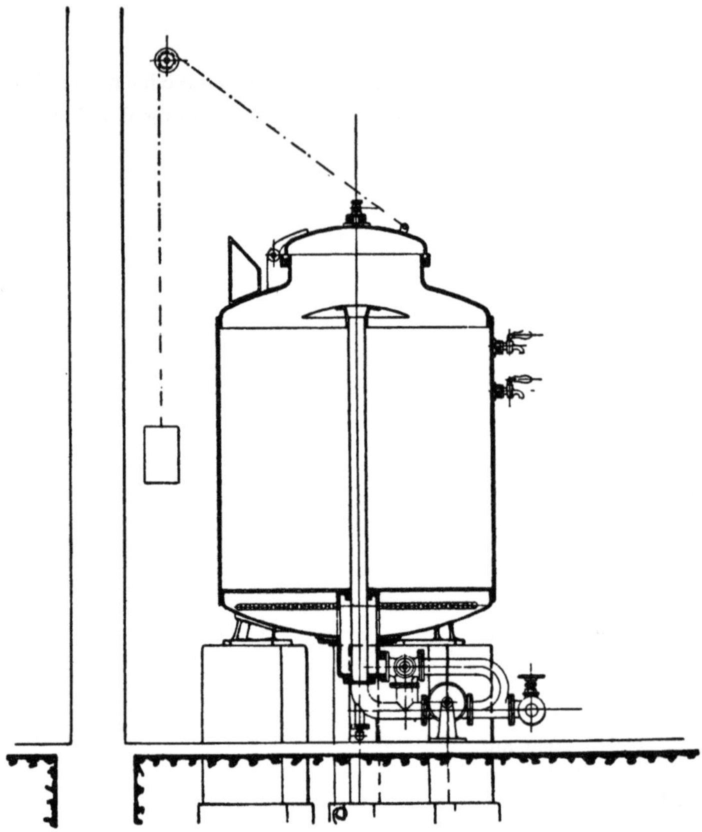

Abb. 79. Hochdruckkessel Ki mit innerem Flottenkreislauf durch Pumpe der C. G. Haubold A. G., Chemnitz.

Der Hochdruck-Kessel, Bauart Ki, mit innerem Flottenkreislauf durch Pumpe, Heizelement, Mannloch und Klappdeckel (Abb. 79) der C. G. Haubold A.-G. Chemnitz, besteht aus:

1 schmiedeeisernen Mantel, an dem der schmiedeeiserne Boden angenietet ist. Dieser Boden hat drei untereinander verbundene Füße. In der Mitte des Bodens ist ein Gußstutzen angenietet; er dient zum Tragen eines mehrteiligen, über die ganze Kesselfläche reichenden Siebbodens und zu Zirkulationszwecken.

An besondere, in diesen Stutzen eingegossene Kanäle wird eine zwischen Siebboden und Kesselboden angebrachte schmiedeeiserne Heizschlange angeschlossen. Zum Anschluß dieser Schlange an die Dampfleitung dient ein außerhalb des Kessels angebrachtes Dampfabsperrventil und zum Dampfablaß ein Kondenstopf.

Durch den Stutzen geht ein schmiedeeisernes Standrohr; seinem oberem Ausgang gegenüber sitzt eine Übergußhaube. Das andere Ende ist unten durch eine nach außen fortgeführte Rohrleitung an den Druckstutzen einer rotierenden Pumpe angeschlossen.

Eine in dem Stutzen angebrachte Kammer steht mit dem tiefsten Punkte des Kesselbodens in Verbindung und wird nach außen durch eine Rohrleitung und einen zwischengeschalteten Dreiweghahn mit dem Saugstutzen der Pumpe verbunden. An diese Rohrleitung sind außerdem noch zwei Ventile angeschlossen, von denen das eine zum Laugenzufluß und das andere zum Abfluß dient.

In die Druckleitung mündet noch ein Dampfeinführungsrohr mit Dampfabsperrventil, das zum schnellen Erwärmen der frisch einströmenden Lauge dient. Der durch dieses unmittelbar eingeführte Dampf hilft ferner den Druck im Kessel schnell zu erzeugen. Außerdem vermittelt dieses Rohr noch den Flottenkreislauf durch den erwähnten Dreiweghahhn beim Stillstand der Pumpe.

Laugenerhitzer. James Horrocks fügte in seinem E. P. 690, 1873 den Laugenerhitzer hinzu (Abb. 80).

Der Kessel A enthält den durchlochten Boden a und das zentrale Rohr b; auch dieses ist bei c durchlöchert, um der Lauge Eingang in die Ware zu geben, wie bei d, um der Flotte den Weg vom Boden des Kessels nach oben bis zu dem Absperrkeil f zu lassen. Die Lauge wird durch Pumpe B und Leitung m in das im Heizkörper C befindliche Spiralrohr i getrieben und geht von hier aus durch die Leitung g und Ventil h in den oberen Teil des Bäuchkessels. Die Heizvorrichtung C ist von dem Mantel k umschlossen und wird durch die Dampfleitung l in Betrieb gesetzt.

Pumpe B steht durch die Leitung e mit dem unteren Teile des Kochers in Verbindung und durch Rohr u mit dem Laugenbehälter. w und x sind Thermometer, s ein Manometer. Der Arbeitsgang ist folgender: Nachdem der Kessel mit Ware gefüllt ist, läßt man durch Ventil o die Lauge zur Pumpe treten, welche sie durch p, m durch den Heizapparat und durch g h in den Bäuchkessel treibt. Nachdem der Laugenvorrat auf diese Weise in den Kessel gelangt ist, wird Ventil o geschlossen und t geöffnet. Man arbeitet nun in der Richtung von unten nach oben ungefähr 4 Stunden lang. Die Temperatur wird hierbei bis auf 104° gesteigert. Alsdann wird die Pumpe außer Betrieb gesetzt, Ventile h und t geschlossen und der Kessel für 8—12 Stunden sich selbst überlassen, d. h. bis der Druck allmählich nachgelassen hat. Aldann wird die gebrauchte Lauge weggelassen und die Ware gewaschen.

Unabhängig davon sind wohl Scheurer-Rott & Co. in Thann 1881 zu ihrem Röhrenvorwärmer gekommen, mit dem sie etwa ⅓ der Kohlen für Heizung ersparten.

In Abb. 81—83 ist:

C der Bleichkessel,
R der Röhren-Vorwärmer,
P die Pumpe,
V die Hauptdampfleitung,
K die Hauptwasserleitung,
v die Dampfleitung für die äußere Heizung des Röhrenkessels,

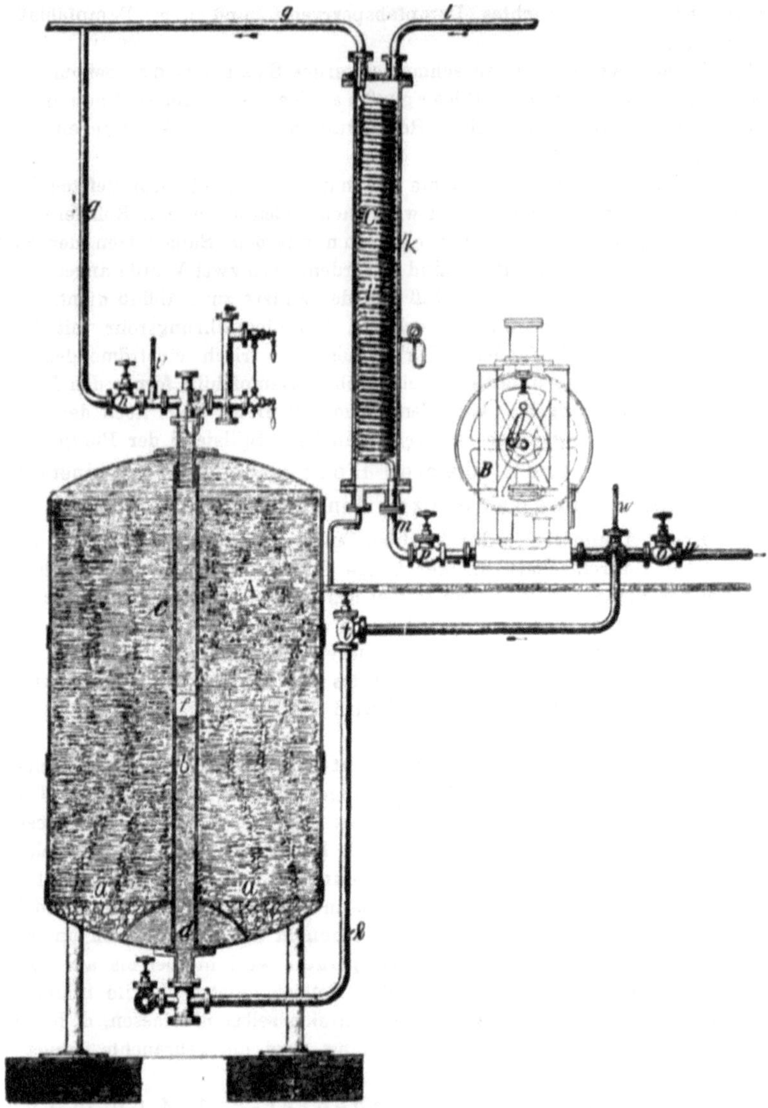

Abb. 80. Hochdruckkessel mit Laugenerhitzer nach Horrocks.

v' die Dampfleitung für die innere Heizung des Röhrenkessels, bei welcher der Dampf also direkt in die Rohre eintritt,

e die Wasserleitung zum Röhrenkessel,

e' die Wasserleitung des Bäuchkessels,

f, g das Verbindungsrohr zwischen dem oberen Teil des Bäuchkessels und dem oberen Teil des Laugenerhitzers,

i, k die Verbindung zwischen dem unteren Teile des Röhrenkessels und dem Druckrohr der Pumpe,

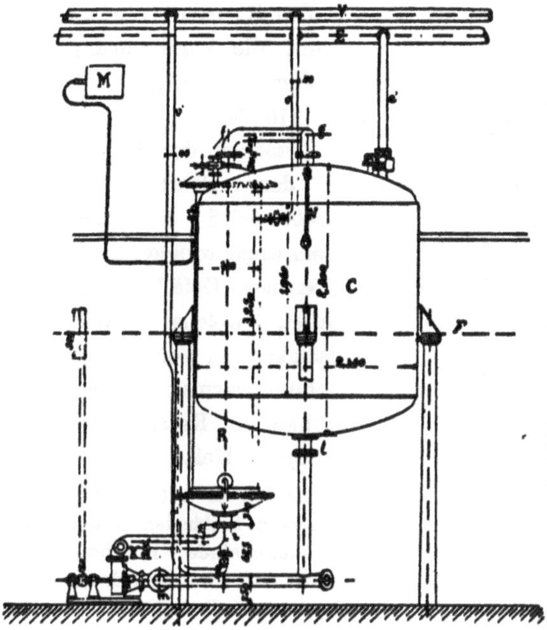

Abb. 81

l, m die Verbindung zwischen dem unteren Teile des Bäuchkessels und dem Saugrohr der Pumpe,

n ein Ablaßhahn,

F die Transmission zum Antrieb der Pumpe,

S ein Sicherheitsventil,

r ein Lufthahn,

M ein Registrier-Manometer und

N ein Wasserstandsglas.

Der Röhrenkessel selbst ist in Abb. 84 und 85 abgebildet.

Es sind:

R der Röhrenkessel,

R'R" haubenförmige Abschlußstücke,

ed Stutzen an letzteren,

tt die Rohre, in welchen die Lauge kreist,

A Träger für den Röhrenkessel, welcher durch die Winkel K gehalten wird,

a und b der Eintritt von Dampf und Wasser in den äußeren Teil des Röhrenkessels.

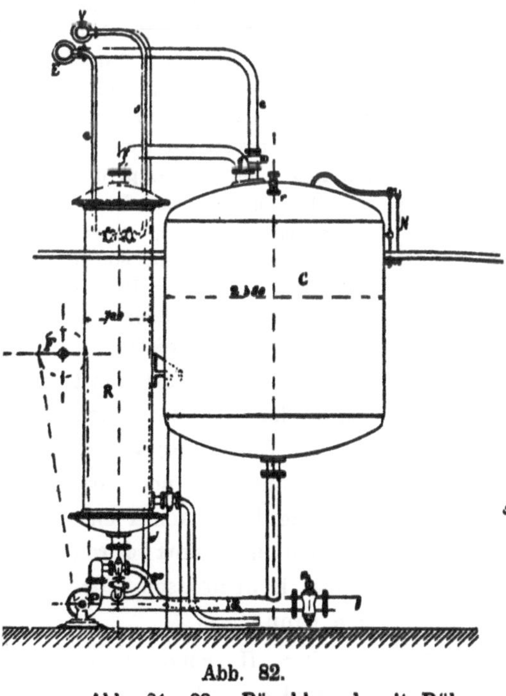

Abb. 82.

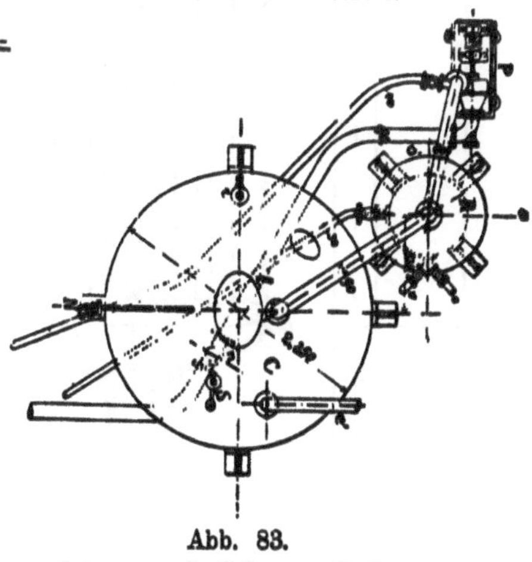

Abb. 83.

Abb. 81—83. Bäuchkessel mit Röhrenvorwärmer nach Scheurer-Rott.

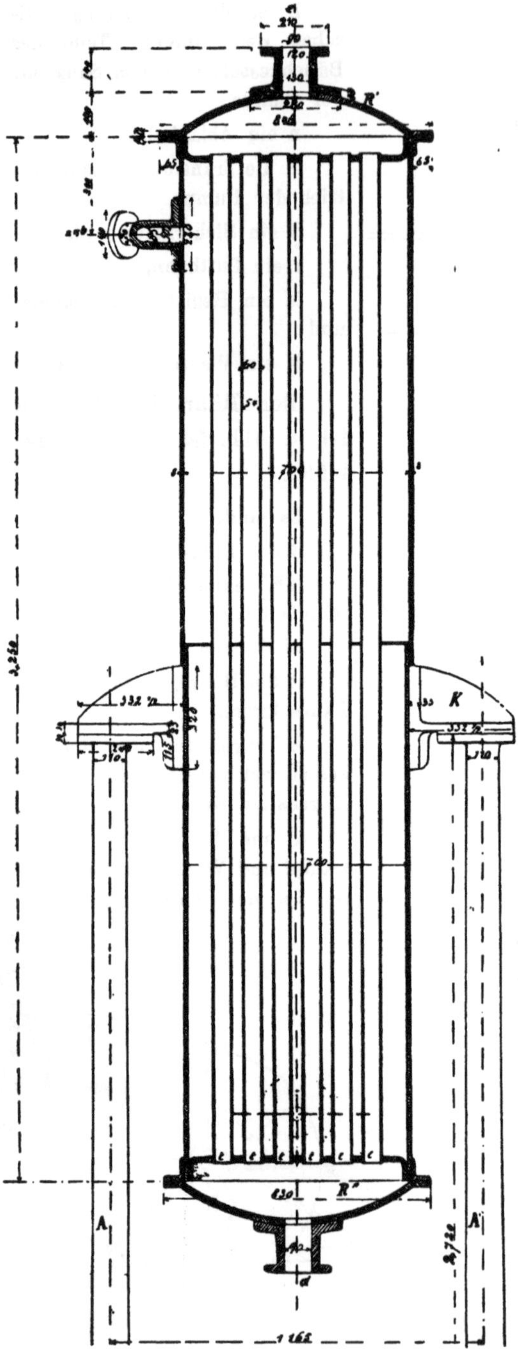

Abb. 84. Längsschnitt durch den Röhrenkessel.

Von Robert Weiss stammt die Verlängerung des Vorwärmers nach D. R. P. 116762.

Zwischen der Pumpe und dem Oberteil des Kessels wird ein über diesem angeordnetes abgeschlossenes Gefäß eingeschaltet, welches soviel Flüssigkeit im Vorrat aufzunehmen vermag, daß das Bleichgut im Kessel unter Flüssigkeit bleibt.

Der Kessel a (Abb. 86) auf dessen Siebboden b das zu behandelnde Bleichgut ruht, ist unten mit dem Saugrohr c einer Pumpe d verbunden, deren Druckrohr e in den Oberteil des Gefäßes f einmündet. Letzteres steht an seinem Unterteil mit dem Oberteil des Kessels a durch ein Rohr g in Verbindung. Das Gefäß f ist mit einer mit Dampf gespeisten Heizschlange i, einem Dampf unmittelbar in den Oberteil zuführenden Rohre j, einem Sicherheitsventil k und einem mit Hahn versehenen Rohr l zum Ablassen der Gase und des Dampfes ausgerüstet.

Besonders vorteilhaft wirkt das Gefäß f auch für die Entlüftung von a, indem die dort noch befindliche Luft nach f entweichen und dort durch Ventil k abgelassen werden kann.

Der Hochdruck-Kochkessel, Bauart

K K, mit Klappdeckel und äußerem Flottenkreislauf durch Pumpe für Vor- und Rückwärtsgang und mit verlängertem Laugenüberhitzer (Abb. 87) der C. G. Haubold A. G., Chemnitz, hat folgende Bestandteile:

Ein schmiedeeiserner, auf drei Füßen ruhender Kessel, dessen Deckel- und Bodenteil angenietet ist.

Im Oberteil ist ein Mannloch von 800 mm lichter Weite mit in Scharnier beweglichem Klappdeckel versehen.

Auf dem Kesselboden im Kesselinnern ruht ein mehrteiliger, starker, schmiedeeiserner Siebboden.

Am Mannloch-Ring des Kesseloberteils befinden sich zwei Stutzen; einer dient zum Anschluß an die Rohrleitung, der andere zum Wasserzufluß.

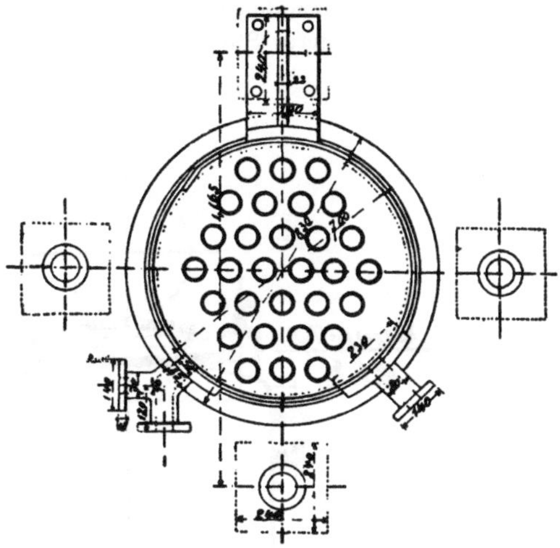

Abb. 85. Querschnitt durch den Röhrenkessel.

Kochkessel und Laugenerhitzer sind unten durch eine Rohrleitung mit Pumpe und den nötigen Ventilen verbunden. Außerdem ist noch eine Umschaltleitung mit Knierohr nebst Ventil vorgesehen, um auch während des Stillstandes der Pumpe mittels eines Injektors arbeiten zu können.

Für den letzteren Zweck ist in der unteren Rohrleitung ferner ein Dampfinjektionsrohr mit Ventil eingeschaltet.

Auch die obere Rohrleitung führt von dem Mannloch-Ring zum Laugenüberhitzer.

Auf dem Kesseloberteil ist noch ein Entlüftungshahn angebracht.

Am Kesselmantel selbst befinden sich zwei Probierhähne.

Im oberen Ringverschluß ist ein mit Handgriffen versehenes, schmiedeeisernes Sieb zwecks besserer Flottenverteilung eingelegt.

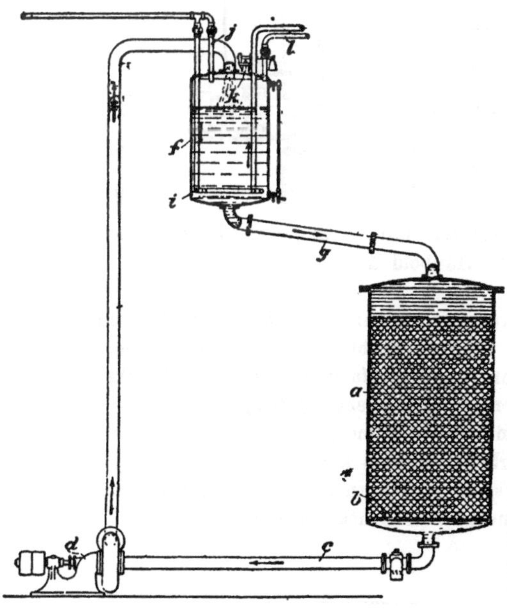

Abb. 86. Bäuchkessel nach R. Weiss mit aufgesetztem Gefäß.

Der Laugenüberhitzer besteht aus:

Einem schmiedeeisernen Mantel mit eingenieteten Böden und eingewalzten Siederohren. Der obere Teil des Erhitzermantels ist nach oben verlängert. Dieser Teil bildet den Dampfdom für den beim Kochen im Kessel sich entwickelnden Dampf. Der Dampf steht um die Siederohre. Für ihn ist am Mantel ein Dampfeinlaßstutzen mit Dampfeigangsventil, Hochhubsicherheitsventil und Manometer sowie unten ein weiterer Stutzen mit Anschluß für den Kondenstopf vorgesehen.

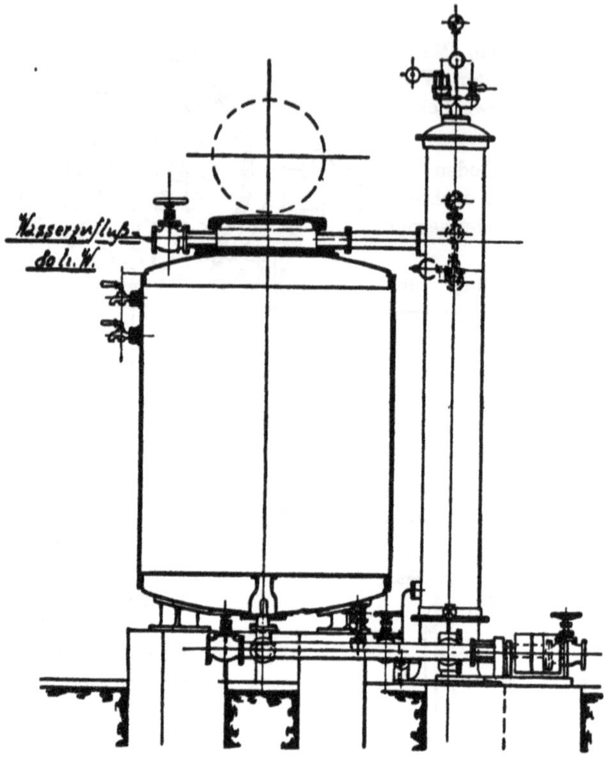

Abb. 87. Hochdruckkessel KK mit verlängertem Laugenüberhitzer der C. G. Haubold A. G., Chemnitz.

Zum Laugenkreislauf, der durch das Rohrinnere erfolgt, ist oben und unten je ein hutförmiger, abnehmbarer Deckel angebracht, von denen der untere die Stützen für die Füße, der obere die Dampfarmatur für den Kochkessel (Hochhubsicherheitsventil, Manometer und Abblasehahn) trägt.

Der Kochkessel wird normal mit 6 Atmosphären geprüft, so daß mit einem Druck bis 3 Atmosphären gearbeitet werden kann.

Der Laugenüberhitzer dagegen wird normal mit 8 Atmosphären geprüft, so daß man in ihm bis mit 4 Atmosphären Druck arbeiten kann.

S. a. Abb. 22.

Liegende Bäuchkessel.

Das Bäuchen ist der zeitraubendste Vorgang in der Bleicherei. Man hat deshalb das Ein- und Ausfahren der Ware zu beschleunigen versucht.

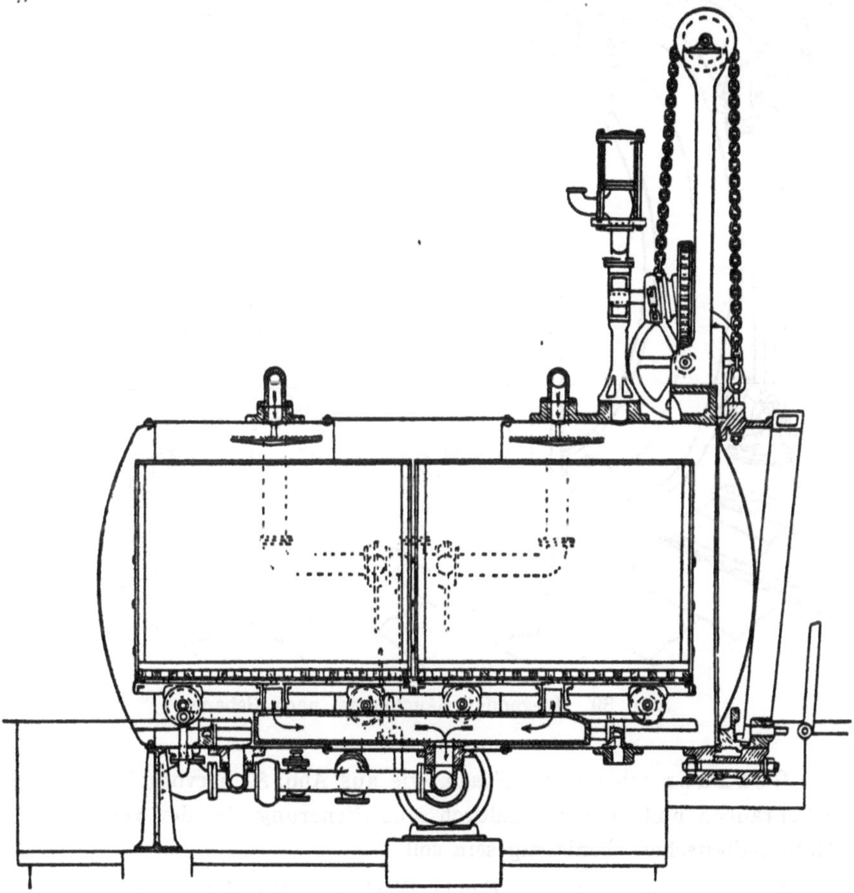

Abb. 88. Mather-Kier.

In den Zeitraum von 1885 bis 1889 fallen die Patente E. P. 3096 (1885), D. R. P. 35 694, 51 062, die den sogenannten Mather-Kier schufen, einen liegenden Bäuchkessel mit Waggon-Einrichtung für die Ware. Die ersten Kessel hatten den Fehler, daß die Verschlußdeckel einem Betriebsdruck von 3 Atmosphären nicht sicher standhielten. Später ist dieser Mangel beseitigt worden und die heutigen Kessel dieser Gattung (Abb. 88) genügen der Druckbeanspruchung von 3 Atmosphären.

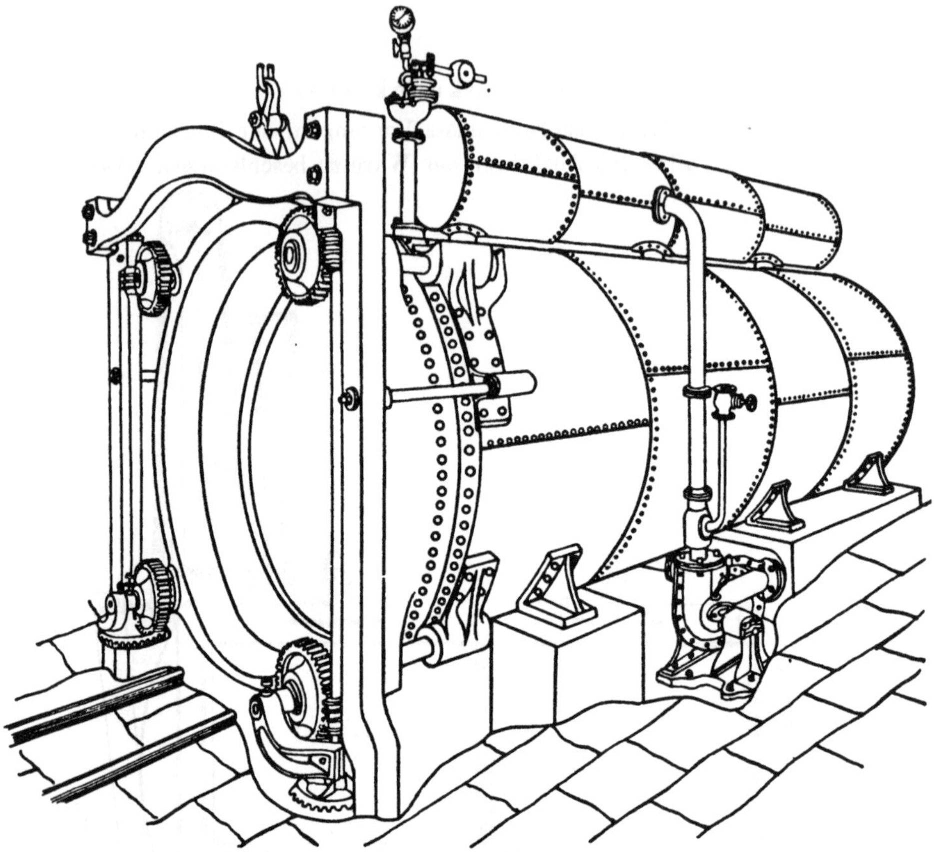

Abb. 89 Liegender Bäuchkessel nach Gebauer.

Gebauer erledigt die Frage, wie aus Abb. 89 hervorgeht, mit nur 4 Schrauben und erreicht dadurch eine Sicherung, die der verwickelten Mather-Plattschen ebenbürtig sein soll.

Bei dem Verschluß von Emil Welter, Mülhausen, und anderen ist die Tür des Kessels (Abb. 90, 91) ringsum mit Kulissen b b b versehen, in welche die Festschrauben s zu liegen kommen. A ist ein mit Stoff umwickelter Gummiring. Mittels der Griffe B wird die Tür gegen den Kessel festgeschraubt. Die Anzahl der Schrauben richtet sich natürlich nach dem Kesseldurchmesser und dem Dampfdruck.

Eine Reihe von Verbesserungen an diesem M a t h e r - K i e r sind in Vorschlag gebracht worden in dem A. P. 408 991 von E. H. R u s d e n,

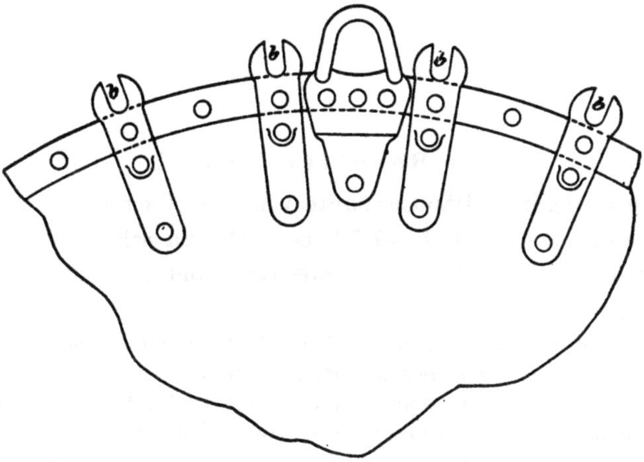

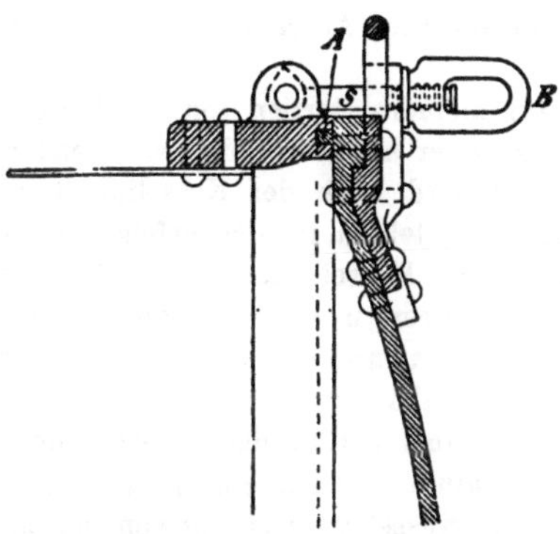

Abb. 90, 91 Bäuchkesselverschluß nach Welter.

E. P. 21 393 (1895) von M. W a l t o n, A. P. 570 675 von H. G. M c K e r r o w.

Der Revolver-Kessel.

Der revolvierende Bäuchapparat von Fr. Gebauer in Charlottenburg nach D. R. P. 47 567 bezweckt ein schnelles Auswechseln der einzelnen Kochkessel behufs Entleerung und Neubeschickung (Abb. 92 und 93).

Eine Anzahl Kessel von 2 bis 3 cbm Inhalt auf einer gemeinsamen Drehscheibe A sind an eine gemeinsame Dampf- und Flottenrohrleitung BB_1 durch Verschlüsse a angeschlossen, wobei mit Hilfe der Ventile b eine Verbindung mit BB_1 hergestellt oder unterbrochen werden kann. Die zwischen der Rohrleitung BB_1 eingeschaltete Zentrifugalpumpe C bewirkt einen Kreislauf der in den Kesseln G und der Rohrleitung BB_1 befindlichen Flotte. Die Kessel sind auf der Drehscheibe so angeordnet, daß die dem Arbeitsraum zugekehrten Kessel entleert und gefüllt werden können.

Die Kessel werden für kleinere Partien von 400 bis 500 kg Ware ausgeführt und somit die Behandlungsdauer abgekürzt, da der Kreislauf der Lauge in einem kleineren Kessel erleichtert wird und der Kesselinhalt schneller zum Kochen gelangt. Die Behandlung von kleinen Partien erfolgt rascher und gleichmäßiger. Ferner wird in steter Folge ein Kessel nach dem anderen gefüllt, an die Leitung angeschlossen, gekocht und entleert u. s. f. Bei der Anordnung von vier Kesseln auf einer Drehscheibe sind zwei an das Flotten- und Dampfleitungsrohr angeschlossen und befinden sich in Kochung, zwei andere stehen auf der Vorderseite der Drehscheibe; davon wird einer gefüllt, der andere entleert. Dieser Apparat ist für ein kleineres Warenquantum und für eine geringere Leistung bestimmt und vergegenwärtigt, daß je zwei Kessel unabhängig von den anderen beiden gekocht bzw. entleert und gefüllt werden können. Alsdann wird die Drehscheibe um 180° gedreht, so daß sich die neugefüllten Kessel gegen die Rückwand schieben und die fertiggekochten sich nach der Vorderseite bewegen.

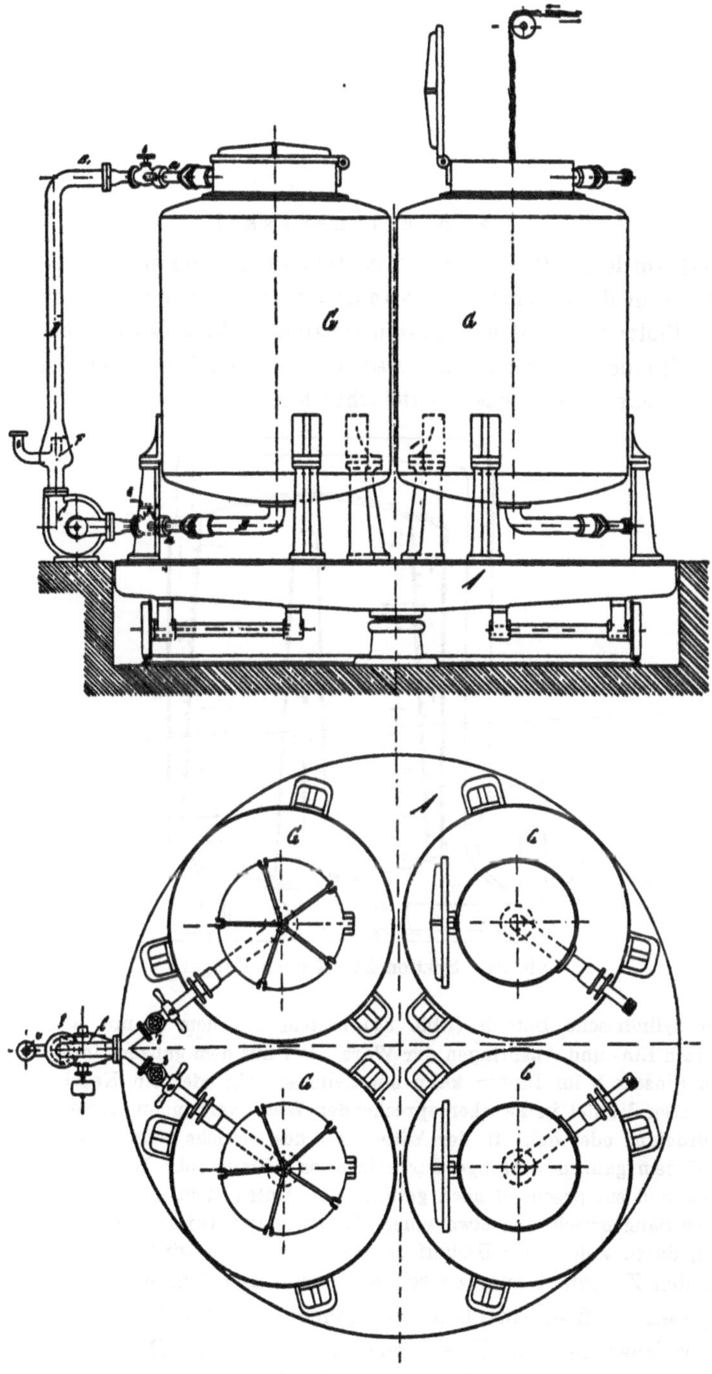

Abb. 92, 93. Revolvierender Bäuchapparat von Gebauer.

Der Sektionskessel.

1894 wurde das D. R. P. 82 325 an Otto Krüger erteilt. Auf diesem Patent beruht der sogenannte Gebauersche Sektionskessel.

Die Flotte wird auf den ganzen inneren Umfang des Bottichs verteilt und erhält eine Bewegung von diesem Umfange radial nach der hohlen, als Abflußrohr vorgesehenen Mittelachse hin.

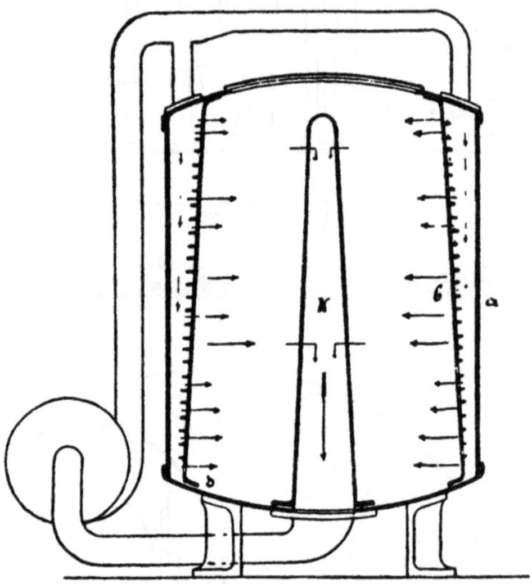

Ab. 94. Sektionskessel nach Krüger.

Der zylindrische Bottich (Abb. 94) besteht aus dem Mantel a und einem Deckel zum Ein- und Ausbringen der Ware. Der auf dem ganzen Umfange durchlöcherte Einsatz b im Innern kann ein Zylinder sein oder ein Kegel; er ist mit dem äußeren Mantel in zweckentsprechender Weise verbunden, vermittelst Ringe oder Bördelung oder dgl. In der Mittelachse des Bottichs befindet sich ein ebenfalls auf dem ganzen Umfange durchlöchertes Absaugerohr k, welches oben geschlossen und entsprechend hoch geführt ist. Unten steht dieses Absaugerohr k mit einer Saugvorrichtung, etwa einer Pumpe, einem Injektor oder dgl., in Verbindung, durch welche der Umlauf der Flotte veranlaßt wird.

In den Zwischenraum zwischen Einsatz und Mantel sind Ringstücke so eingesetzt, daß entsprechend zusammengehörende Teile je einen Ring bilden, welcher mehrere Unterbrechungen aufweist. Diese wechseln mit denen des tiefer liegenden Ringes ab. Die Weite dieser Unterbrechungen

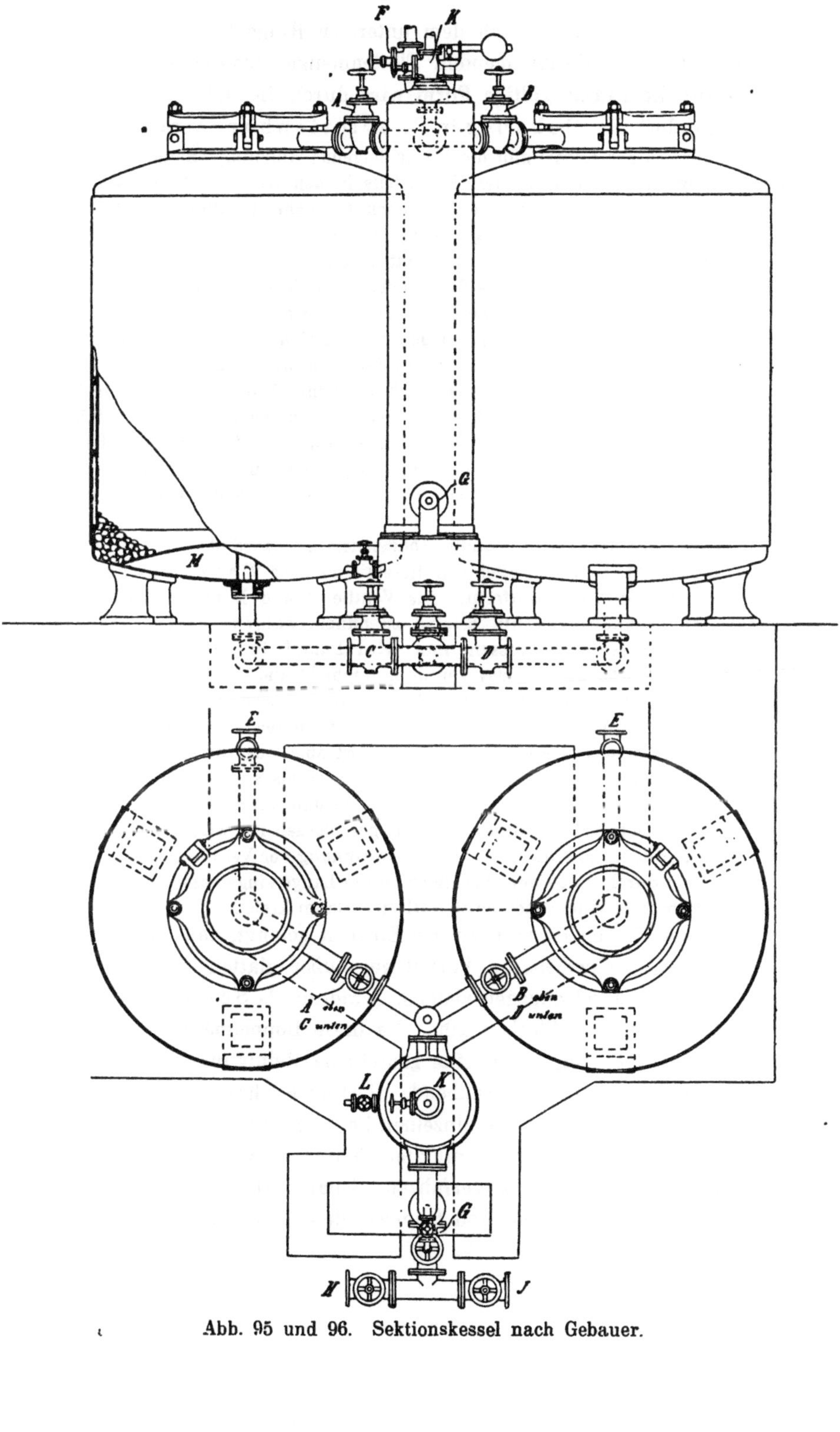

Abb. 95 und 96. Sektionskessel nach Gebauer.

nimmt von dem obersten nach dem untersten Ringe hin ab, der herabfließenden bzw. herabzubringenden Flottenmenge entsprechend.

Die für die Praxis gültige Form wird durch die Abb. 95 und 96 der Maschinenfabrik Fr. Gebauer in Charlottenburg veranschaulicht.

Zum Betrieb der Kessel gibt die Firma folgende Anleitung: Beim Kochprozeß ist notwendig, daß die teils in der Ware, teils in den Kochern, Flottenwärmern, Rohrleitungen usw. eingeschlossene Luft nach Möglichkeit entfernt wird.

Hierzu sind zwei Handhabungen erforderlich:

I. Nachdem der Kocher mit dem Flottenwärmer durch Öffnung der Ventile A B verbunden ist, werden die beiden unteren Ventile C D geschlossen und der Ablaßhahn E sowie das Ventil F geöffnet. Dann läßt man durch das am Flottenwärmer befindliche Ventil G Dampf in den Flottenwärmer eintreten. Der Dampf wird die in diesem, in den Kochern und in den Hohlräumen eingeschlossene Luft nach Möglichkeit verdrängen, die teils durch das Ventil F teils durch den Hahn E entweicht. Sobald aus dem Ventil F der Dampf ziemlich stark strömt, schließt man dieses und später auch den Hahn E, sobald Dampf entweicht. Hierauf schließt man das Ventil G, setzt die Pumpe in Tätigkeit und läßt durch Öffnung des Ventils H Wasser in die Gefäße eintreten, welches den Dampf kondensiert und dadurch ein Vakuum erzeugt.

II. Wenn der Dampf vollständig kondensiert ist, wird die im Wasser selbstbefindliche und auch von diesem aus der Ware absorbierte Luft auf folgende Weise entfernt. Die Ventile C und D sowie das auf dem Flottenwärmer befindliche Ventil K sind zu öffnen, während vorher die Ventile A und B geschlossen sein müssen; nun wird Dampf in das Rohrsystem des Flottenwärmers durch Öffnung des Ventils L geschickt und die Pumpe in Tätigkeit gesetzt. Hierdurch wird mittels der Pumpe ein luftverdünnter Raum in dem Hohlraum M der Kocher erzeugt, das zum Kondensieren des Dampfes benützte Wasser mit der zum Teil absorbierten Luft wird abgesaugt und in den Flottenwärmer getrieben. Durch Erwärmung des Wassers bis zur Siedehitze wird der letzte Rest von atmosphärischer Luft ausgetrieben und durch das geöffnete Ventil K entfernt. Nachdem dann dieses Ventil K geschlossen ist, wird die Verbindung der Kocher mit dem Flottenwärmer durch die Öffnung der Ventile A und B wieder hergestellt und durch J das gewünschte Quantum Lauge eingelassen, welches dann durch die Pumpe in einem möglichst luftfreien Raum kreist.

An vielen Stellen ist man zu der Einsicht gelangt, daß diese Doppelmäntel keinen nachweisbaren Vorteil gegenüber glatten Kesseln haben, daß der Doppelmantel dagegen vielfach geradezu als Schmutzfänger dient und Ursache zu Flecken gibt. Da diese Doppelmäntel am Kesselmantel angenietet sind, so ist eine gründliche Reinigung des Zwischenraumes umständlich und zeitraubend. Gebauer hat deshalb den Notausweg gesucht, den Mantel in einzelnen herausnehmbaren Stücken anzuordnen, damit eine bessere Reinigung möglich wird. (Vgl. auch H. Thies, Das Thies-Herzigsche Bleich-Verfahren, Separat-Abdruck aus der Zeitschrift: Oesterreichs Wollen- und Leinen-Industrie, Reichenberg, Böhmen, 1896.)

ε) Waschen, Säuern.

Die gebäuchte und im Kessel gespülte Ware wird auf der Waschmaschine (S. 90) fertig gewaschen.

Dann wird sie abgequetscht (S. 95) und auf der Säuremaschine (S. 97) durch Schwefelsäure ½—2° Bé genommen (S. 8).

Darauf wird sie in einen hölzernen Kasten mit Gitterboden abgelegt (S. 131) und eine halbe Stunde ruhen gelassen.

Zum Schluß wird wieder gründlich gewaschen.

ζ) Bäuchen mit Soda oder Natronlauge.

Die frei gewordenen Fettsäuren müssen nun von der Ware entfernt werden. Zu diesem Zweck wird sie in den Bäuchkessel zurückgebracht und mit 2% Ätznatron und 2% kalz. Soda 3—4 Stunden bei 3 Atm. Druck gekocht. Bei geringerem Druck muß länger — bis zu 12 Stunden gekocht werden.

Für Druckware empfiehlt sich der Zusatz von Harzseife; man erhält z. B. eine Bäuchlauge für 1000 kg Ware, indem man 60 kg Soda und 15 kg Kolophonium oder 45 kg Ätznatron und 12 kg Kolophonium in 400 Liter Wasser 6—8 Stunden kocht und auf 2500 Liter verdünnt.

Die gekochte Ware wird im Kessel kurz mit heißem Wasser, und dann erst mit kaltem Wasser gespült, damit sich nicht Harz oberflächlich niederschlägt. Zum Schluß wird wieder auf der Waschmaschine gründlich gewaschen und abgequetscht.

η) Bleichen.

Die Ware sieht jetzt hellgelb aus. Um auch diese Farbe zu entfernen, werden die Stücke gechlort.

Zum Chloren wie zum Säuren der Ware werden drei maschinell verschiedene Verfahren angewendet.

I. Die Ware wird mit den betreffenden Lösungen getränkt und in besonderen Ablegeräumen abgelegt, um den Lösungen Zeit zur vollen Einwirkung auf die Zeuge zu lassen.

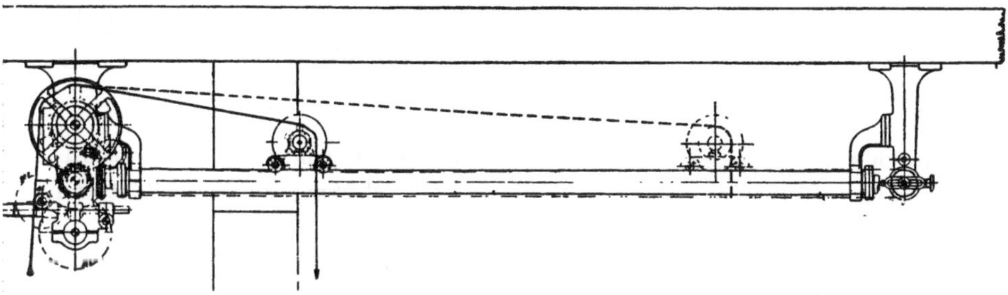

Abb. 97. Selbsttätiger Strangableger Lg der C. G. Haubold A. G., Chemnitz

Der selbsttätige Strangableger, Bauart Lg, für große Geschwindigkeiten (Abb. 97 und 98) der C. Haubold A. G., Chemnitz, hat folgende Bestandteile:

4 gußeiserne Träger; sie sind an der Decke befestigt und durch Verbindungen gut verankert.

1 großer angetriebener Zughaspel, 1 kleiner ebenfalls angetriebener Legehaspel und 1 selbsttätig hin und her wanderndes Porzellanauge für die seitliche Führung des Stranges.

Die selbsttätigen Vor- und Rückwärtsbewegungen der Legehaspel erfolgen durch zwei in Rohren eingeschlossene Kreuzgewindespindeln, die des Porzellanauges durch 1 in ein Rohr eingeschlossene Förderschnecke.

Der Antrieb erfolgt durch Fest- und Losriemenscheibe auf die große Zugwalze. Die Warengeschwindigkeit beträgt 120 m in der Minute.

Abb. 99 zeigt den fahrbaren selbsttätigen Strangableger, Bauart Lg derselben Firma.

In ähnlicher Weise arbeitet die Maschine von E. Lurati nach D. R. P. 55267. Walter Mathesius leitet nach D. R. P. 145583 die der Vorrichtung zugeführte Ware durch einen hochliegenden Haspel einem ganz dicht darunter befindlichen Trichter zu; von da in ein mittels eines kardanischen Gelenkes aufgehängtes Abfallrohr, dessen unteres Ende

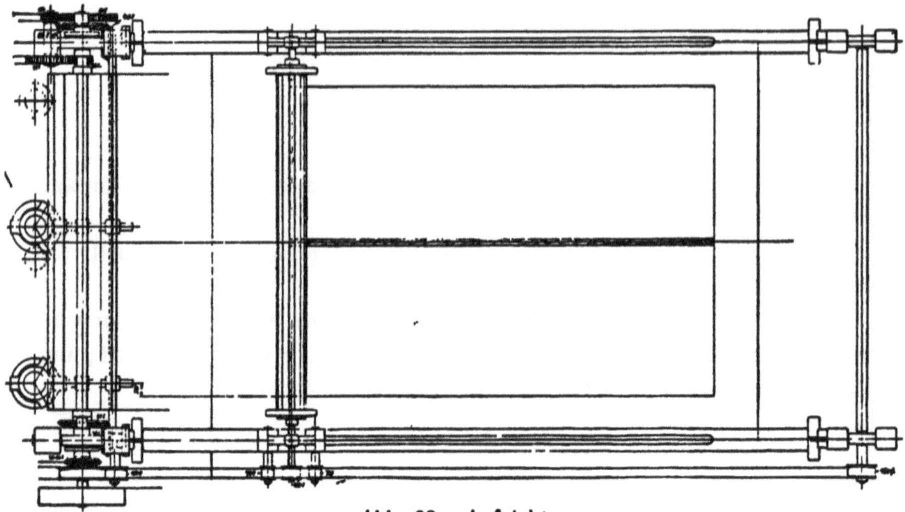

Abb. 98. Aufsicht.

durch einen über dem Ablegeplatz oder Bottich angebrachten Antrieb hin- und herbewegt wird. Das Rohr selbst ist als Teleskoprohr ausgebildet und

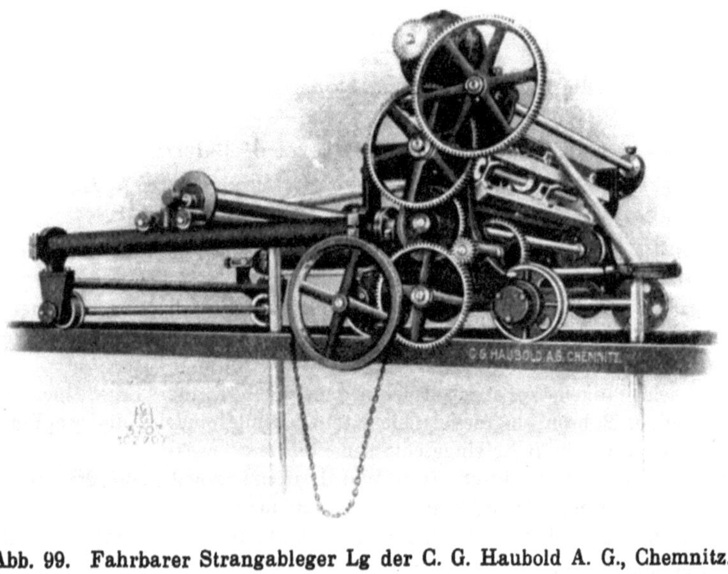

Abb. 99. Fahrbarer Strangableger Lg der C. G. Haubold A. G., Chemnitz.

endigt an seinem unteren Ende in eine Kugel; diese hat in senkrechter Richtung einen zylindrischen Ansatz, in welchem sie nach Art eines Kugelgelenkes beweglich ist.

In Abb. 100—101 ist eine Ausführungsform für eckige Ablegeplätze oder Bottiche und in Abb. 102—103 für runde Ablegeplätze dargestellt.

Wesentlich ist in allen Fällen, daß durch die Vereinigung zweier Bewegungen das untere Ende des Ablegerohres nach jedem beliebigen Punkte des Ablegeplatzes hin bewegt werden kann. Bei dem Antriebe für einen vierkantigen Bottich oder Ablegeplatz gleitet die das Rohr tragende Kugel auf Balken über dem Bottich hin und her, beispielsweise in der Querrichtung, während die Balken selbst auf einem Wagen gelagert sind, der in der dazu senkrechten Richtung, also beispielsweise in der Längsrichtung, über dem Bottich hin- und herbewegt werden kann.

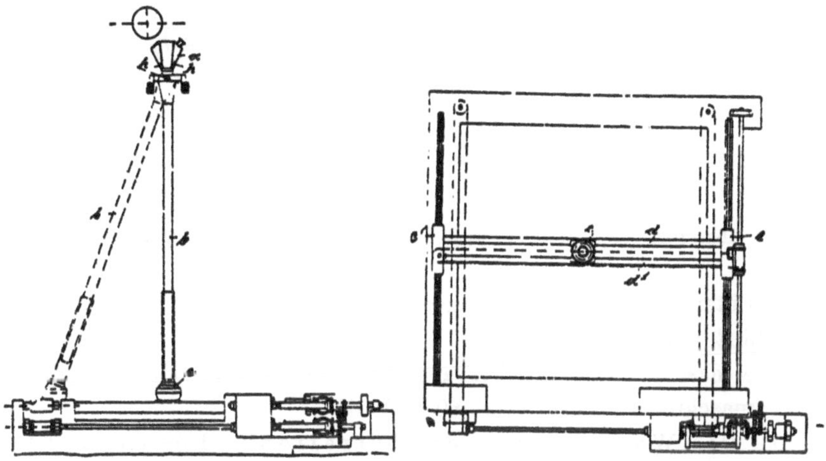

Abb. 100, 101. Ableger nach Mathesius für eckige Ablegeplätze.

a ist der Trichter und b das teleskopartige Ablegerohr nach allen Seiten beweglich unterhalb des Trichters aufgehängt. c ist die Kugel, welche bei der Ausführungsform nach Abb. 100 auf den Balken d d^1 in der Querrichtung des Behälters hin- und herbeweglich ist, während die beiden Balken d d^1 auf Wagen e e^1 in der Längsrichtung des Ablegebehälters fahrbar sind (Abb. 101).

Die Ausführungsform Abb. 102 und 103 kommt für die Benutzung eines runden Bottichs in Frage; hier gleitet die das Ablegerohr tragende Kugel mit veränderlicher Geschwindigkeit radial auf zwei Balken, welche im Kreise bewegt werden.

d_2 sind die Balken; die Achse f, vermittels welcher die Balken im Kreise gedreht werden, liegt in einer zentralen Aussparung g des runden Ablegegefäßes. Der Trichter a in der Einrichtung kann doppelwandig ausgeführt sein, um zwischen diese doppelte Wandung mittels einer Pumpe Flüssigkeiten einführen und dann durch am unteren Ende des Trichters angebrachte Düsenöffnungen h auf die Ware spritzen zu können, um den Fall zu beschleunigen.

Die Räume für gechlorte und für gesäuerte Ware sollen getrennt sein. Gewöhnlich macht man die Ablegeräume aus mit Zement verputztem

Mauerwerk, mit einer Einlage von hölzernen Lattenrosten. Der Boden wird mit Geröll aus Granitsteinen belegt, welche sowohl den Säure- wie Chlorlösungen widerstehen. In neuerer Zeit hat man zum Auslegen sieb-

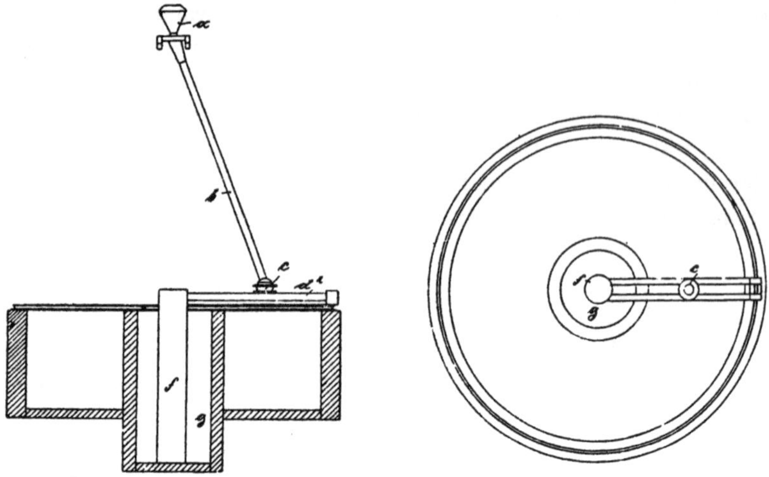

Abb. 102, 103. Ableger nach Mathesius für runde Ablegeplätze.

artige Filtersteine mit kegelförmigen Löchern von W. Schüler in Isny eingeführt (Abb. 104).

Die maschinellen Einrichtungen zum Chloren und Säuren sind den Waschmaschinen ähnlich (Abb. 60 und 61).

II. Die Ware wird in die betreffende Lösung selbst eingelegt und darin belassen, bis der erforderliche Grad der Einwirkung erreicht ist.

Abb. 104. Filtersteine nach Schüler.

Die Behälter für die Chlor-Lösungen werden in der Regel aus gutem Zementmauerwerk mit Zementverputz hergestellt.

Man benutzt auch Holzfässer, aus starken Dauben hergestellt, in welche in Abständen von 15 cm schmiedeeiserne Nägel mit starken Köpfen eingeschlagen werden. Das Faßinnere wird dann mit langsam bindendem Zement ausgekleidet. Die Nägel vermitteln den Halt der Zementschicht.

Bei dem Thies-Herzigschen Bleichverfahren (S. 162) ist der Chlorbehälter aus Kacheln mit Zementdichtung hergestellt.

Die Firma Fr. Gebauer in Berlin hat die für Bäuchkessel eingeführte sogenannte Sektions-Einrichtung (vgl. S. 126) auch auf Bleichkufen zum Säuren und Chloren angewendet (Abb. 105). Diese Kufen sind mit Bleimantel versehen und haben außerdem einen inneren durchlochten Holzmantel mit Sektionseinrichtung und in der Mitte ein freistehendes durchlochtes Bleirohr.

III. Die Ware wird in geschlossenen kesselartigen Behältern, sogenannten Vakuumapparaten, mit Chlorlösung, Säure, Waschwasser usw. behandelt. (Vgl. S. 63).

Der Zweck dieser Bleichart ist, den Geweben eine schonendere Behandlung zu geben, als dies bei der allgemein üblichen Strangbleiche möglich ist. Ganz besonders ist dieses Bleichverfahren für leichte durchbrochene Gewebe, aber auch für die stärksten Gattungen, wie einfach und doppelseitig gerauhte Piqués usw., geeignet, da es eine bekannte Tatsache ist, daß gerade die leichtesten und schwersten Warengattungen am meisten in der Strangbleiche leiden. — Durch das Herumführen des Gewebes von einer Maschine zur anderen und die Führung von der Docke über Häspel, durch Ringe und Rollenkästen leiden die Gewebe, so daß Breitenverluste durch die Spannungen eintreten. — Diese Übelstände beseitigt die Vakuumbleiche. Das Gewebe wird in der üblichen Weise im Strang gebäucht und gewaschen und bleibt nun während der Chloreinwirkung, der Säureeinwirkung und der nachfolgenden Wäsche unberührt liegen.

Abb 105 Sektionsbleichkufe nach Gebauer.

Der Vakuumkessel erfordert weniger Platz, als die bei der Strangbleiche notwendigen Chlor- und Säure-Clapots mit ihren Ablegekästen; auch wird an Wasser gespart, da zu dem im Vakuumkessel nötigen Spülen weniger Wasser erforderlich ist, als bei Strangwaschmaschinen. Das unvermeidliche Waschen des Gewebes nach dem Herauslaufen aus dem Vakuumkessel geschieht auf einer besonderen Waschmaschine, auf welcher das Gewebe ohne Spannung läuft und deren Walzen je nach Bedarf ent- oder belastet werden können.

Die Vakuumapparate müssen chlor- und säurebeständig ausgefüttert werden. Dies bietet immerhin einige Schwierigkeiten. Das Aufbringen des Bleibelages auf das Kesselblech im Innern des Kiers durch Nieten

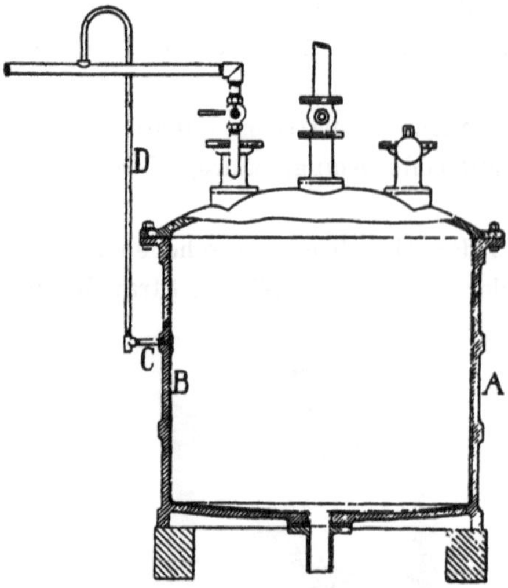

Abb. 106. Vakuumkessel mit innerem Bleibelag nach Mason.

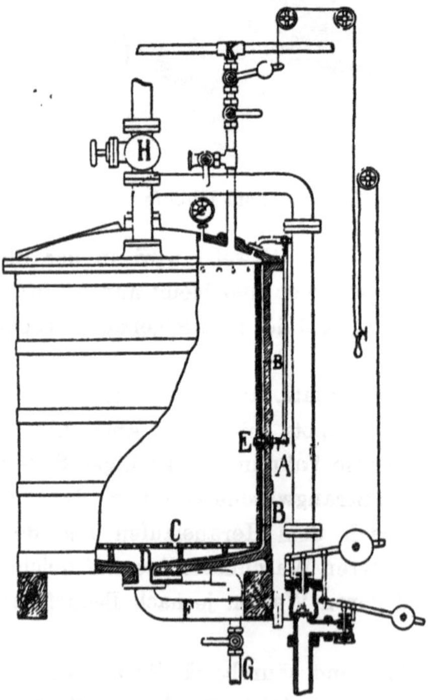

Abb. 107. Vakuumkessel mit innerem Bleibelag nach Jakoby und Jennings.

hält nicht auf die Dauer, und die verschiedenartige Ausdehnung der Metalle in der Wärme gibt zu Undichtigkeiten der Nietlöcher Veranlassung, wodurch das Eindringen von Bleichflüssigkeit zwischen die Kesselwandung und die Bleiausfütterung schließlich möglich ist.

Nach dem E. P. 1722 (1871) von Sam Mason wird der Bleibelag aus einem Stück ohne Vernietung hergestellt. Das Bleiblech wird auf die Eisenwandung gelegt und durch Umbördelung gehalten. Auf diese Weise entsteht keine dichte Verbindung zwischen Eisen und Blei, es bleibt vielmehr ein größerer oder kleinerer Luftraum zwischen beiden Metallschichten, der bei der Erwärmung zu Ausbeulungen des Bleies Veranlassung geben könnte. Um dies zu verhindern, wird, wie in Abb. 106 dargestellt, der Zwischenraum zwischen dem Kesselblech A und dem Belag B mit der Luftpumpe, welche das Entlüften des Kessels besorgt, durch die Rohrleitung CD verbunden. Auf diese Weise wird der Zwischenraum zwischen der Kesselwandung und der Bleiplatte ebenfalls entlüftet und der Ausbeulung auf diese Weise vorgebeugt.

In entgegengesetzter Weise verfahren nach dem E. P. 1937 (1881) Charles Theodore Jakoby und William Jennings, um den Bleimantel bei Vakuumkesseln vor Beschädigungen zu schützen (Abb. 107).

A ist der äußere Kesselmantel, D die Bleieinlage und B der zwischen beiden befindliche Hohlraum. Auf dem Bleimantel im Innern des Kessels ist zur Schonung eine Holzverkleidung E angebracht, die mit einem durchlochten hölzernen Boden C abschließt. Tritt zufällig Bleichflüssigkeit in den Hohlraum B ein, so kann sie durch Rohr G abgelassen werden. Durch eine besondere in der Zeichnung nicht dargestellte Vorrichtung läßt sich der Hohlraum B auch ausspülen, das Spülwasser entweicht dann ebenfalls durch Rohr G. Rohr F führt zu den Chlor- bzw. Säurebehältern, Rohr H zur Wasserleitung und Rohr K zur Vakuumpumpe.

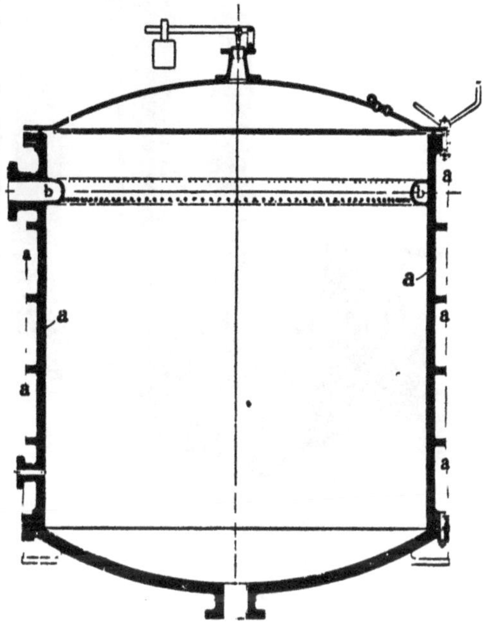

Abb. 108 Vakuumkessel nach Kessler.

Wird die an der Gußeisenwand sitzende Bleischicht an einzelnen Stellen losgelöst, so findet eine Oxydation des Gußeisens statt, wodurch die Bleichlösungen unbrauchbar werden. Derartige Stellen sind oft unbedeutend und deshalb schwierig zu entdecken. Ebenso wie der Mantel des Vakuumkessels muß auch das eingesetzte Bewässerungsrohr oft ausgebessert werden.

Durch die Vakuum-Einrichtung von L. Kessler & Sohn nach D. R. P. 37 413 sollen die erwähnten Unvollkommenheiten beseitigt werden (Abb. 108).

Der Vakuum-Mantel ist aus massivem Blei hergestellt und mit Rippen a abgestreift. Das Bewässerungsrohr b ist hierbei als Kanal im oberen entsprechend ausgewulsteten Teile des Mantels gebildet.

Der Vakuum-Bleichkessel, Bauart CX (Abb. 109) der C. G. Haubold A. G., Chemnitz, besteht aus:

1 schmiedeeisernen Mantel, innen vollständig mit starkem Bleiblech ausgeschlagen und mit einem Holzfutter versehen;

1 gußeisernen, in Scharnieren beweglichen Deckel, innen mit Emaillefarbe gestrichen; in voller Größe zu öffnen durch eine Kette, die durch eine an der

Abb. 109. Vakuumbleichkessel CX der C. G. Haubold A G., Chemnitz.

Wand angebrachte Handwinde betätigt wird; während des Arbeitens mit Klappschrauben auf dem Mantel befestigt;

1 schmiedeisernen, angenieteten Boden, mit Bleiblech verkleidet;

1 hölzernen Siebboden, über dem Kesselboden angebracht:

folgenden Kesselzubehörteilen: je einem Stutzen am obersten Teil des Kesselmantels und am Boden, beide mit je einem Hartbleirohr verbunden, das je an mehrere mit Gummidichtungsring, Handgriff und Bezeichnungsschild versehene Hartbleiventile angeschlossen ist. Diese Ventile wieder sind verbunden mit Bleirohren, die in die unter dem Kessel befindlichen Chlor- und Säurebehälter reichen; je einem weiteren Ventil gleicher Ausführung zum Ablassen der Flotte aus dem Kessel und zum Anschluß des oberen Stutzens an die Wasserleitung;

einem gelochten Hartbleirohr zur gleichmäßigen Verteilung der Flotte im Kessel; einem Vakuummeter und einem Wasserstandsanzeiger;

1 Vakuumluftpumpe liegender Bauart mit zugehöriger schmiedeeiserner Rohrleitung zum Kessel und mit Antrieb durch Fest- und Losriemenscheibe oder durch eine unmittelbar mit ihr verbundene Dampfmaschine.

Sämtliche Ventile können von einem Punkte aus bedient werden; sämtliche mit Chlor und Säure in Berührung kommenden Teile (Rohre, Ventile usw.) sind aus Hartblei oder stark verbleit.

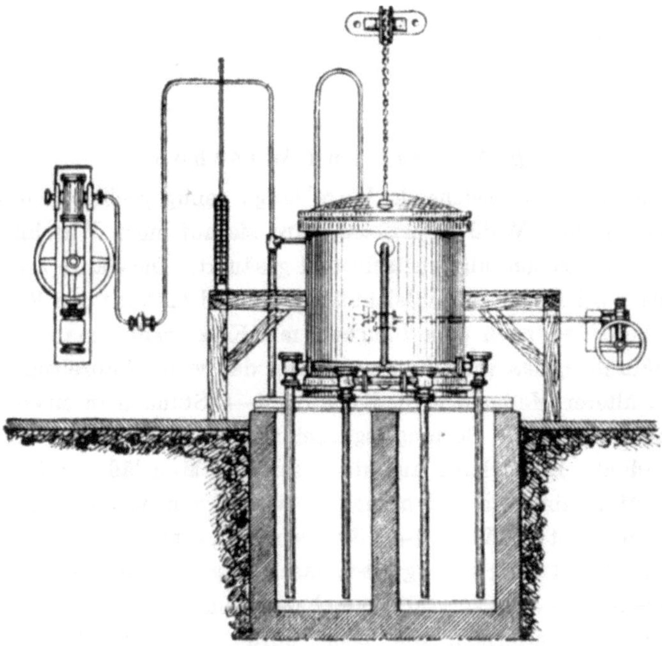

Abb. 110. Vakuumbleichkessel von U. Pornitz & Co., Chemnitz.

Die Firma U. Pornitz & Co. in Chemnitz bringt einen ähnlichen Vakuum-Apparat (Abb. 110) in den Handel.

ϑ) Säuren und Waschen.

Nachdem die zu bleichende Ware lange genug gechlort worden ist, um ein genügendes Weiß zu erzielen, wird sie auf einer Waschmaschine (S. 87) gut gewaschen, abgequetscht und gesäuert. Die Säure zersetzt die im Gewebe zurückgebliebene Bleichflüssigkeit und entfernt den Kalk.

Das Säurebad nach dem Bäuchen mit Kalk nennt man auch das braune Säurebad, das vorstehende dagegen das weiße Säurebad.

Nach älterer Methode wird die Ware 4—8 Stunden in einen Bottich mit Salzsäure von $\frac{1}{2}°$ Bé eingelegt, bei welcher Verdünnung die Säure ohne schädliche Einwirkung auf die Faser ist. Man läßt die Säure verschiedene Male abfließen und pumpt sie wieder von neuem auf. — Nach dem Säuern bleibt die Ware 1—2 Stunden in Haufen an der Luft liegen, um schließlich auf einer Strangwaschmaschine gespült zu werden. Dieses letzte Spülen muß sehr sorgfältig geschehen, um auch die letzten Spuren von Säure zu entfernen, die beim darauffolgenden Trocknen eine Schwächung der Faser verursachen würden.

ι) Antichloren.

Um die letzten Spuren von Chlor und unterchloriger Säure sicher zu entfernen, sowie auch dem Gewebe den ihm anhaftenden eigentümlichen Bleichgeruch zu nehmen, wird namentlich dickeres, schwereres Gewebe mit einer ganz verdünnten Lösung von Natriumbisulfit oder Natriumthiosulfat, dem sogenannten Antichlor, behandelt, wahrscheinlich nach der Gleichung:

$$2\,Na_2S_2O_3 + Cl_2 = Na_2S_4O_6 + 2\,NaCl$$

oder

$$Na_2S_2O_3 + 4\,Cl_2 + 5\,H_2O = Na_2SO_4 + 8\,HCl + H_2SO_4.$$

Lunge (D. R. P. 34 436) empfahl Wasserstoffsuperoxyd zur Entfernung der Überreste der Bleichflüssigkeiten.

$$OCl' + H_2O_2 \longrightarrow Cl' + H_2O + O_2.$$

κ) Strangöffnen.

Die Gewebe werden auf der Maschine (Abb. 61) gut ausgequetscht und sodann breitgezogen.

Ursprünglich wurde auch diese Arbeit von Hand aus besorgt. Die Anordnung (Abb. 111) besteht aus zwei Teilen; der untere hat den Zweck, den mehr oder weniger verdrehten Strang aufzudrehen, der obere vermittelt das Faltenlosmachen und Aufrollen. Zum Aufdrehen sind zwei Holzkästen in einer Drehscheibe verstellbar, welchen je nach der Drehrichtung des Stranges im einen oder anderen Sinne die Drehbewegung von Hand aus erteilt wird. Der aufgedrehte Strang gelangt über Falten-Ausstreicher und Einlaßvorrichtung zu der das Aufrollen bewerkstelligenden Maschine. Während sich auf diese Weise der eine Kasten entleert, wird der andere mit Strang gefüllt und danach durch Herumdrehen des Gestelles ein ununterbrochenes Arbeiten ermöglicht.

Diese etwas unvollkommene Art des Strangöffnens, soweit sie nicht durch die Gewebeart bedingt ist, wurde durch William Birch (E. P. 2610 [1870], 4243 [1873] und 84 [1877]) wesentlich verbessert.

Der Strangausbreiter mit 1 Schläger, Bauart Sr (Abb. 112, a und b) der C. G. Haubold A. G., Chemnitz, hat folgende Bestandteile:

1 gußeiserner Rahmen, in dem die anderen Teile gelagert sind;

1 Schläger mit schmiedeeiserner Welle und 2 mit Messingrohr verkleidete Schlagstangen, die in 3 Bügeln befestigt sind;

2 Breithalterwalzen aus gezogenen Messingrohren mit durchgehenden schmiedeeisernen Wellen und aufgenieteten Breithalterspiralen aus Messing;

1 Ausgleichvorrichtung, bestehend aus: einem balligen Querstück das, auf einem dreieckigen Drehzapfen ruhend, äußerst leicht hin- und herspielen kann, 2 Messinggleitwalzen und einem mit Belag versehenen Zapfen an jeder Seite, der zur Begrenzung des Hubs an ein verstellbares Böckchen anschlägt;

1 Abzugsvorrichtung, bestehend aus: 1 unteren, großen Holzzugwalze mit schmiedeeiserner, durchgehender Welle und seitlichen Gußböden sowie einer oben aufliegenden hölzernen Druckwalze;

1 Fest- und Losriemenscheibe zum Antrieb der Zugwalze;

1 Fest- und Losriemenscheibe zum Antrieb des Schlägers und der Breithalterwalzen

Abb. 111. Strangöffner mit Handbetrieb.

Dieselbe Firma baut auch den Strangausbreiter Sr mit 2 Schlägern und senkrechtem Warenlauf zum unmittelbaren Anbau am Kalander (D. R. P. 282446).

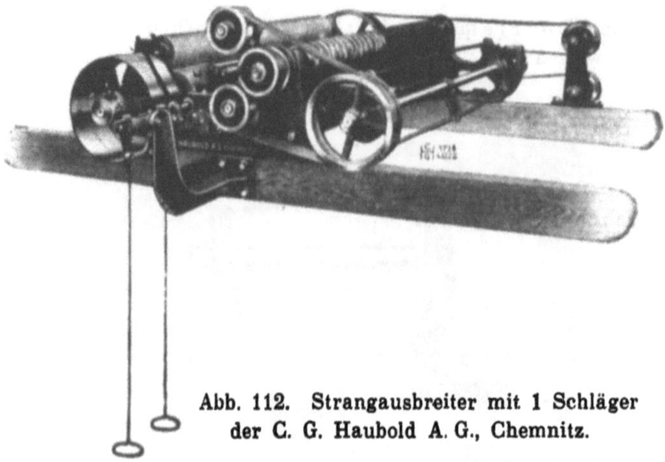

Abb. 112. Strangausbreiter mit 1 Schläger der C. G. Haubold A. G., Chemnitz.

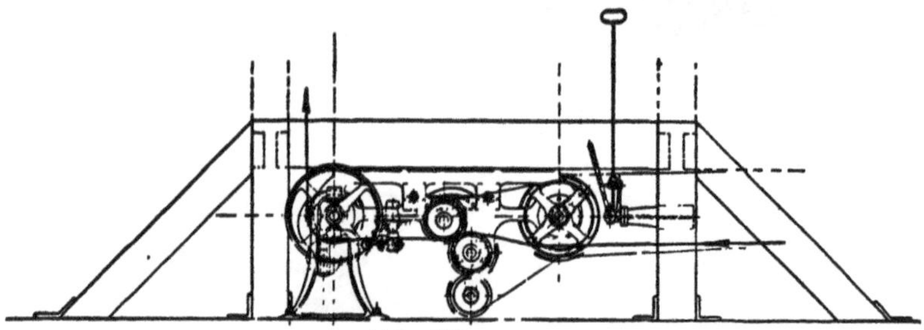

Abb. 112a.

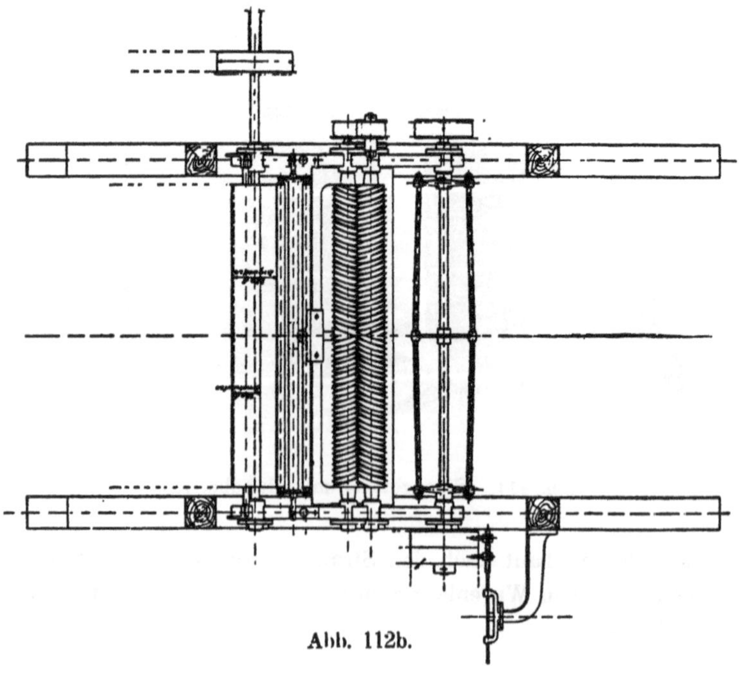

Abb. 112b.

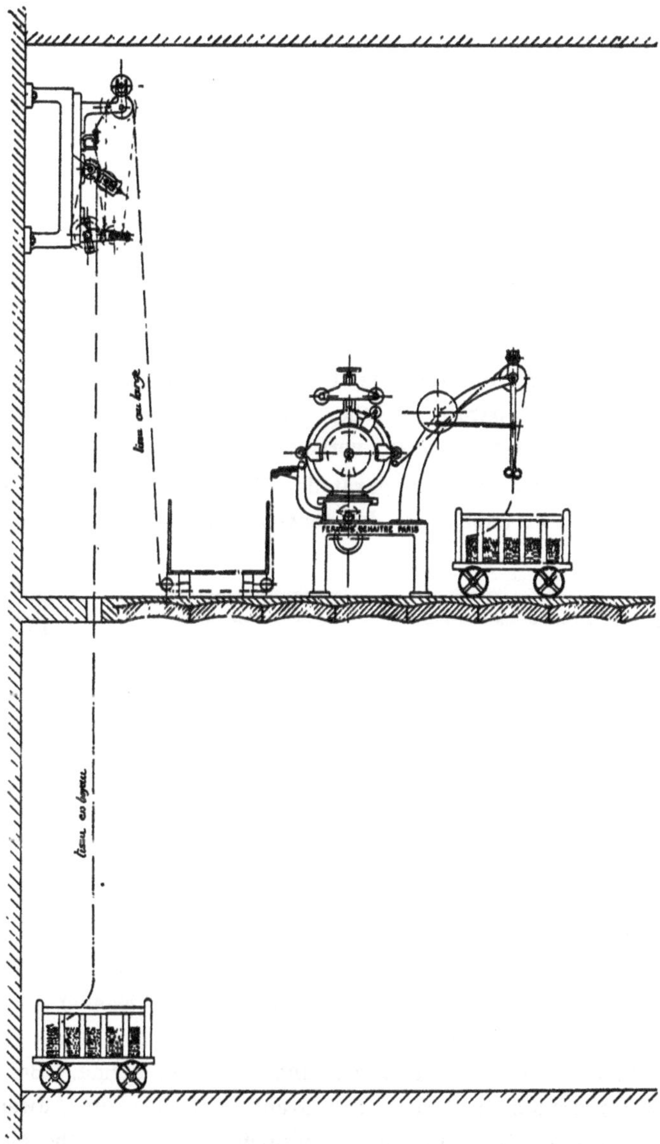

Abb. 113. Strangausbreiter und Breitstreckmaschine (Palmer).

Die Strangausbreiter werden in Verbindung mit den verschiedenartigsten Arbeitsmaschinen gebracht; so mit einer Breitstreckmaschine, der sog. Palmer-Maschine (S. 147) (Abb. 113).

λ) B r e i t s t r e c k e n.

Dem durch das Bleichen im Strang schmaler gewordene Gewebe ist die annähernd ursprüngliche Breite und der fadengerade Zustand wiederzugeben.

Handelt es sich nur um die F a d e n g e r a d h e i t, so genügen meistens einfache Apparate, welche den Arbeitsmaschinen (Trockenzylinder, Appretur-Maschine usw.) vorgelagert werden.

So nimmt bei dem Streckapparat der Firma C h a s. A. L u t h e r & Co. Pawtucket, R. J. (Abb. 114) das Gewebe seinen Weg zwischen zwei

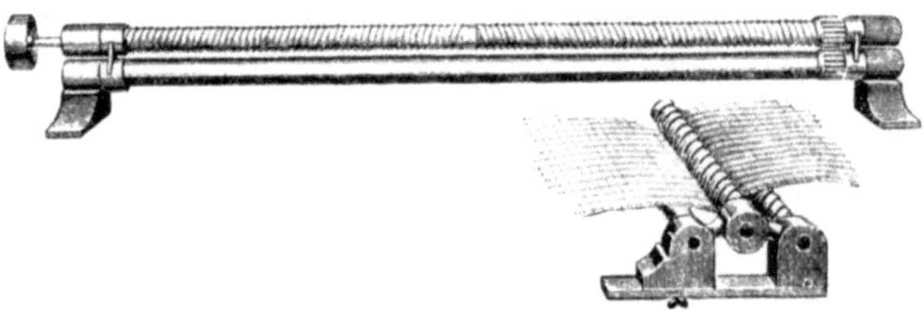

Abb. 114. Breitstrecker von Luther.

unteren und einer dazwischenliegenden oberen schraubenartig gerillten glatten Röhre.

Abb. 115 zeigt eine ähnliche Einrichtung mit winklig zueinander versetzten Rillenkörpern in Verbindung mit einem Trockenzylinder von W i l l i a m B i r c h in M a n c h e s t e r.

Abb. 116 zeigt eine neuere Anordnung derselben Firma. Bei dieser kommen auf gekrümmten Achsen frei drehbare Rollen zur Anwendung. Die Achsen sind an ihren Enden in Rahmen gelagert, welche einander genähert oder voneinander entfernt werden können, um die Krümmung den verschiedenen Gewebearten entsprechend verändern zu können.

Ähnlich ist der Ausbreiter der Firma W m. M y c o c k & C o. in Manchester.

Energischer verläuft das Breitstrecken der Gewebe, wenn die Kanten mechanisch gefaßt und in diesem Zustande das Gewebe beim Durchlauf durch die Maschine in die B r e i t e gezogen wird.

Für nasse Ware benutzt man vielfach eine rotierende Breitstreckmaschine, die nach ihrem Erfinder, Palmer in Middleton, den Namen Palmer oder Palmermaschine erhalten hat (Abb. 117; s. a. 113).

Abb. 115. Breitstrecker von Birch (ältere Form).

Abb. 116. Breitstrecker von Birch (neuere Form).

Die rotierende Breitstreckmaschine, Bauart Av, mit Gummi- oder Lederriemen (Abb. 117) der C. G. Haubold A. G., Chemnitz, hat folgende Bestandteile:

2 gußeiserne Gestellwände, die durch 4 gußeiserne Verbindungen zusammengehalten werden.

Auf den unteren Verbindungen sind:

2 starke, gußeiserne Kreuzstücke beweglich gelagert, die in Verbindung mit einer Längswelle die Spannräder, Unterstützungsräder und Führungsleitrollen tragen.

Abb. 117.
Rotierende Breitstreckmaschine der C. G. Haubold A. G., Chemnitz.

2 Spannräder, die auf ihrem äußeren Umfang mit einer Gummiauflage versehen sind. Zwischen dieser und dem um die Spannräder endlos geführten Gummi- oder Lederriemen werden die Gewebeleisten fest eingeklemmt.

Zwischen den Spannrädern befinden sich:

2 Unterstützungsräder ,die ein Durchsacken der Ware verhindern. Außerdem ist 1 Querwalze angeordnet, auf der mehrere Rollen lagern. Die Welle mit den Rollen kann in wagerechter Richtung durch Spindeln verstellt und mehr oder weniger gegen die austretende Ware gedrückt werden, die dadurch einen leichten Griff erhält.

Mehrere Führungsleitrollen für den Gummi- oder Lederriemen, von denen je 2 durch Spindeln verstellbar eingerichtet sind, zum Führen und Spannen des Riemens.

Die Schmal- und Breitstellung der Spannräder, oder die Schrägstellung zu einem mehr oder weniger großen Winkel erfolgt durch links- und rechtsgängige Spindeln, die durch ein Handrad und konische Räder betätigt werden. Die Breitenstellung geschieht durch gleichzeitige Betätigung beider Spindeln. Durch Auskuppeln des einen oder anderen konischen Räderpaares können beide Spindeln auch unabhängig voneinander bewegt werden, so daß die

Winkeleinstellung der Spannräder unabhängig voneinander erfolgen kann. Diese Anordnung bietet den Vorteil, daß die Streckung der Gewebeart und Breite genau angepaßt werden kann.

Die Spannräder sitzen auf Mitnehmern, die auf der durchgehenden Welle beweglich lagern und beide Räder in jeder Schräglage mitnehmen.

Die in Abb. 118 und 119 abgebildeten Maschinen bringen Kluppen zur Anwendung, um die Gewebekanten zu fassen und auseinanderzuziehen.

Die Ausbreit- und Egalisiermaschine (Spannrad), Bauart Dd (Abb. 118) der C. G. Haubold A. G., Chemnitz, hat folgende Bestandteile:

Abb. 118.
Ausbreit- und Egalisiermaschine Dd der C. G. Haubold A. G., Chemnitz.

2 kräftige, gußeiserne Gestellwände, die durch ein starkes, muldenförmiges Verbindungsstück aus Gußeisen zusammengehalten werden.

2 starke Rechts- und Linksgewindespindeln, die auf den Gestellwänden gelagert sind.

2 Kluppenscheiben von je 1500 mm Durchmesser. Diese werden durch ein Handrad auf den Spindeln verstellt. Der Mittelpunkt der Scheiben liegt so hoch übere dem Erdboden, daß die bedienende Arbeitskraft, die auf einer Bank davor sitzt, die Gewebe bequem einführen kann, ohne sich bücken zu müssen.

Die am Rande der Scheiben befestigten Kluppen sind vollständig aus Metall und ohne Feder. Sie arbeiten ohne Schmierung und fassen die Gewebe schnell und sicher.

Die Kluppenscheiben können in beliebigem Winkel schräg zu einander gestellt werden, so daß die eingestellte Spannbreite von 4—10 cm verbreitert werden kann. Außerdem kann zum Ausrichten verzogener Gewebe jede Scheibe für sich, unabhängig von der anderen, vorwärts gedreht werden. Das Verstellen geschieht durch Drehen eines Handrades, das durch eine Räderübersetzung auf die in Schlitten gelagerten Kugelgelenke der Scheiben wirkt.

1 dreiteiliges Stufenscheibenvorgelege mit Räderübersetzung und Fest- und Losriemenscheibe zum Antrieb der Maschine. Durch eine starke Querwelle mit Daumenrädern und Sperrkupplungen wird der Antrieb auf die Kluppenscheiben übertragen. Eine Fußtritteinrückung und selbsttätige Ausrückung vervollständigen die Antriebsvorrichtung.

1 Wareneinlaßvorrichtung mit 1 hölzernen Spannriegel, 2 bequem bedienbar angebrachten Leitwalzen, Warenauflegeblechen und federnden Pockholzbirnen zum Schließen der Kluppen.

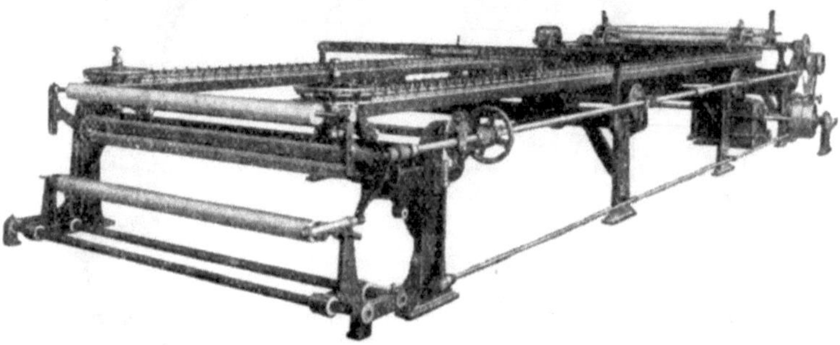

Abb. 119. Breitstreck- und Egalisiermaschine SFI der C. G. Haubold A. G., Chemnitz.

1 Kluppenöffenvorrichtung auf der Warenauslaßseite, aus kräftigen Flacheisenschienen mit Pockholzbelag bestehend. Sie halten die Kluppen bis zum Einlaß offen.

1 Meßuhr mit Zentimetereinteilung.

Die Breitstreck- und Egalisiermaschine, Bauart SfI mit wagerechter Kettenumkehrung (Abb. 119) der C. G. Haubold A. G., Chemnitz, hat folgende Bestandteile:

Eiserne Seitengestelle, die durch Querverbindungen miteinander verankert sind. Auf den Querverbindungen werden die auf Rollen laufenden Kettenführungen durch Handkurbel, Längswelle, konische Räder und Spindeln mit rechts- und linksgängigem Gewinde verstellt. Die vorderen Kettenführungen sind mit den folgenden durch Scharniere verbunden; sie lassen sich divergierend zueinander stellen, so daß das Gewebe nach und nach auf die gewünschte Breite gestreckt wird.

Die Spannketten laufen vorn und hinten um wagrecht angeordnete Räder. Um die Spannketten straffen zu können, sind die vorderen dieser Räder, die von den Spannketten mitgenommen werden, mit ihren Bolzen in Schlitzen verstellbar gelagert.

Die Spannketten sind ausgestattet mit selbsttätig einführenden Kluppen mit Rotguß-Bügel, an dem die Taster angegossen sind, und mit Messingplatte. Die Kettenglieder selbst sind aus Temperguß und durch kräftige Stahlbolzen miteinander verbunden; die Bolzen sitzen in fest eingetriebenen, gehärteten Stahlbüchsen.

1 einseitige Fadengeradeziehvorrichtung, die ein Voreilen oder Zurückhalten der Kette einer Seite ermöglichht. Diese Vorrichtung wird auf einem der hinteren Kettenräder angebracht und besteht aus einer Haube, in die 3 Kegelräder eingebaut sind, von denen das obere fest, das untere lose drehbar auf einer senkrechten Welle lagern. Das untere Rad sitzt dabei fest auf dem Kettenrad auf. Der Antrieb beider Räder unter sich erfolgt durch ein Zwischenkegelrad, das in einem Schneckenrad gelagert ist.

Dieses Schneckenrad wird mittels einer Schneckenwelle und eines Handrades betätigt, wodurch der Kegelradtrieb und damit das Kettenrad in Bewegung gebracht wird. Es ist hierdurch möglich, die Kette beliebig voreilen zu lassen oder zurückzuhalten.

Der Antrieb erfolgt auf die hinteren Kettenräder durch Fest- und Losriemenscheibe und Räderübersetzung entweder durch ein unter der Maschine angeordnetes Konusvorgelege mit zwei sechsfachen Stufenscheiben oder durch Planscheibe mit Papierwirtel, über konische Räder und Querwelle mit kleinen konischen Zahntrieben, die sich bei Verstellung der Kettenführungen auf der Querwelle von selbst verschieben.

μ) Trocknen.

Getrocknet wird selten noch in der Hänge (Bd. III, 305), schon häufiger in der Hotflue, meistens auf Spannrahmen (Bd. III, 403) und Zylindertrockenmaschinen (Bd. III, 407).

Unter Hotflue versteht man eine Lufttrockenmaschine, bei welcher die Ware über Leitwalzen oder Haspel durch einen mit warmer Luft gefüllten, geschlossenen Raum geführt wird. Diese Leitwalzen sind in einem schmiedeeisernen Rahmengestell gelagert und werden mittels Stirnräder angetrieben.

Die Heizung des Raumes geschieht durch am Fußboden laufende Heizrohre oder durch Einblasen eines Stromes heißer, trockener Luft. In einem mit Dampf geheizten Kessel aus schmiedeeisernen Röhren erwärmt sich die durch einen Ventilator eingeblasene Luft, bevor sie in die Hotflue (am besten in verschiedener Höhe zwischen die Warenschichten) eingeführt wird. Für gute Abführung der Luft mittels Abzugskanälen oder Exhaustoren muß gesorgt werden.

Schlußverrichtungen.

. Die für Druck bestimmten Waren werden durch Scheren (S. 80) und Bürsten (S. 83) gehörig gereinigt.

Die letzten Verrichtungen für die Marktbleiche, das Appretieren und Kalandern, haben den Zweck, dem Gewebe das nötige Ansehen und den richtigen Griff zu geben. Die Lücken zwischen den einzelnen Fäden des Gewebes müssen ausgefüllt oder überdeckt werden. Dies geschieht entweder durch Tränken des Stoffes mit der Appreturmasse, oder durch einseitiges Auftragen dieser Masse (Linksappretur) (Bd. III, 411).

Bei der Linksappretiermaschine wird der Stoff über eine den Appret auftragende Walze geleitet, und gleich dahinter über eine aufrecht stehende Stahlrakel, mittels welcher man, je nach ihrer Stellung, mehr oder weniger der aufgetragenen Masse abstreichen kann.

Die mit der nötigen Appretmasse versehenen Stücke gelangen nun zum Trocknen auf die Trommeltrockenmaschinen oder auf die Laufrahmen.

Zur Herstellung der Appretmassen dienen Klebstoffe, Fette und Beschwerungsmittel.

Als Klebstoffe verwendet man die verschiedenen Stärkesorten und das stärkehaltige Dextrin, ferner Carraghen-Moos, Isländisches Moos, Gummiarten, Tragant, Leim, Gelatine usw.

Um dem Gewebe Glanz und einen weicheren Griff zu verleihen, werden Fette, Öle, Wachs, Seife, Glyzerin, Paraffin usw. zugesetzt.

Als Beschwerungsmittel dienen Gips, Glaubersalz, Alaun, Pfeifenerde (Chinaclay), Wasserglas, Schwerspat u. a.

Die Appreturmasse wird entweder in einem offenen mit Rührwerk versehenen Bottich, in den eine Dampfschlange eintaucht, oder besser in einem kupfernen Kessel gekocht, der mit doppeltem Mantel versehen ist und mit Dampf erhitzt wird.

Die Stärke oder das Mehl wird zunächst mit wenig kaltem Wasser gut angeteigt, um Klumpenbildung zu vermeiden, und dann mit mehr Wasser zu einem dünnen Kleister gekocht, dem die übrigen Beschwerungs- und Färbemittel zugesetzt werden. Um die Bildung von Krusten und Klumpen zu verhindern, muß die Masse gerührt werden, bis sie ganz abgekühlt ist.

Die mit der Appretmasse getränkten und scharf getrockneten Stücke fühlen sich meistens zu hart an. Diese Härte der Appretur wird durch das Brechen auf besonderen Appretbrechmaschinen (Bd. III, 410) oder durch Anfeuchten der Ware gehoben. Auf Einsprengstühlen sprengt eine in einen Wasserbehälter eintauchende rasch umlaufende zylinderförmige Bürste das Wasser in feiner Verteilung auf die darüber hinweggeführte Ware. Damit die Feuchtigkeit gründlich und gleichmäßig durchzieht, läßt man die Ware aufgerollt einige Stunden an einem kühlen Orte liegen.

Um der Ware eine vollkommen ebene, glänzende Oberfläche zu verleihen, wird sie zwischen glatten Walzen gepreßt, kalandert (Bd. III, 409).

Der Glanz der Satins wird durch Beetle-Maschinen erzeugt, Holzhämmer klopfen das Gewebe und machen dadurch den Faden glänzend (Bd. III, 411).

Das Durchsehen der Ware, Nachmessen, Legen (Doublieren) und Verpacken bildet den Schluß.

Ausgeführte Strang-Bleicherei-Anlagen.

Die besonders im Bleichereibetriebe in Betracht kommenden Hilfsmaschinen sind hiermit vorgeführt. Aus ihrer Anordnung untereinander ergibt sich das Gesamtbild der Strangbleicherei.

Schon frühzeitig war das Bestreben dahin gerichtet, die einzelnen Arbeiten so miteinander zu verbinden, daß möglichst wenig Handarbeit benötigt wurde.

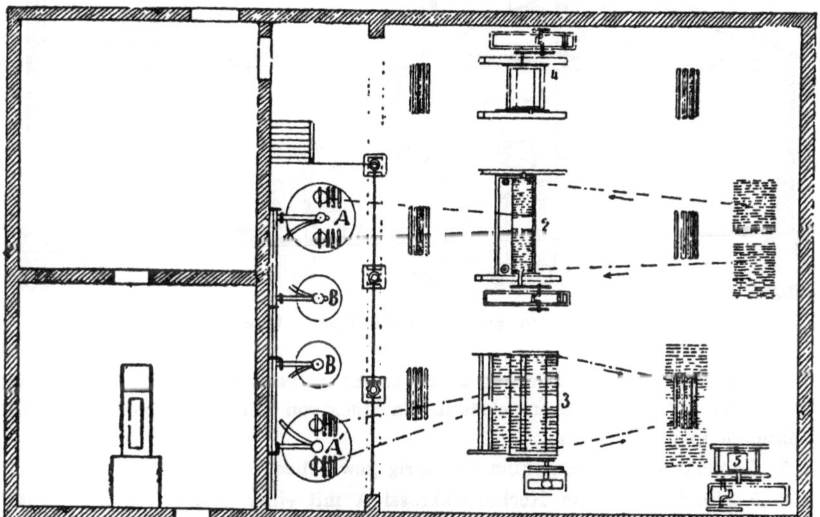

Abb. 120. Strangbleiche nach Spirk, Grundriß.

D a v i d B e n t l y (E. P. 5620) gab bereits 1828 ein anschauliches Bild einer Kontinue-Stückbleicherei, welches durch J a m e s S l a t e r (E. P. 6669) 1834 vervollständigt wurde.

Anfang der 60er Jahre des vorigen Jahrhunderts arbeitete man bereits so wie heute.

Dr. A. S p i r k z. B. macht (Dinglers Polytechnisches Journal, Bd. 190 [1868] 66) über den Arbeitsgang der in Abb. 120 und 121 veranschaulichten Bleichanlage die folgenden Angaben. Zugrunde gelegt ist eine Bleichpost von 700 Stück zu 50 m.

Die Gewebe werden:

1. zusammengenäht;
2. gesengt;
3. gewaschen auf der Waschmaschine 2 (Abb. 120);
4. im Hochdruckapparate A einem fünfstündigen Kochen in Kalkmilch unterworfen (die mit 70—80 kg Ätzkalk dargestellte Kalkmilch wird im Kessel B zum Kochen gebracht und dann auf die im Siedekessel A befindliche Ware getrieben).
5. Nach Abkühlung mit Waschmaschine 2 aus dem Kochkessel heraus gewaschen.

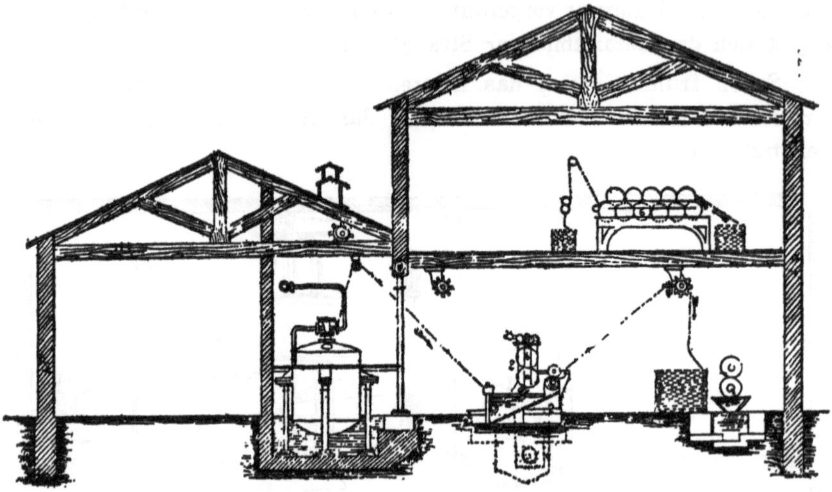

Abb. 121. Strangbleiche nach Spirk, Querschnitt.

6. Auf dem Clapeau (4) durch 2° Bé starke Salzsäure gezogen und während vier Stunden aufgehäuft liegen gelassen. Ein Stück von 50 m Länge bleibt ungefähr 20 Minuten in der Maschine.
7. Zweimal auf der Maschine 3 gehörig gewaschen.
8. 5 Stunden lang im Hochdruckkessel A mit einer Harzseifenlösung ausgekocht. (Die Harzseifenlösung wird durch mehrstündiges Kochen von 110 kg kalzinierterSoda und 70 kg Kolophonium mit der erforderlichen Wassermenge dargestellt.)
9. Im Kessel, ohne vorher gewaschen worden zu sein, mit einer Lösung von 200 kg kristallisierter Soda 4 Stunden lang ausgekocht.
10. Auf Maschine 3 gewaschen.
11. Auf Clapeau 4 durch Chlorkalklösung von 1,0025 spec. Gewicht gezogen und 5 Stunden lang aufgehäuft liegen gelassen.
12. Auf Maschine 3 gewaschen.
13. Auf Maschine 4 durch ein 2° Bé starkes Salzsäurebad genommen und hierauf wieder 5 Stunden aufgehäuft liegen gelassen.
14. Auf Maschine 3 gewaschen.
15. Mittels der Quetsch- und Wringmaschine 5 ausgepreßt, um
16. auf Trockenmaschine 6 (Abb. 121) getrocknet zu werden.

Eine Mather-Plattsche Bleicherei-Anlage der Firma de Angeli & Co. in Mailand ist von Antonio Sansone in seinem Werk: Der Zeugdruck, Berlin, 1890, Springer, nach der italienischen Zeitschrift „L'Industria" beschrieben worden.

Abb. 122 zeigt die Anlage im Grundriß mit den Apparaten, welche etwa 50—60 000 kg Baumwolle in der Woche zu bleichen imstande sind.

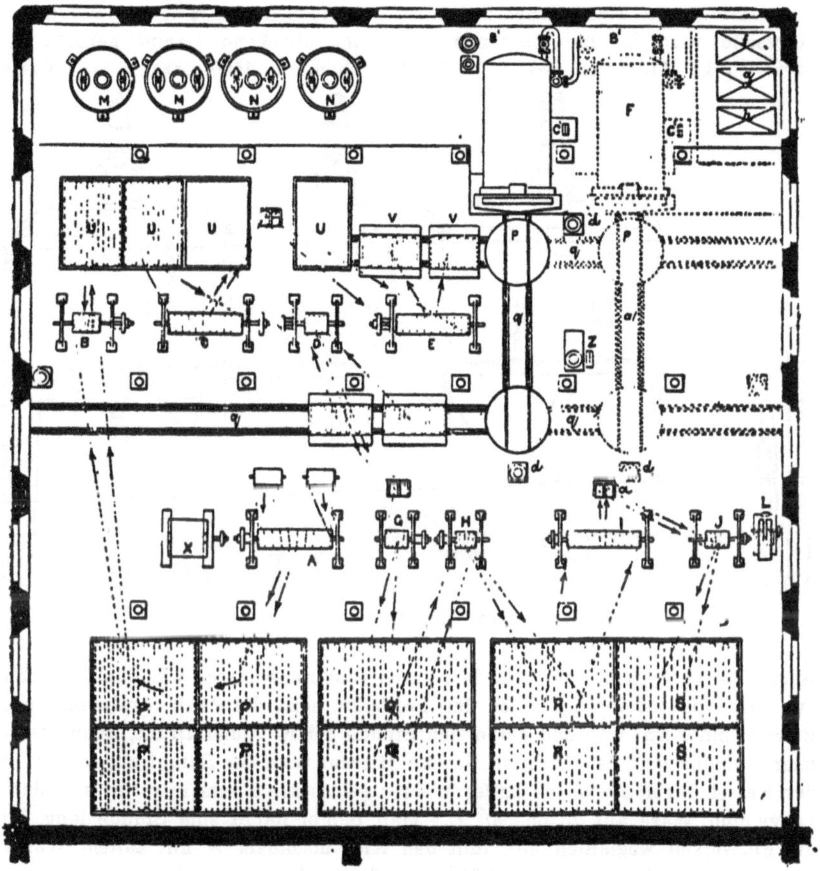

Abb. 122. Mather-Plattsche Anlage von Angeli, Grundriß.

Die Bleicharbeiten werden in folgender Reihe vorgenommen:

1. Waschen auf der Maschine A mit heißem (Kondens-) Wasser
2. Lagern der Stücke in Zisterne P.
3. Säuren mit Schwefelsäure von 2½° Bé auf Maschine B.
4. Lagern der gesäuerten Stücke in den Zisternen U.
5. Waschen auf Maschine C mit heißem Wasser.
6. Tränken mit Natronlauge von 1½° Bé in Maschine E. (Die Natronlauge wird für eine Partie von 3500 bis 4000 kg Gewebe, wie sie zwei der Wagen für eine Kessel-

füllung fassen, folgendermaßen zubereitet: In einem eisernen Behälter (1,7 × 0,8 × 1 m) mit 1300 Liter Inhalt werden 62 kg festes Ätznatron aufgelöst. (Die erkaltete Lösung zeigt 6 bis 7° Bé.) Von dem eisernen Behälter führt eine Rohrleitung zur Natronmaschine; der Zufluß der Lauge wird so geregelt, daß sie für die ganze Partie ausreicht.)

7. Laden der Ware in die Waggons V zum Einführen in den Matherschen Kessel mittels der Plattformen P und der Geleise 9.

8. Erstes Kochen im Dampfkocher F während sechs Stunden mit Kolophoniumseife und Natronlauge bei einem Dampfdruck von ⅔ Atmosphären. Die Harzseife wird in den Zisternen f g h mit direktem Dampf gekocht aus: 32½—40 kg Ätznatron, 20—24½ kg Kolophonium, 1500—2000 Liter Wasser.

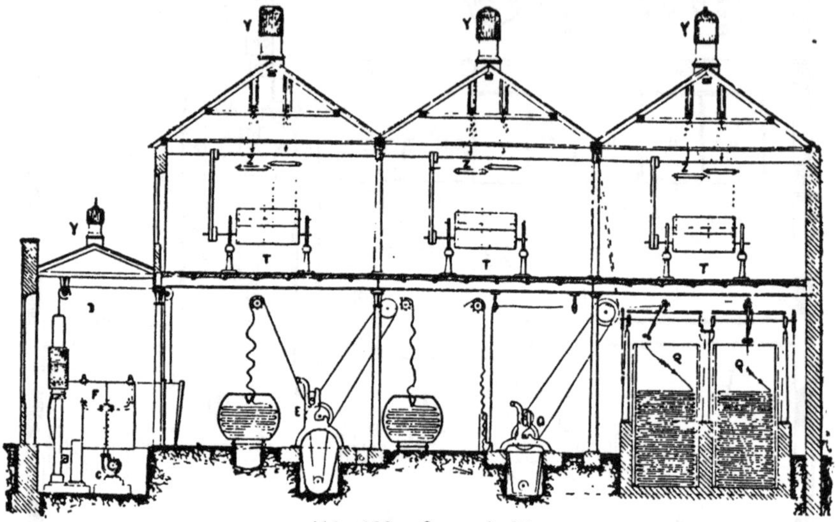

Abb. 123. Querschnitt.

Nach T h e i s schließt man, nachdem durch Einströmenlassen von Dampf die Luft aus dem Apparat vertrieben ist, den Lufthahn, setzt die Zentrifugalpumpe c′ in Betrieb und kocht während der ersten Stunde bei 10 Pfund Druck, dann weitere neun Stunden lang bei 15 Pfund Druck. Hierauf wird der Dampf abgelassen und der Kessel ungefähr ⅔ voll kaltes Wasser gelassen. Dieses erwärmt sich durch Lauge und Ware auf 75 bis 90° C. Man pumpt damit eine Stunde lang, läßt die Flüssigkeit weglaufen und füllt den Kier nochmals ⅔ mit kaltem Wasser, welches sich auch jetzt noch auf 60° C erwärmt. Eine dritte Aufgabe von kaltem Wasser beschließt die Kesselwäsche.

Nach S a n s o n e folgt auf das Kochen mit Natronlauge

9. zweites Kochen mit kalzinierter Soda während zwei Stunden, bei einem Druck von ½ Atmosphäre.

Für 2500 kg Ware werden genommen: 30 kg kalzinierte Soda, 1400 Liter Wasser.

10. Waschen der im Kessel befindlichen Ware mit heißem Wasser während ¾ Stunden.

11. Waschen mit kaltem Wasser; die Waggons werden aus dem Kessel genommen.

12. Ausquetschen der Ware auf dem Squeezer D.
13. Chloren mit einer ¼° Bé starken Chlorkalklösung in G.
14. Einlagern während drei Stunden in Zisterne Q.
15. Durchnehmen durch 2½° Bé starke Schwefelsäure in H.
16. Einlagern der gesäuerten Ware während zwei bis drei Stunden in der Zisterne R.
17. Waschen in Maschine I.
18. Ausquetschen in J oder L.
19. Einlagern der gebleichten Stücke in den Zisternen S.
20. Ausbreiten und Trocknen der Ware auf der Zylindertrockenmaschine T (Abb. 123 und 124).

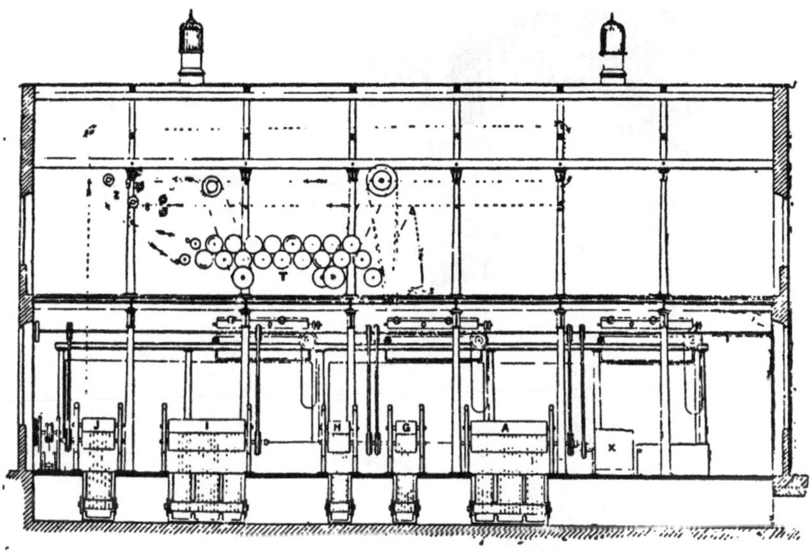

Abb. 124. Längsschnitt

An chemischen Hilfsmitteln waren für eine wöchentliche Bleiche von 63 000 kg Ware erforderlich:

1950 kg	Ätznatron,
900 kg	Chlorkalk,
320 kg	Kolophonium,
690 kg	Salzsäure,
2900 kg	Schwefelsäure.

An Arbeitern:

Rohwarenlager und Senge	10	Personen,
Bleiche	22	„
Trockenmaschine	6	„
Bleichmeister	1	Person,
Lagermeister	1	„

*) M und N sind gewöhnliche Kocher mit Injektor, welche im alten Verfahren dienten und jetzt zur Bereitung von heißem Wasser benutzt werden.

Abb. 125. Waggoneinrichtung nach Mather-Platt.

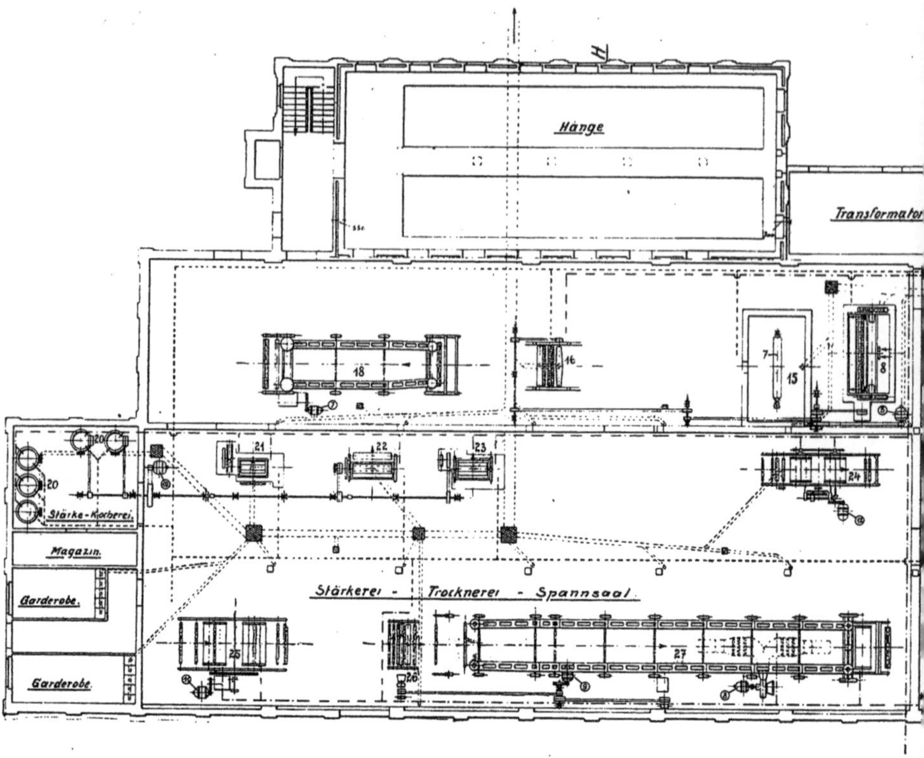

Abb. 126. Bleicherei-Anlage für 1800

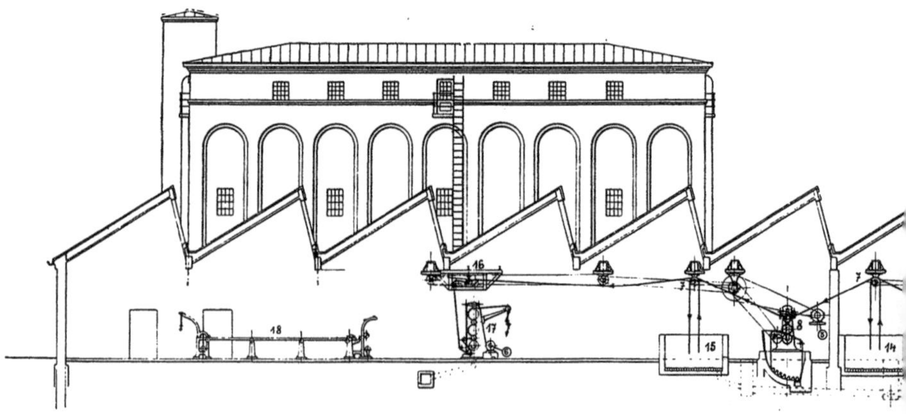

Ab

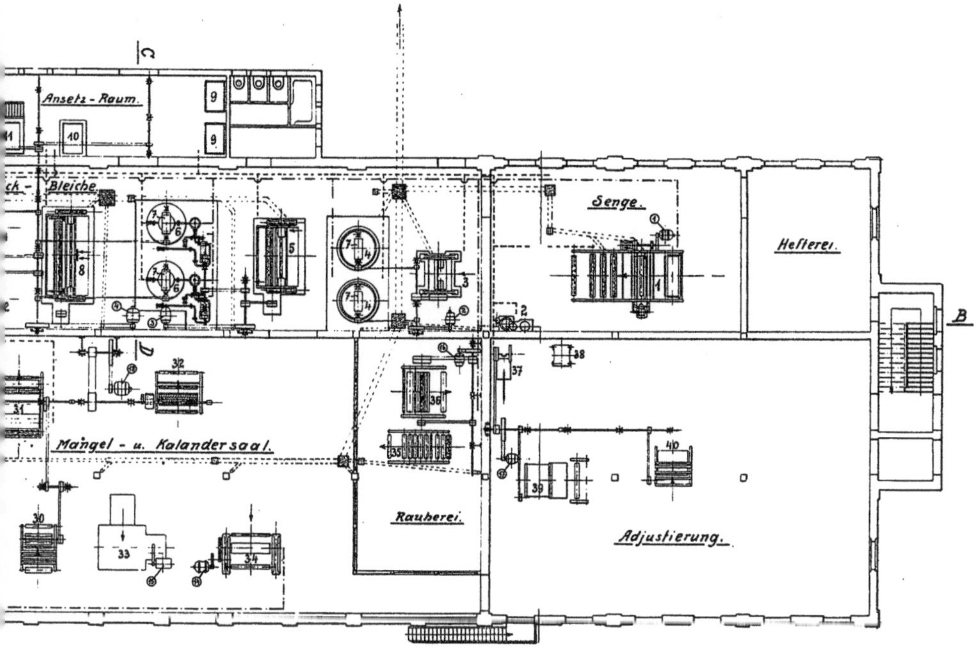

are der C. G. Haubold A. G., Chemnitz, Grundriß.

chnitt.

Nr.	Benennung
1.	Gassenge.
2.	Benzolgas-Anlage
3.	Imprägnier-Maschine.
4.	Einweich-Bottich.
5.	Strang-Wasch-Maschine, 3 m breit.
6.	Hochdruck-Kochkessel m. Laugenüberhitzer.
7.	Deckenhaspeln.
8.	Strang-Wasch-Maschine, 4 m breit.
9.	Laugen-Ansatzgefäße.
10.	Säure-Ansatzgefäß.
11.	Chlorkalk-Auflöser.
12.	Chlor-Maschine.
13.	Säure-Maschine.
14.	Ablage für gechlorte bezw. gesäuerte Ware
15.	Ablage für reingewaschene Ware
16.	Strangöffner.
17	Wasserkalander.
18	Breitstreck-u. Egalisier-Maschine.
19	Faltmaschine.
20.	Stärkekocher.
21.	Friktions-Stärkemaschine, vorh.
22.	Spezial-Stärkemaschine.
23.	Rakel-Stärkemaschine.
24.	Cylinder-Trockenmaschine, vorh.
25	Cylinder-Trockenmaschine.
26.	Stärkemaschine
27.	Horizentaler Spannrahmen u. Trockenmaschine.
28.	Spezial-Mangel.
29.	Doppelter Mangel-Bäumstuhl.
30.	Schnellhaspel.
31.	Einspreng-Maschine.
32.	Appret-Brechmaschine.
33.	Roll-Kalander, vorh.
34.	Universal-Kalander.
35.	Bürstmaschine, vorh.
36.	Rauhmaschine, vorh.
37.	Preßpumpe.
38.	Hydraulische Presse.
39.	Combinierte Dublir-Meß-u. Legemaschine.
40.	Meß-u. Legemaschine.
	(1) bis (48) Elektro-Motoren.
—·—·—	Dampfleitung.
- - - - - - -	Wasserleitung.
⁚⁚⁚⁚⁚⁚⁚⁚	Kanalisation.

Abb. 125 zeigt das Innere einer Bleicherei mit der Mather-Plattschen Waggon-Einrichtung (vgl. Abb. 11 und 12).

Der Hauboldsche Plan einer Bleicherei für eine tägliche Leistung von 18 000 Metern Stückware ist in Abb. 126—127 wiedergegeben.

Die geeignetste Bauart für die eigentliche Bleicherei ist der Hochbau, welcher, wie z. B. aus den Abb. 120, 123, 124 ersichtlich, dann so ausgebildet ist, daß über dem eigentlichen Bleichraume die Trocken- und Appretur-Maschinen aufgestellt werden.

Der Shedbau ist aus zweierlei Gründen nicht zu empfehlen: Einmal ist die Beleuchtung von oben (namentlich in einem heißen Klima) zu grell — durch Milchglas gedämpftes Licht ist für das Bleichhaus besser als direktes — dann auch bildet die große Abkühlungsfläche des Daches, namentlich in einem kalten Klima, zu viel Gelegenheit zur Tropfenbildung und macht deshalb häufigen Anstrich, namentlich der eisernen Teile, nötig.

Die sich an das Bleichhaus angliedernden Gebäulichkeiten können in beliebiger Art aufgeführt werden, nur sollen nicht direkte Sonnenstrahlen die Ware treffen.

Wo behördliche Vorschriften Arbeitsstätten über dem Raume, in welchem die Hochdruckkessel untergebracht sind, verbieten, wähle man hierfür einen Anbau.

Der Boden eines Bleichhauses ist am besten aus Asphalt. Er soll ein genügend großes Gefälle nach einer oder zwei Seiten haben, welche zu einem Abflußkanal führen und es ermöglichen, durch Abspritzen in kurzer Zeit den ganzen Bleichraum zu säubern.

Die Strangbleiche

nach Thies-Herzig-Mathesius-Freiberger.

Dieses vor 30 Jahren eingeführte Verfahren bewältigt große Bleichposten in einem Arbeitsgang. Hauptmerkmale sind 1. die besondere Anlage des Bäuchkessels zum Zwecke weitgehender Entlüftung nach D. R. P. 79 102 und 85 119 (A. Wolf, T. **1921**, 62), 2. die Anwendung stärkerer Bäuchlauge in kürzerer Flotte (F. H. Thies, L. Färb.-Ztg. **1914**, 197).

1. Die Bäuchkesselanlage System Thies-Herzig-Mathesius (Abb. 128) hat zwei Hilfskessel neben dem eigentlichen Bäuchkessel. Sie dienen abwechselnd zur Entlüftung des Bäuchkessels (nach D. R. P. 79 102) und zur Aufnahme der Lauge. Durch die Deckelöffnung des Bäuchkessels läßt sich ein Laugenverteilungsballon („Spritzballon") auf die zwischen zwei Rosten befindliche Ware auflegen. Der zylindrische Untersatz, in dem die das Bäuchgut durchsickernde Lauge sich sammelt, um der Kapselpumpe zuzufließen, die es durch den Vorwärmer mit dem Kondensator im Kreislauf wieder nach oben fördert, stellt den Druckunterschied zwischen den leeren Räumen oberhalb und unterhalb der eingeschichteten Ware her.

2. Auch in chemischer Beziehung weist das Verfahren nach Thies-Herzig-Mathesius Vorteile auf. Die Kalkbäuche war zwar umständlich, lieferte aber gleichmäßig weiße und schöne Ware, während die einfachere Natronbäuche ungleichmäßig wirkte, da die Lauge beim Eindringen in das Bäuchgut allmählich neutralisiert wurde. Sie mußte meist zweimal angewendet werden, machte ein stärkeres Chloren erforderlich und gab daher flaumige und schnell vergilbende Ware.

Diese Mängel beseitigten Thies-Herzig-Mathesius, indem sie die Hauptbleiche im Kochkessel durch möglichste Entfernung der Schmutzbestandteile vornahmen und dem Chlor nur die Aufgabe ließen, zu schönen und die Bleichung zu vollenden. Diesen Zweck erreicht man, indem man die Natronlauge bis auf 4—5° Bé verstärkt.

Die so wichtige Entlüftung des Bäuchkessels wird in folgender sinnreicher Weise bewirkt:

Aus einem der Hilfskessel wird die ihn ganz erfüllende Lauge von der vorhergehenden Kochung bei 60° von unten in den Bäuchkessel eingepumpt, die dort vorhandene Luft vor sich her schiebend und austreibend. Der Hilfskessel wird dabei verschlossen gehalten, mithin luftleer. Ist der Bäuchkessel bis oben hin mit Lauge gefüllt und nach Verschluß unter einen Druck von 3 Atm. geraten, so wird durch Hahnumstellung die Lauge

Abb. 128. Hochleistungskochbleiche der Zittauer Maschinenfabrik.

in den luftleeren Raum des Hilfskessels hinein fein verstäubt, wobei ihr die letzten Anteile Luft entzogen werden. Von hier gelangt die sich unten ansammelnde Lauge zum Röhrenerhitzer, wo sie während des Kreislaufs langsam angeheizt wird. Wenn der Dampfdruck auf etwa 1½ Atm. gestiegen ist, kann die im Hilfskessel angesammelte Luft abgeblasen werden, so daß das System ganz gasfrei geworden ist. Inzwischen ist auch der Rest Alkali in der alten Lauge bis auf etwa 5% verbraucht worden und die Lauge kann selbst durch ihren Eigendruck abgeblasen werden, bis der Dampfdruck auf ¾ Atm. gesunken ist. Luft kann also noch keine eintreten. Nun wird verschlossen und frische, 4grädige, im zweiten Hilfskessel zum Sieden erhitzte Lauge von oben her auf die Ware gepumpt. Ihre Menge entspricht nur dem vierten Teil des Bäuchkesselinhalts; sie nimmt daher die Form eines leicht beweglichen, kleinblasigen Schaumes an, der alle Teile der eingeschichteten Ware in schnellem Kreislauf durchdringt. Durch den Röhrenerhitzer wird der Dampfdruck bis auf 2½ Atm. gebracht und 4½ Stunden dabei gehalten. Nach beendigter Kochung wird der Bäuchkessel zunächst mit siedendem Kondenswasser, das im Kondensator gesammelt und nach einem der Hilfskessel befördert wurde, vollständig gefüllt. Der Inhalt wird als gebrauchte Lauge einem der Hilfskessel zugeführt; dabei muß er den Röhrenkessel durchstreichen, wo er durch gleichzeitig im Gegenstrom hindurchströmendes kaltes Wasser auf 65° abgekühlt wird, während das erhitzte Wasser in den Bäuchkessel geleitet wird. Die Ablauge hat nur eine bernsteingelbe Farbe im Gegensatz zu den früher immer braunen Kochlaugen. Sie kann daher zum Zweck ihrer Ausnutzung zur nächsten Kochung vorteilhaft gleich wieder verwendet werden.

Das Auswaschen, Chloren und Säuern geschieht nach dem System Thies-Mathesius fortlaufend auf hintereinander geschalteten Maschinen. Die kurze Einwirkungsdauer wird durch das Erwärmen der Bäder ermöglicht (s. a. S. 2). Freiberger gibt das Chlor einmal alkalisch, 1 g im l 37° warm, dann mehrmals schwach sauer, 7 g H_2SO_4 und 0,03 g Cl im l 37° warm, wodurch er die letzten Pektinreste entfernt, die ein Nachgilben des gebleichten Stoffes zur Folge haben würden (Z. angew. Ch. **1916**, 397 und Färb. Ztg. **1919**, 77).

Dem schnellen Warengang von 3⅔ m in der Sekunde ist die sog. Bemberg-Rutsche noch am besten gewachsen. Hier bewegt sich die Ware über einen Haspel in einen Holzschacht über eine anschließende Rollenbahn, was 15—20 Minuten dauert (H. Korte, Z. f. d. ges. Textilind. **1927**, 496).

Die abgequetschte Ware wird zum Schluß auf dem Strangöffner (S. 142) wieder ausgebreitet und entweder abgefacht oder gleich weiter behandelt; im letzteren Fall wird das im Stoff noch enthaltene Wasser durch einen mit 2—5 Walzen versehenen Kalander abgepreßt und auf der Zylindertrockenmaschine oder dem Spannrahmen (S. 152) getrocknet.

M. Freiberger empfiehlt die Bäuchlauge durch heiße Behandlung mit Kalk und nachfolgendes Bleichen mit abgemessenem Chlorkalk nach D. R. P. 283 232 wieder brauchbar zu machen (T. **1921**, 345).

Es wurde z. B. mit 3% NaOH in 3¾facher Flotte gebäucht. Die Ablauge enthielt noch 2½% NaOH. Sie wurde mit 2% Ätzkalk aufgekocht, absitzen gelassen, abgezogen und mit 0,65% Chlorkalk entfärbt.

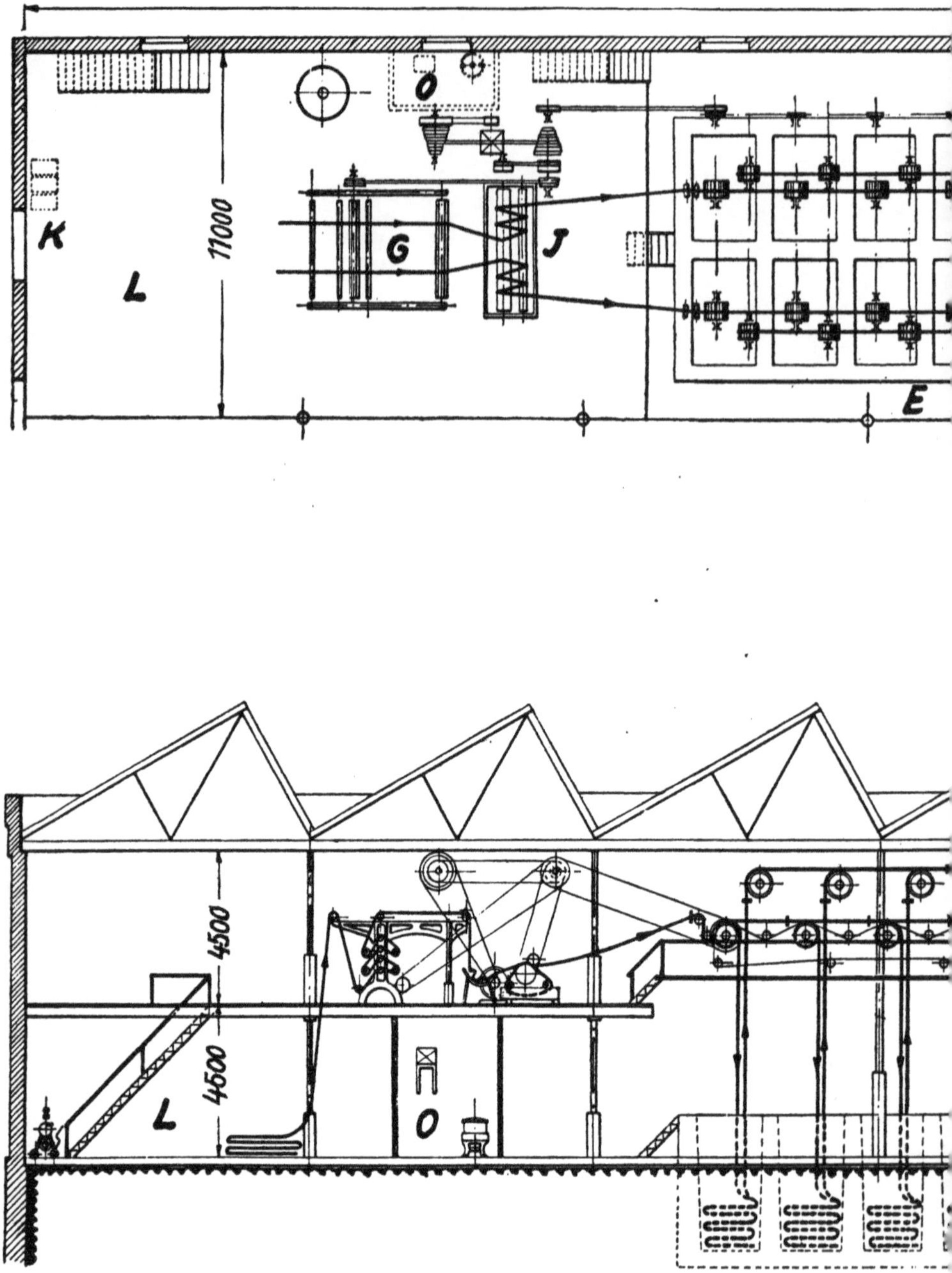

A = Ablegeplatz
B = Bäuchkessel
C = Chlorauflösetrommel
Cm = Chlormaschine
Cs = Chlor- und Spülbottiche

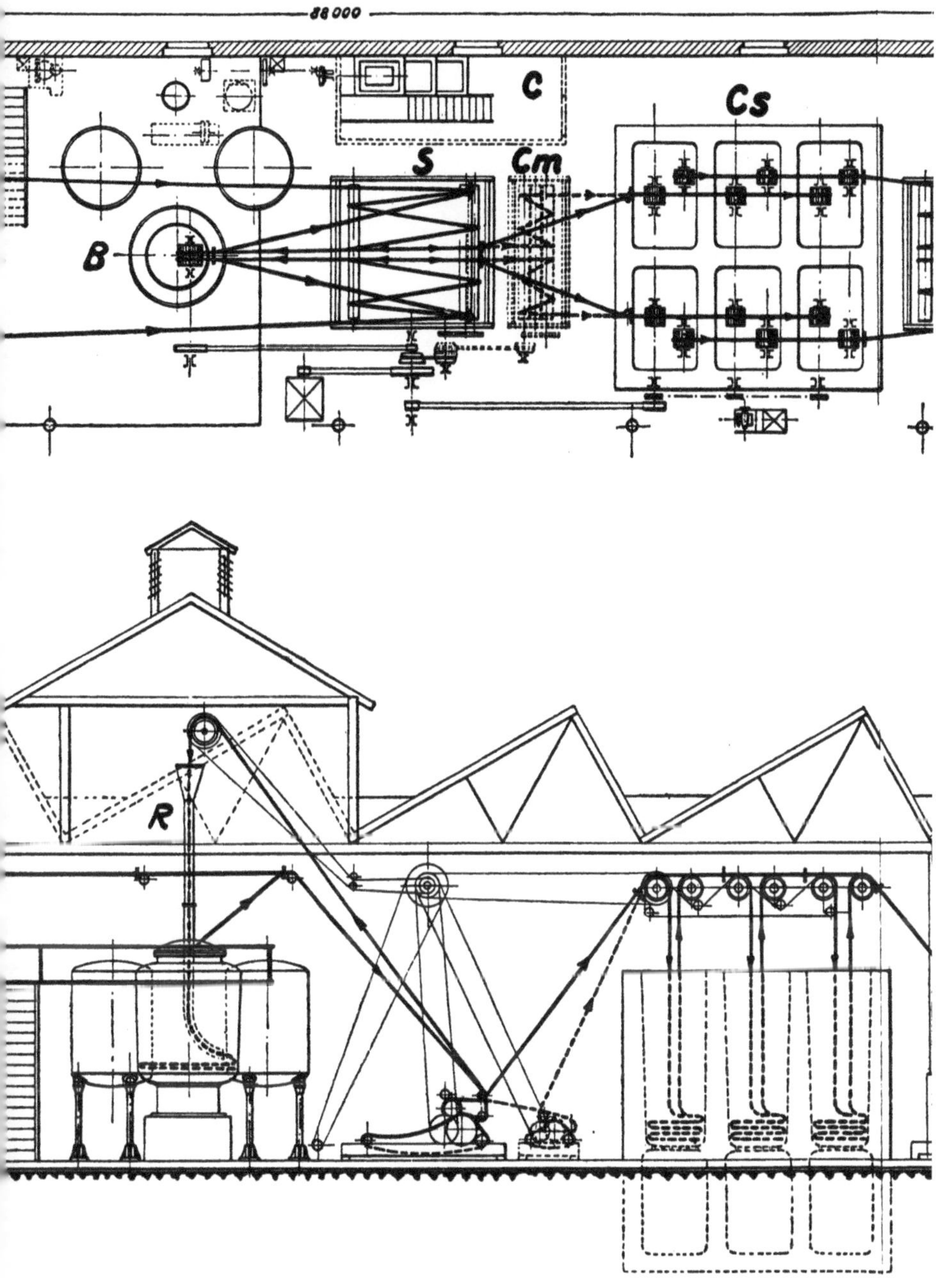

129. Hochleistungskochbleiche, Tagesleistung 6000—8000 kg, Zittauer Maschinenfabrik.

Einweichbottiche	O = Ölgasanlage
Gassenge	Q = Strangausquetschmaschine
Imprägniermaschine	R = Rüssel
Kuppelmaschine	S = Strangwaschmaschine
Lager für Rohware	Sä = Säuremaschine

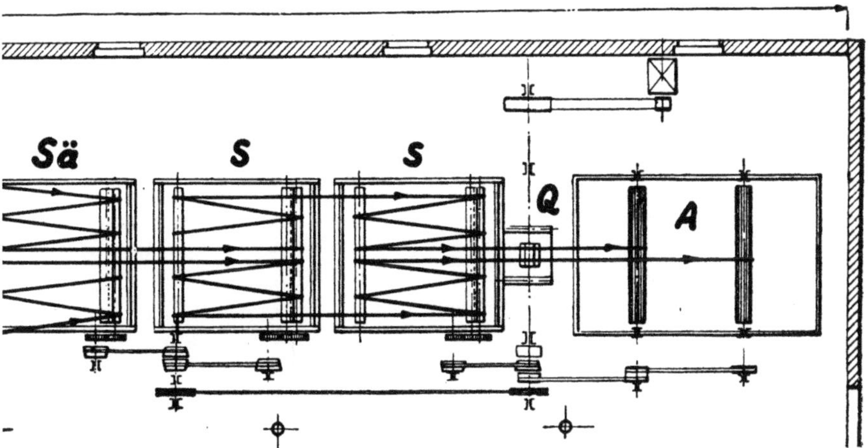

2040

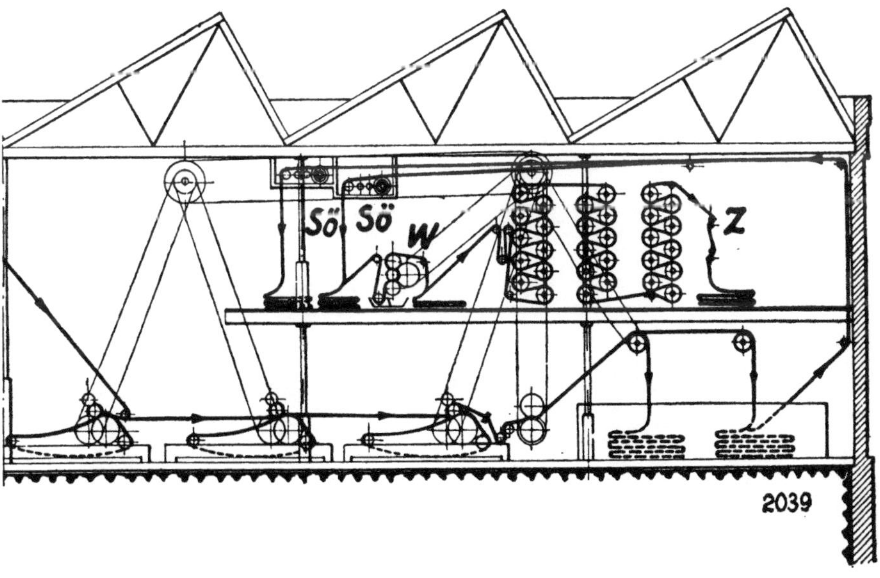

2039

Sö = Strangöffner
W = Wasserkalander
Z = Zylindertrockenmaschinen

Den Überschuß an Chlor nahm 0,1 % Natriumbisulfit weg. Die Lauge war nunmehr hellgelb und bestand im wesentlichen aus Natronlauge.

Dies ist von um so größerer Bedeutung, als bereits S. R. Trotman (Journ. Soc. Chem. Ind. **1910**, *249*) auf die Bedeutung reiner Laugen für das Bäuchen hingewiesen hatte. Salzhaltige Laugen hemmen die Verseifung der natürlichen Fette und Wachse, wie sich aus dem geringeren Abkochungsverlust und dem schlechteren Weiß ergibt.

Der Verbrauch an chemischen Hilfsstoffen und Kohle für 100 kg Stoff betrug nach Freiberger in kg:

	vor 1914	nach 1918	
Solvaysoda	4,6	4	(Wiederbrauchbarmachung
Kalk	2,6	5	der Lauge, T. **1921**, 345)
Schwefelsäure	2,6	4,7	
Chlorkalk	0,52	0,52	
Kohle	17,5 = 140 kg Dampf	18,3 = 110 kg Dampf	

Für die alten Bäuchverfahren gibt Freiberger einen Verbrauch von 250 kg Dampf an.

H. Korte (Z. ges. Textilind. **1927**, 497) veröffentlicht folgende Zahlen:

	Thiesbleiche	Gewöhnliche Kochbleiche
Ätznatron	4,5 —5,3	5 —8
Schwefelsäure	3,5 —4,1	3,7—4,2
Wirksames Chlor	0,19—0,25	0,2—0,6

Abb. 129 zeigt einen Bleichplan der Zittauer Maschinenfabrik.

Die Mohrbleiche.

Im geraden Gegensatz zu der vorstehenden „Thiesbleiche“ steht die Mohrbleiche nach D. R. P. 311 546, 388 925, 410 106 und 421 906. Nach den Angaben des Erfinders Robert Mohr in Eibergen in Holland (T. 1925, 909) sind die Hauptmerkmale:

Abb. 130. Mohrbleiche UD.

1. Die Hochdruckkochung fällt weg; darauf gründet sich die Bezeichnung „Kaltbleiche“, die aber besser dem S. 51 beschriebenen Verfahren vorbehalten bleibt.

2. Fast während des ganzen Bleichvorgangs ruht die Ware.

3. Die die Ware durchströmenden Flotten (Chlor-, Säure-, Superoxyd- und Waschflotte) werden unter hydraulischem Druck von 2—3 Atm. gehalten.

4. Dazu gehört eine besonders eingerichtete Anlage (nach D. R. P. 311 546), wie sie von der Zittauer Maschinenfabrik geliefert wird (Abb. 130).

Mohr unterscheidet bei seinem Verfahren 3 Abschnitte:

A. Die Ware wird in ununterbrochenem Lauf gesengt, gereinigt und zum Entschlichten abgelegt. Das Entschlichten geschieht mit Altlauge aus dem Bleichkessel; die von der Senge kommende Ware wird auf einer Intensiv-Imprägniermaschine (Abb. 131) in breitem Zustande damit ge-

Abb. 131.
Intensiv-Imprägniermaschine KJ der Zittauer Maschinenfabrik.

tränkt, in dem höher stehenden Kasten gedämpft und in wärmeisolierte Einweichbottiche abgelegt.

B. Die Ware durchläuft mehrere Strangwaschmaschinen, wird mittels Rüssel auf den Siebboden des stark verbleiten schmiedeeisernen Bleichkessels gleichmäßig geschichtet und gechlort. Dazu dient eine säurebeständige Pumpe, eine Hartbleirohrleitung, ein Flottenverteiler im Kessel, ferner ein Expansionsgefäß für die Regelung der Druckunterschiede und ein verbleites schmiedeeisernes Misch- bzw. Filtergefäß (Abb. 132). Nach dem Chloren wird im Kessel gewaschen, gesäuert und mit einer 60—80° warmen Peroxyd- („Sauerstoff-") flotte wieder unter Druck behandelt. Erforderlichen Falles wird noch geseift.

C. Die Ware wird ausgefahren und auf 3—4 Waschmaschinen fertig gespült.

Die tägliche Erzeugung von 6000 kg Doppelstrang erfordert 26—28 Stunden Arbeit von Jugendlichen und 35—37 von Erwachsenen, nämlich in Abschnitt A 3—4 Arbeiter mit 4—5 Stunden, in Abschnitt B und C 5 Arbeiter mit 7—9 Stunden.

Der Verbrauch an guter Kohle beträgt im Abschnitt A 200—300, im Auschnitt B 400—600 kg.

H. Korte (Z. ges. Textilind. **1927**, 498 fand folgenden Verbrauch an chemischen Hilfsstoffen für 6000 kg Gewebe in kg:

Chlorkalk (30%ig)	200	Wasserglas	250
Seife	30	Natriumthiosulfat	15
Schwefelsäure	100	Kohle für Dampf (6fach)	500
Natriumsuperoxyd	54	Anthrazit für das Heizen der Senge	300
		Wasser	400 cbm

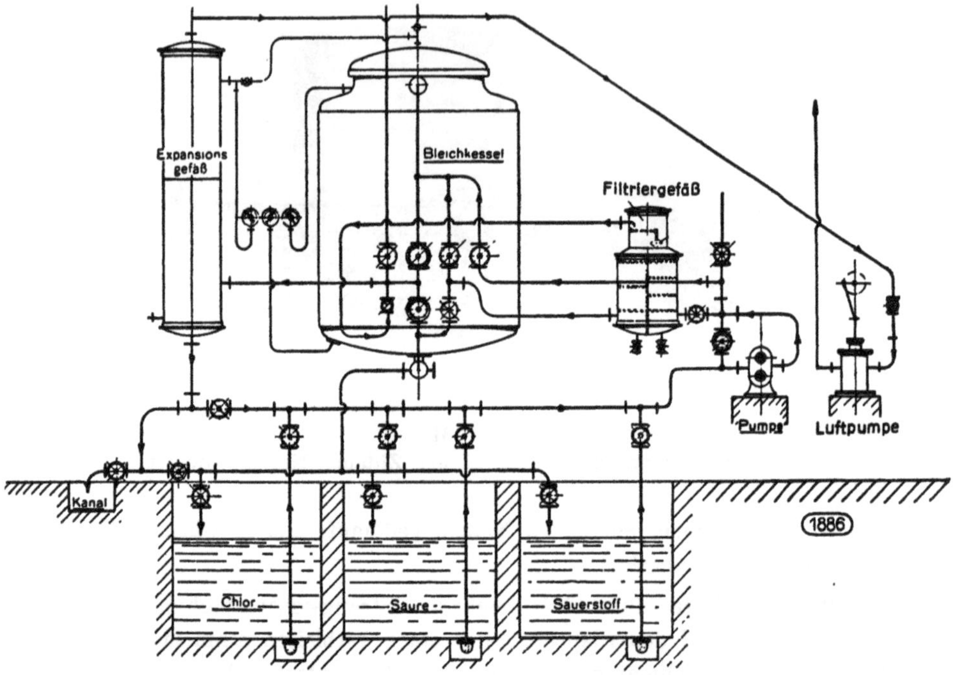

Abb. 132. Entwurf einer Mohr-Bleiche UD.

1925 befanden sich 10 Anlagen von 2000—3000 kg Tageserzeugung im Betrieb.

Abb. 133 zeigt einen Bleichplan der Zittauer Maschinenfabrik.

Freiberger (T. 1926, 148) bestreitet die Überlegenheit der „Kaltbleiche" gegenüber der Kochbleiche.

Oberingenieur A. Grünert berichtet (L. M. f. T. **1926**, 481 und T. **1927**, 50) über günstige Erfahrungen aus der Praxis.

Prof. Ing. Leo Kollmann von der textilchemischen Abteilung der Bundeslehr- und Versuchsanstalt für chemische Industrie in Wien hat rohes Baumwollgewebe (Molino mit wenig Schalen) teils der Mohrbleiche, teils der Kochbleiche — letzteres ein- und zweimal — unterworfen, indem

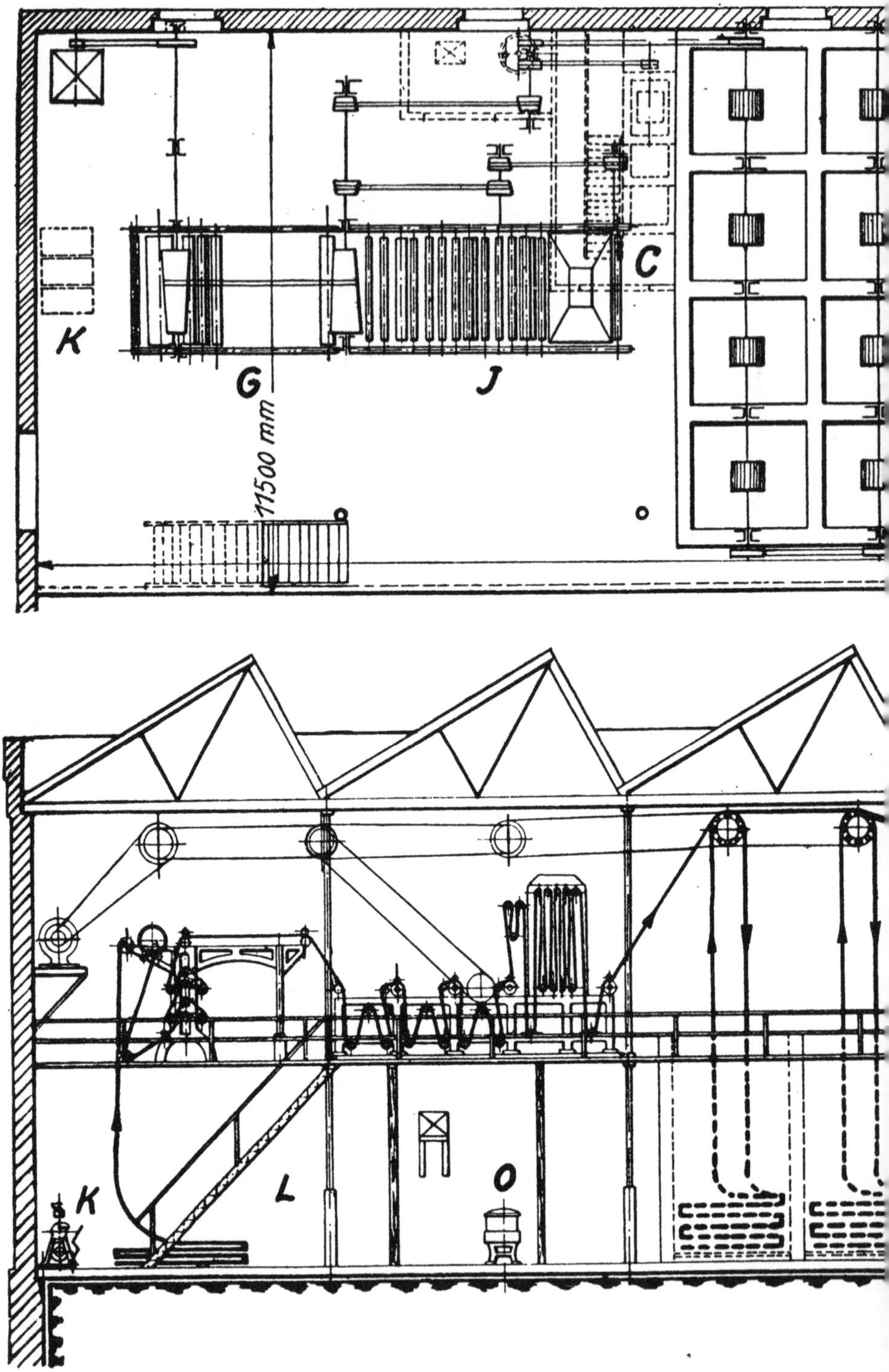

A = Ablegeplätze
B = Bleichkessel
C = Chlorauflösetrommel

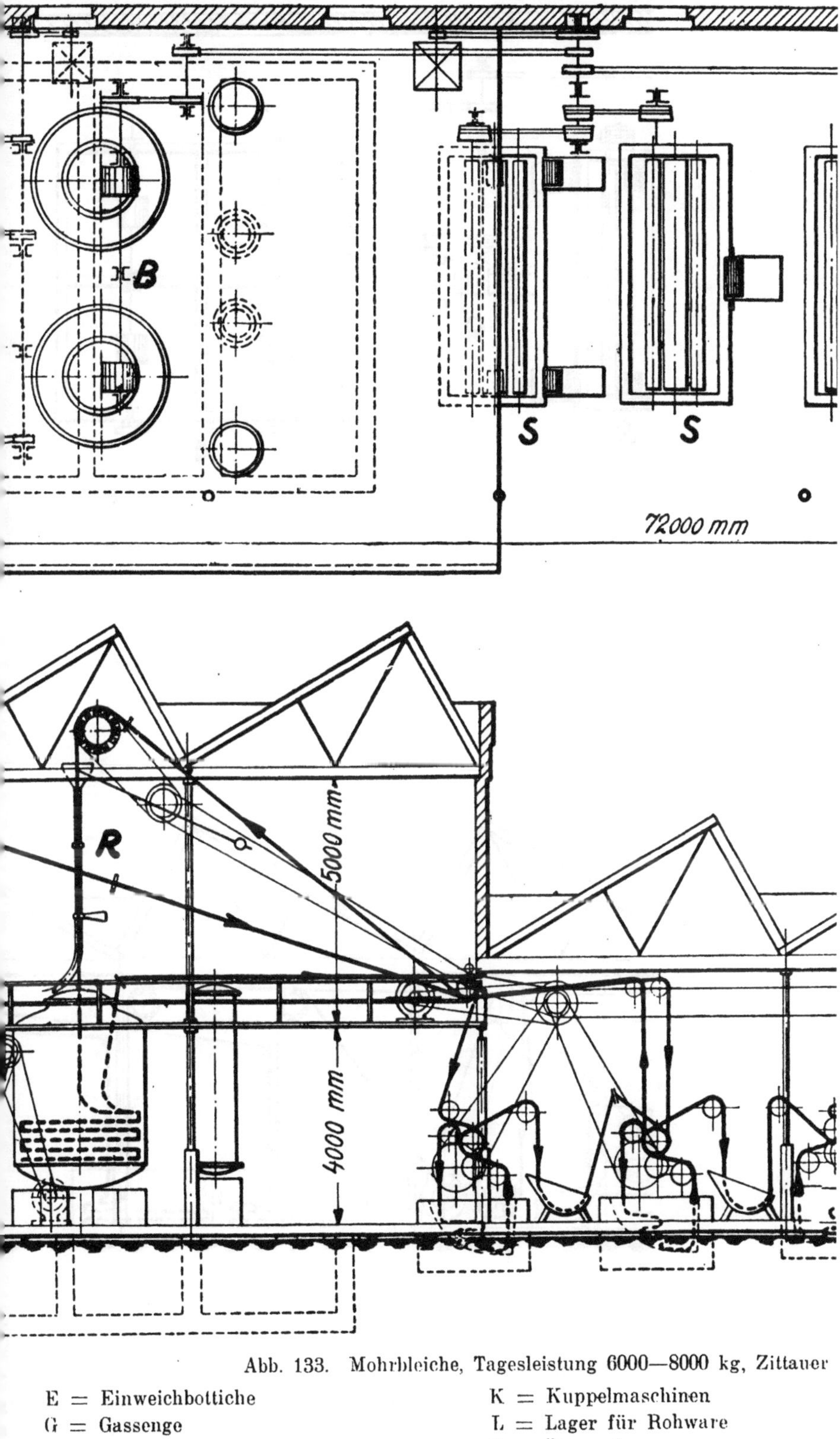

Abb. 133. Mohrbleiche, Tagesleistung 6000—8000 kg, Zittauer

E = Einweichbottiche
G = Gassenge
J = Imprägniermaschine
K = Kuppelmaschinen
L = Lager für Rohware
O = Ölgasanlage

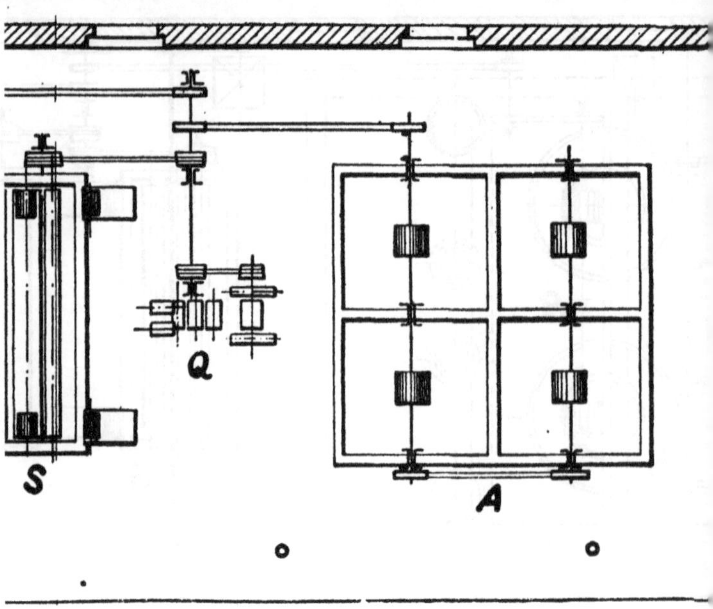

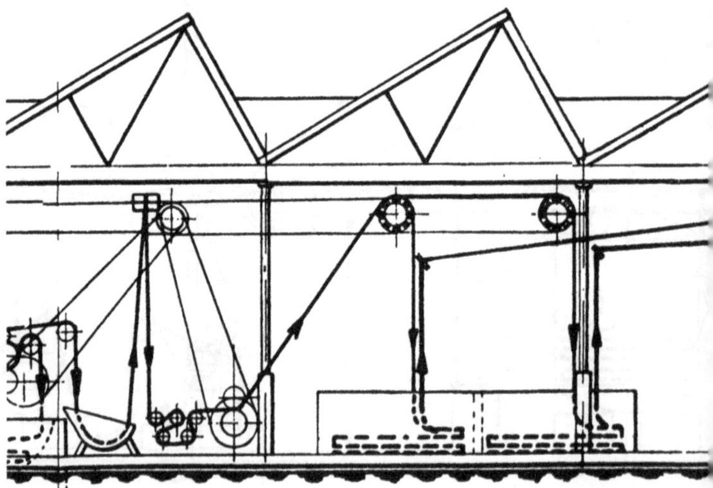

Maschinenfabrik.

Q = Strangausquetschmaschine
R = Rüssel
S = Strangwaschmaschine

Sö = Stran
W = Wass
Z = Zylin

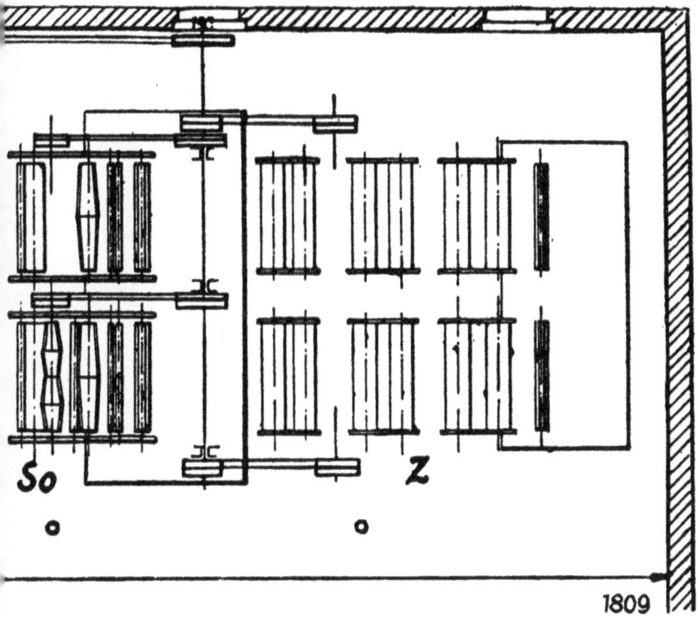

1809

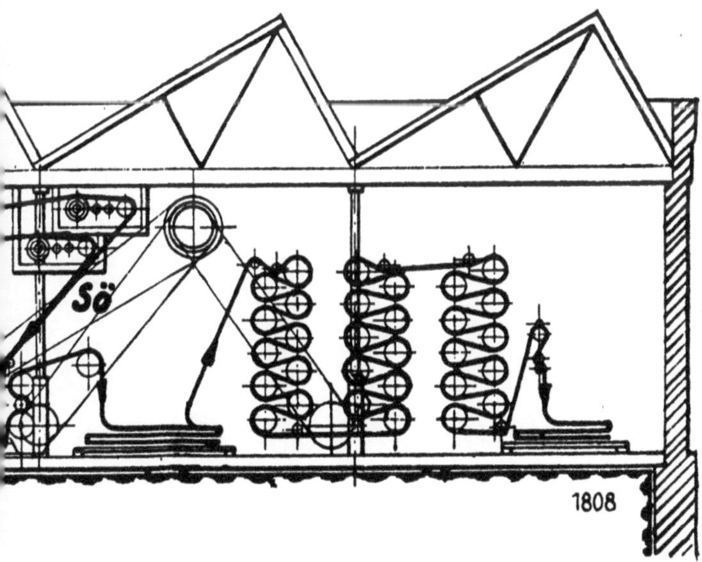

1808

nen

je 4 m in die Mitte der betreffenden Bleichpost eingenäht wurden, und die erkaltenen Bleichproben vergleichend untersucht. Die zweimalige Kochbleiche geschah in der Weise, daß nach der ersten Bäuche noch ein zweites Mal gebäucht und erst dann gechlort wurde (T. **1927**, 270).

Die Untersuchungsergebnisse sind in der folgenden Übersicht zusammengestellt:

	Roh-ware	Mohr-bleiche	Kochbleiche einmal	Kochbleiche zweimal
1. Länge des Warenabschnitts in m . .	4	4,16	4,19	4,23
2. Breite des Warenabschnitts in mm . .	880	830	830	825
3. Oberflächenabnahme in %		2,4	1,7	1,4
4. Gewicht in g	565	521	513	505
5. Reißfestigkeit der Kette nach	48	52,6	49,9	50,4 kg
6. Reißfestigkeit dem Schuß nach . . .	42	38,8	40,9	41,5 kg
7. Reißfestigkeit im Mittel	45	45,7	45,4	45,9 kg
8. Reißfestigkeit für 100 Faden Kette .	36,2	37,2	35,2	34,3 kg
9. Reißfestigkeit für 100 Faden Schuß .	29,1	30,2	30,4	36,7 kg
10. Reißfestigkeit für 100 Faden im Mittel	32,6	33,7	32,8	32,5 kg
11. Permanganatzahl	1886	542	481	417
12. Ätherlösliche Rückstände in % . . .	0,62	0,30	0,26	0,16
13. Asche in %		0,15	0,10	0,06
14. Schlichterückstände		Spuren	reichlich	Spuren
15. Bleichmittelrückstände		deutlich	deutlich	deutlich
16. Vergilben beim Dämpfen		gering	stark	weniger stark
17. Vergilben bei alkalischer Behandlung .		gering	stark	weniger stark
18. Methylenblaufärbung		tiefer	weniger tief	
19. Steighöhe des Wassers nach 1 Minute		35	40	48 mm
20. Steighöhe des Wassers nach 10 Minuten		70	78	100 mm
21. Steighöhe des Wassers nach 30 Minuten		98	115	128 mm

Zu den einzelnen Bestimmungen ist folgendes zu bemerken:

4. Der Gewichtsverlust der Kochbleiche ist eben infolge des Kochens größer als bei der Mohrschen Kaltbleiche.

5—10. Sämtliche Werte liegen so nahe beieinander, daß von einer Faserschädigung infolge von Oxycellulosebildung in keinem Falle gesprochen werden kann. Die Werte sind das Mittel aus 10 Reißversuchen mit 20 cm langen und 5 cm breiten Streifen.

11. Die Permanganatzahl nach Kollmann (Zentralblatt der österr.-ung. Papierindustrie Wien **1910**, 709) — nicht zu verwechseln mit der Kaufmannschen Bd. II. S. 32 — wird erhalten, indem 1—2 g des Prüflings mit 50 ccm Wasser, 50 ccm verdünnter Schwefelsäure und 25 ccm n/10 Kaliumpermanganat ½ Stunde kalt behandelt werden. Der Ver-

brauch an Permanganat, gemessen durch Titration eines Teils der Lösung mit Oxalsäure, wird in Milligramm $KMnO_4$ auf 100 g Ware ausgedrückt und ist ein Maß des Reduktionsvermögens, mithin auch der Oxycellulose.

Der höhere Wert der Permanganatzahl bei der Mohrbleiche im Vergleich zur Kochbleiche dürfte auf den Mehrgehalt an belanglosen Begleitstoffen, von der Rohbaumwolle herrührend, nicht etwa auf gebildete Oxycellulose zurückzuführen sein (vgl. 5—10 und 18).

12. Die ätherlöslichen Rückstände rühren hauptsächlich von dem natürlichen Fett und Wachs der Baumwolle her, das durch die Mohrbleiche weniger entzogen wird als durch die Kochbleiche.

13. Der höhere Aschengehalt der Mohrbleiche erklärt sich aus der Unmöglichkeit, das der Baumwolle hartnäckig anhaftende Alkali ohne Absäuern auszuwaschen. Wo auf niedrigen Aschengehalt ausnahmsweise Wert gelegt wird, müsste zum Schluß abgesäuert werden; doch ist gerade die Entbehrlichkeit des abschließenden Absäuerns als ein Vorzug der Mohrbleiche anzusehen.

14. Dagegen ist die Entschlichtung bei der Mohrbleiche gründlicher als bei der Kochbleiche, die bei nur einmaliger Kochung durch Jodkaliumjodid noch reichlich Stärke erkennen läßt.

15. Die Bleichmittelrückstände wurden durch Einlegen der Proben in mit Schwefelsäure angesäuerte Kaliumjodidstärkelösung nachgewiesen. Daß frisch gebleichte Ware noch Bleichrückstände von Hypochlorit oder Superoxyd enthält, ist eine allgemeine Erscheinung, die auch der vorliegende Fall bestätigt. Bekanntlich verschwinden aber diese Rückstände schon nach kurzem Lagern und sind daher belanglos.

16. Gedämpft wurde 2 Stunden bei 2 Atmosphären. Daß hierbei die Mohrbleiche am wenigsten vergilbte, spricht für ihre Freiheit von Oxycellulose und anderen vergilbenden Rückständen.

17. Die alkalische Behandlung bestand im Tränken mit 1%iger Natronlauge, Abquetschen zwischen Druckwalzen und 1-stündigem Erhitzen auf 100°. Die Prüfung gab das gleiche Ergebnis wie bei 16.

19. Die Methylenblaufärbung nach Kollmann — nicht zu verwechseln mit der Methylenblauzahl Bd. II S. 31 — wurde erhalten durch heißes Ausfärben in schwach essigsaurer 0,1%iger Methylenblau BG-Lösung und Spülen. Diese Ausfärbung besagt nichts mit Bezug auf die vorhandene gesamte Oxycellulose, sondern mißt nur die Menge der mit Methylenblau anfärbbaren Oxycelluloseart. Bekanntlich versagt die Methylenblauzahl (wie übrigens auch die Permanganatzahl und die Kupferzahl, S. 33) bei den heißen Sauerstoffbleichen, weil die „Methylenblauform“ der Oxycellulose entweder nicht entsteht oder durch das heiße Alkali entfernt wurde. Es könnte aber von der Prüfung auf Oxycellulose

mit Rücksicht auf die vorhergehenden beruhigenden Feststellungen überhaupt abgesehen werden.

19. Das Netzvermögen wurde ermittelt durch vorsichtiges Auflegen eines Abschnittes von 10 cm² auf Wasser und Beobachtung der zum Untersinken erforderlichen Zeit; ferner durch Einhängen 5 cm breiter Streifen in Wasser und Beobachtung der Höhen, bis zu denen das Wasser nach gewissen Zeiten in dem trockenen Streifen aufgestiegen war. Bei der zuletzt angegebenen Zeit veränderte sich die Steighöhe nicht mehr. Beide Methoden sind heute überholt (Bd. II. S. 9), gestatten aber die Feststellung, daß die Mohrbleichware sich schlechter netzt als die Kochbleichware. Das war nach den Feststellungen unter 12 zu erwarten. Diese etwas geringere Netzbarkeit kan sich bei weiterer Veredlung als kleiner Nachteil erweisen, der aber durch Zusatz von Netzmitteln leicht verbessert werden kann, in anderen Fällen kann die geringere Netzbarkeit auch als Vorteil bewertet werden, z. B. werden bei Druckware die Muster schärfer stehen usw.

Das Ergebnis der Kollmannschen Versuche läßt sich dahin zusammenfassen, daß die Mohrbleiche ebenso brauchbare Ware liefern kann wie die Kochbleiche.

Nach Angaben aus der Praxis arbeitet die Mohr-Bleiche 15—20% sparsamer als die Kochbleiche, vor allem infolge des geringeren Dampfverbrauchs. S. a. H. Korte, Z. f. d. ges. Textilind. 1927, 498.

2. Die Breitbleiche.

Die Breitbleiche hat sich nach zwei Richtungen entwickelt: 1. Man bäucht auf Jigger und Kontinumaschine und verzichtet auf ein längeres Verweilen im Bäuchgefäß sowie auf erhöhten Dampfdruck. 2. Man bäucht unter gleichen Temperatur- und ähnlichen, wenn auch abgekürzten, Zeitverhältnissen wie in der Strangbleiche.

Die Apparate der ersteren Art genügen den Zwecken der sogenannten Halb- oder Vorbleiche; mit den Einrichtungen der anderen Art wird eine Vollbleiche wie bei der üblichen Strangbleiche erreicht.

I. Breitbäuchapparate mit geringem Dampfdruck.

1. Das Breit-Bäuchverfahren nach Grether & Bentz.

Dieses Verfahren bezweckt eine ununterbrochene Kochung mit Lauge von 3° Bé unter gleichzeitiger Einwirkung von leicht gespanntem Dampf. Der von Edmeston & Sons in Manchester gebaute Apparat E. P. 5590 (1889) (Abb. 134) besteht aus einem großen rechtwinkligen Kasten und ist nahe an beiden Enden mit inneren Zwischenwänden versehen, die nicht ganz bis auf den Boden reichen. Diese Wände tauchen in die im Kasten befindliche Flüssigkeit ein und dienen als Wasserverschlüsse beim Ein- und Austritt der Ware. Die Stücke gehen erst durch den vorderen schmalen Laugenraum und treten unter der ersten Zwischenwand in die Hauptkammer ein; in dieser laufen sie zunächst über eine Reihe von Leitrollen in kochender Lauge auf und ab, hierauf in wagerechter Richtung durch den oberen Teil des Apparates und durch den hinteren Zwischenraum wieder aus.

Im unteren Teil der Hauptkammer befindet sich kochende Natronlauge, im oberen leicht gespannter Dampf. Der Druck im Innern hängt von dem Höhenunterschied der Flüssigkeiten auf den beiden Seiten der Zwischenwände ab. Die Stücke gehen mit einer Geschwindigkeit von 25—30 m in der Minute durch den Apparat.

Obwohl bei dieser Vorrichtung Lauge und Dampf ganz ungehindert auf das Gewebe einwirken können, so kann bei dem geringen Überdruck und der kurzen Einwirkungsdauer eine so gründliche Reinigung der

Faser, wie durch stundenlanges Kochen im Hochdruckkessel, nicht stattfinden.

Das Verfahren ist immerhin sinnreich und hat für eine Reihe späterer Erfindungen als Grundlage gedient.

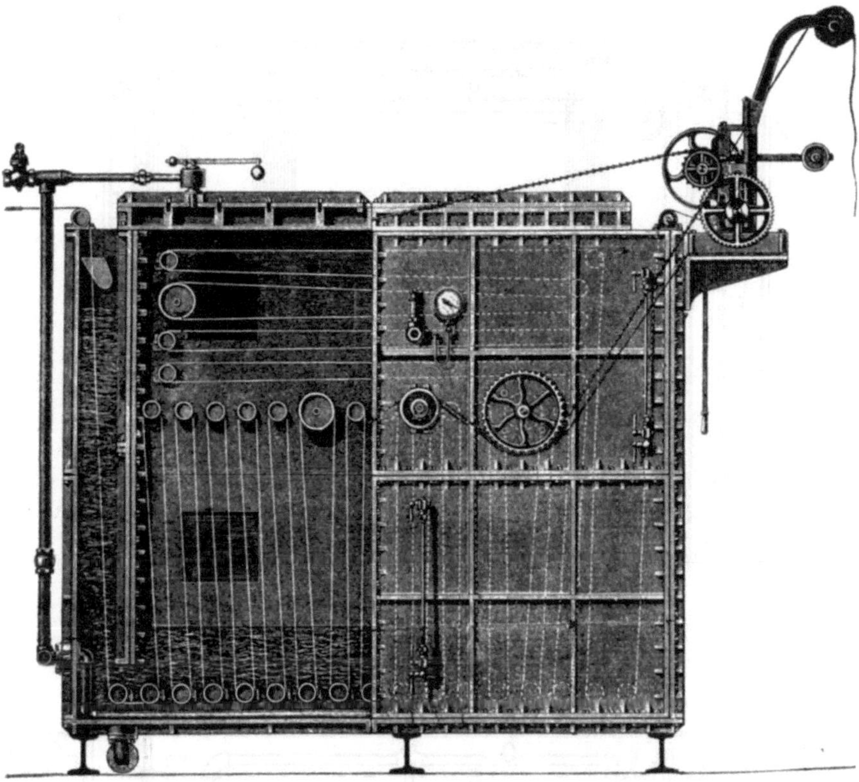

Abb. 134. Bäuchapparat von Edmeston, Manchester.

2. Der Breit-Bäuchapparat von E. Welter in Mühlhausen (Abb. 135).

Dieser Apparat (D. R. P. 120 447) besteht aus drei miteinander in Verbindung stehenden Kammern; die mittlere, die Dämpfkammer h ragt mit ihren beiden Stirnwänden in die beiden Endkammern hinein. In der ersten Kammer d durchzieht die Gewebebahn die Bäuchlauge in ab- und aufsteigender Richtung, wird dann durch die mittlere Dämpfkammer in Hängebahnen hindurchgeführt, und durchstreift wieder in der dritten Kammer e die Waschflüssigkeit in ab- und aufsteigender Richtung. Hierbei bilden die Flüssigkeiten in der ersten und letzten Kammer die hydraulischen Abschlüsse für die unter Dampfdruck stehende Mittelkammer.

In dem Behälter a sind durch dessen Außenwände und die Innenwände b und c zwei Kammern d und e gebildet, die durch die eintauchenden Stirnwände der mittleren Dampfkammer h je in zwei Abteilungen geteilt sind; die Kammer d ist mit Lauge, die andere e mit Waschflüssigkeit genügend angefüllt. Die in

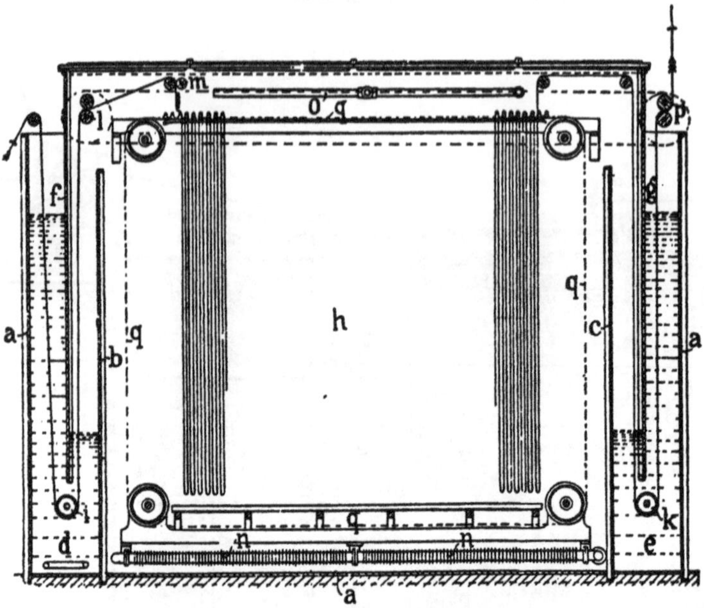

Abb. 135. Continue-Breitbäuch-Apparat
von E. Welter, Mühlhausen (Längsschnitt).

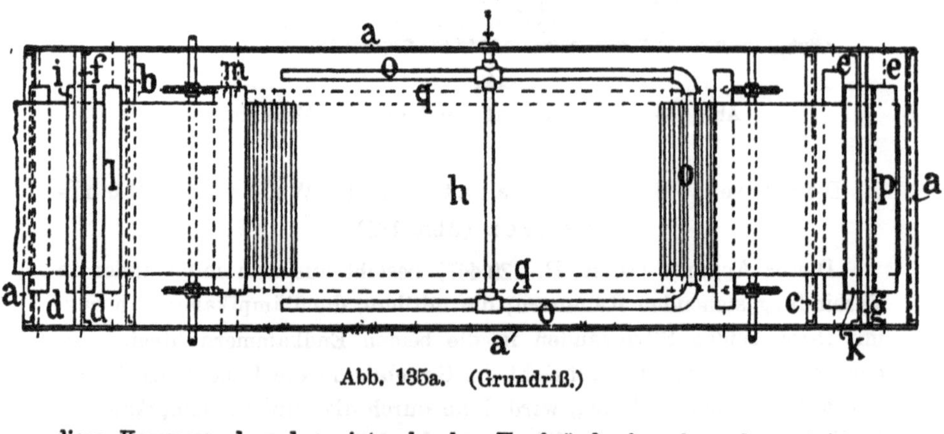

Abb. 135a. (Grundriß.)

diese Kammern d und e eintauchenden Kopfwände f und g der mittleren Kammer h reichen nicht ganz bis zum Boden der beiden Kammern d und e, sondern endigen in entsprechender Höhe jedoch tief unter dem Flüssigkeitsstand, in letzteren. Unterhalb der Kopfwände f und g sind Leitwalzen i und k zur Führung des zu behandelnden Gewebes angeordnet. Letzteres wird, wie aus-

Abb. 134 ersichtlich, zunächst in der Kammer d durch die in derselben befindliche Laugenflotte hindurch nach unten, dann über die Leitwalze i hinweg wieder nach oben zwischen Quetschwalzen l hindurch und von Zugwalzen m nach der Mittelkammer h geleitet, welche durch am Boden angeordnete Rippenrohre n geheizt und durch unterhalb der behufs Verhütung des Tropfens auf die Ware aus mittels Dampfes heizbaren Platten gebildeten Decke angeordnete durchlochte Röhren o mit Dampf gespeist wird. Der hierdurch in der Kammer h entstehende Dampfdruck drückt auf die in den Kammern d und e zwischen den Wänden b f und c und g stehende Flüssigkeitsschicht, wobei ein dichter Abschluß der Dämpfkammer h nach außen hergestellt wird.

Das zu behandelnde Gewebe durchläuft diese unter Dampfdruck stehende Kammer h unter Vermittelung zweier über Rollen geführter endloser Ketten q in Hängefalten, um schließlich in der Kammer e durch die in derselben befindliche Waschflüssigkeit hindurch nach unten, dann über die Leitwalze k hinweg wieder nach oben und endlich zwischen Quetschwalzen p hindurch aus der Vorrichtung weggeführt zu werden.

Von den Quetschwalzen l und p fließt die ausgedrückte Flüssigkeit wieder in die Kammern d und e zurück.

Beim Durchlauf verbleiben die Stücke etwa eine halbe Stunde im Apparat; die beim Austritt der Ware aus der Mittelkammer in den Ausgangs-Spülraum ausgepreßte überschüssige Lauge kann zu weiterer Verwendung abgeführt werden.

Die Maschine leistet nach Welter's Angaben 300 Stück zu 100 Meter am Tag und kann auch ohne Bedenken für zwei Warenbreiten ausgeführt werden.

3. Die Vorrichtung von Tagliani und Rigamonti, Mailand.

Abb. 136 (im Schnitt durch die Förder-Richtung), Abb. 136a (mit der Förder-Richtung in Ansicht), Abb. 137b (im Grundriß) nach D. R. P. 119 605.

Der Innenraum eines luft- und wasserdicht abgeschlossenen Kastens a steht mit einem seitlich angeordneten, höher aufsteigenden Schacht b in Verbindung. Der Schacht b ist nach oben offen, so daß durch ihn das Gewebe ein- und wieder ausgeführt werden kann. Die Fördervorrichtung in a besteht aus zwei endlosen Ketten, welche zusammen einen U-förmigen Kanal bilden, in welchem das Gewebe in seiner ganzen Breite aufgeschichtet wird (Abb. 136).

Die Rollenachsen für die Förderbahnen f sind in einem um die Achse d schwingenden Rahmen c gelagert, dessen Nase l die selbsttätige Ausrückung veranlaßt (Abb. 136a). Die Vorrichtung wirkt folgendermaßen:

Das Gewebe h wird in seiner ganzen Breite über Rollen i durch die Öffnung des Schachtes b zunächst in diesen, dann fast bis zum Boden des Kastens a in diesen und sodann wieder nach oben geführt, bis es sich in dem rechten Schenkel des von den Förderbahnen f gebildeten U-förmigen Kanals aufschichtet. Von den Förderbahnen mitgenommen, tritt das Gewebe oben am linken Schenkel des Kanals wieder aus, läuft über Rollen i nach dem Boden des Kastens a, steigt im

Schacht b nach oben und verläßt zwischen Quetschwalzen r r die Vorrichtung gereinigt. Die Lauge wird durch einen Dampfinjektor, durch Rohre p p über das im Kanal befindliche Gewebe gespritzt. Der mit der Lauge eingetretene Dampf sammelt sich im Kasten a und erreicht schließlich eine solche Spannung, daß die Lauge im Schacht b bis fast an den Ablauf s für die verunreinigte Lauge emporgedrückt wird. Die Pumpe m saugt die am Boden befindliche Lauge durch

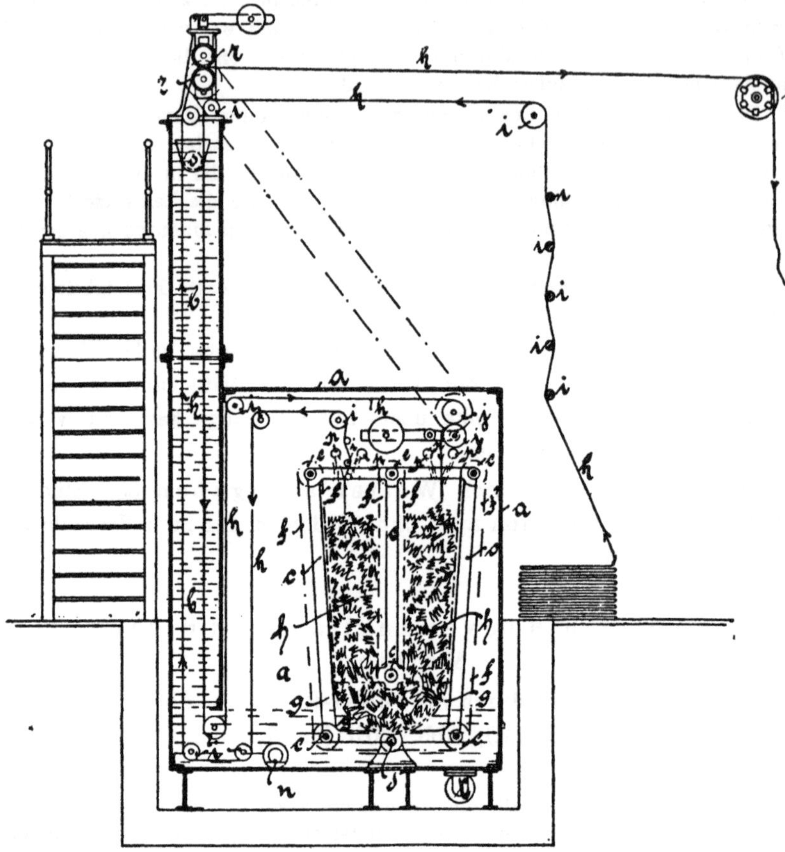

Abb. 136. Bäucheapparat von Tagliani und Rigamonti.

Rohr n (Abb. 136) an und drückt sie durch Rohr o und Spritzrohre p p (Abb. 136b) in das Innere des Kasten a. Da stets ein Teil verunreinigter Lauge durh den Überlauf s abfließt, wird neue Lauge durch das Rohr q (Abb. 136b) zugeführt. welches in das Rohr o mündet.

Die Bewegung, d. h. die Zuführung und Abführung des Gewebes h muß so sein, daß die beiden Schenkel des Kanals stets gleich hoch mit Ware angefüllt sind, damit der Rahmen c eine lotrechte Stellung einnimmt. Immerhin kann es vorkommen, daß der linke Schenkel der Fördervorrichtung mehr gefüllt ist als der rechte. Dann ist links ein Übergewicht vorhanden und der Rahmen c kippt nach dieser Seite um. Hierbei stößt die Nase l am Rahmen c gegen den drehbaren Arm k (Abb. 136a), welcher mit dem Riemenausrücker in Verbindung gebracht ist. Die Ein- und Ausführung des Gewebes nimmt aber ihren Fortgang, und es wird deshalb in kurzer Zeit im rechten Schenkel des Förderkanals ein Übergewicht eintreten, welches den Rahmen c und mit ihm die Förderbahnen f in die normale lotrechte Lage zurückführt, in welcher sich das Getriebe der Fördervorrichtung selbsttätig wieder einrückt.

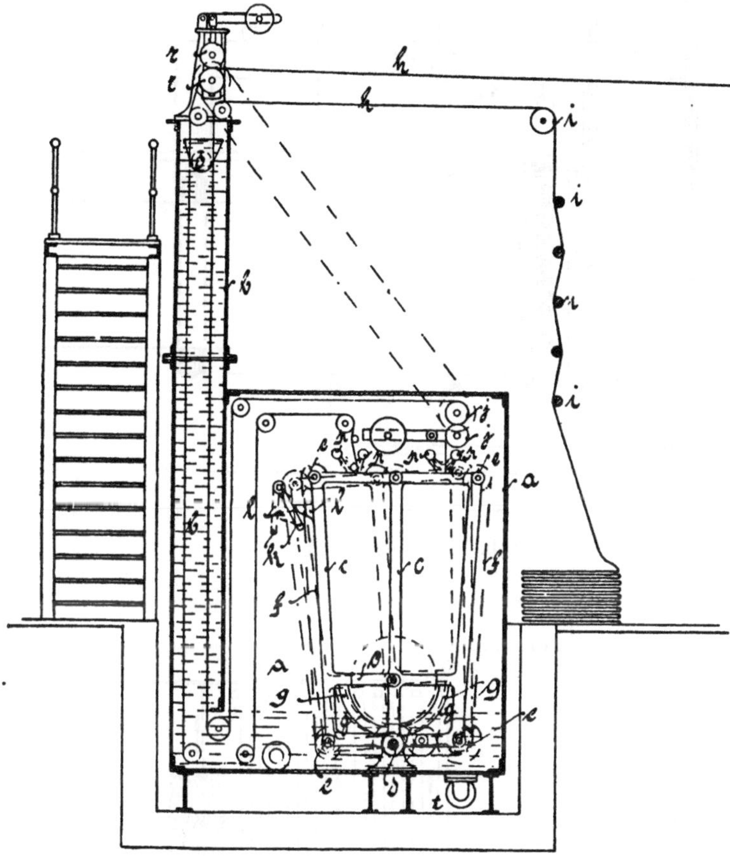

Abb. 136a.

Um der Fördervorrichtung, besonders der außen liegenden Bahn f, den Weg vorzuzeichnen, kann sie z. B. als Gallesche Kette in Führungsrinnen (Abb. 136a), wie bei g angegeben, zwangläufig geführt werden. Die Ein- und Ausführung des Gewebes geschieht durch die Doppelwalzen j j im Innern des Kastens a und die Quetschwalzen r r an der Öffnung des Schachtes b mit gleicher Geschwindigkeit. Das Rohr t mit Ventil dient zum Ablassen der Lauge beim Reinigen.

F ü r D r u c k z w e c k e s o l l e i n e i n s t ü n d i g e s , f ü r V o l l b l e i c h e e i n z w e i s t ü n d i g e s Verweilen im Apparat genügen.

Allein bei so niedrigem Druck, wie er ihm nur zuläßt, kann dieselbe Leistung in zwei Stunden gegenüber 8 und mehr im Hochdruckkessel wohl nicht erreicht werden.

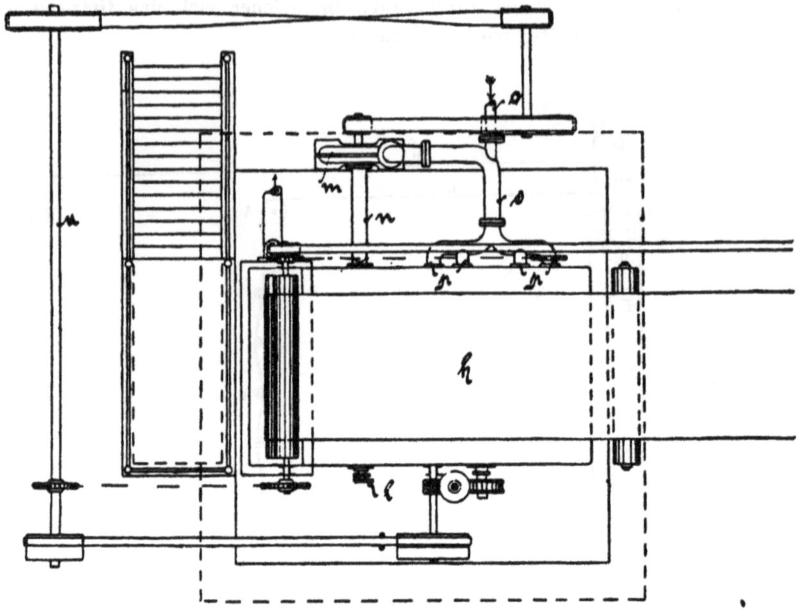

Abb. 136b. Grundriß.

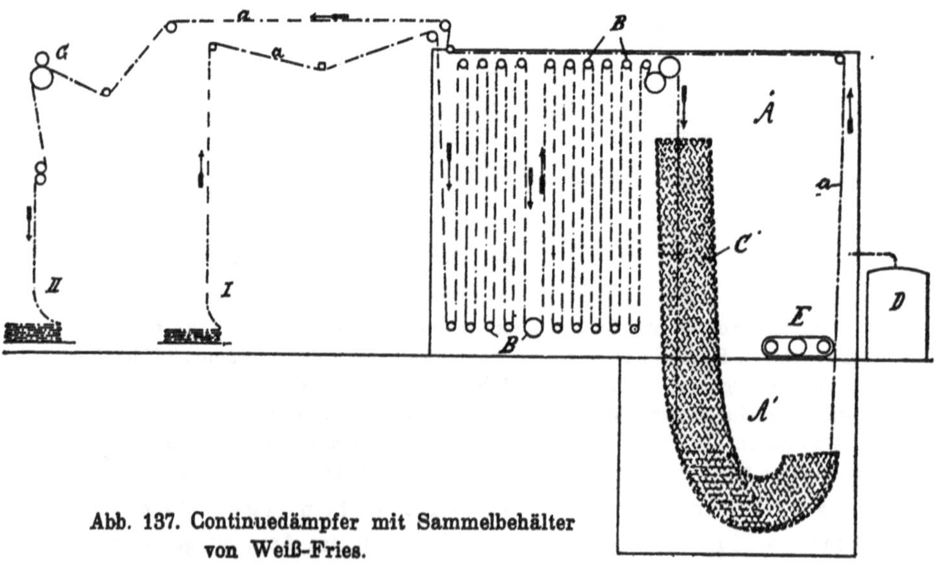

Abb. 137. Continuedämpfer mit Sammelbehälter von Weiß-Fries.

Immerhin bedeutet auch diese Erfindung einen gewaltigen Vorsprung gegen den Apparat von Bentz-Edmeston. Während dieser eine kleine Warenmenge von etwa 100 Metern aufnimmt, können in der Taglianischen Einrichtung 2000 Meter die gleiche Zeitdauer dem Dämpfen und Laugen ausgesetzt werden.

Die der Vorrichtung von Tagliani zugrunde liegende Anordnung eines *Sammelbehälters* ist bereits früher von der Firma *Weiß-Fries* in Kingersheim (D. R. P. 77 664) bei ihrer Continue-Dämpf-Einrichtung angegeben worden.

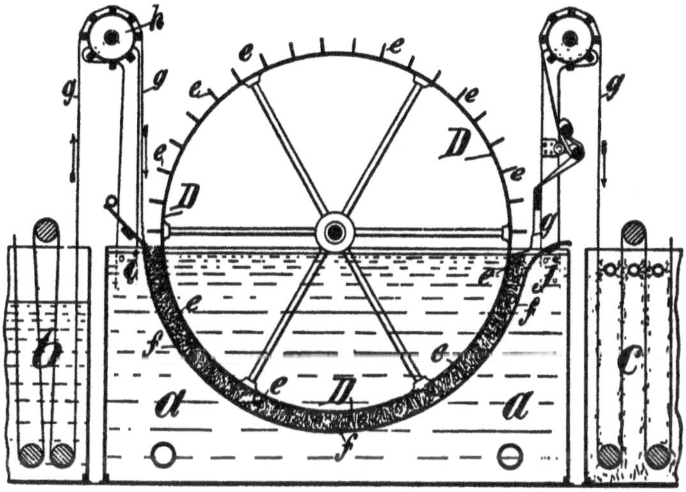

Abb. 138. Fließeinrichtung von Hawthorn und Lidell.

a = Waschbottich	f = kreisförmiger Boden
b, c = Bottiche	g = Gewebe
D = Trommel	h = Haspel
e = Schaufeln	i, j = Zelle an der Oberfläche der Flüssigkeit

Der Apparat (Abb. 137) umfaßt einen großen Dampfbehälter A, eine Anzahl Leitwalzen B für die Stoffbahn innerhalb des Behälters, den das Gewebe vor der Weiterleitung aufsammelnden Kanalkorb C, den zur Dampfabgabe benutzten Apparat D und eine Antriebsvorrichtung für die Walzen, von welcher eine Hauptwelle bei E gezeichnet ist. Der Kanalkorb C liegt mit seinem unteren emporgekrümmten Teil in einem unter der Sohle des Dämpfapparates A angeordneten und damit verbundenen Behälter A'; dieser ermöglicht, daß bei Wahl eines verhältnismäßig hohen Korbes C nicht zugleich der ganze Behälter A entsprechend hoch ausgeführt zu werden braucht.

Die mit a bezeichnete Gewebebahn läuft von I aus über die Gruppe von Walzen B, häuft sich in dem aus Siebwandungen gebildeten Kanalkorb C an, wird aus der unteren emporgerichteten Mündung des Kanalkorbes C weitergefördert und gelangt über Leitwalzen und Vorzugswalzen G schließlich zur Ablegevorrichtung bei II.

Die beschriebene Einrichtung ermöglicht es, daß die Gewebebahn ununterbrochen zur Aufnahme in den Kanalkorb C vorwärts bewegt und durch den Dampfraum mit beliebiger Verzögerung gefördert wird. In dem Kanalkorb C kann man den Stoff sich unter Zusammenlegung zu bestimmter Höhe aufschichten lassen, so daß derselbe während genügend langer Zeit der Einwirkung des Dampfes ausgesetzt bleibt.

Noch früher haben Hawthorn und Lidell in Newton in England in dem D. R. P. 49 962 eine Einrichtung angegeben, die ein längeres Eintauchen der Gewebe in Flüssigkeit ermöglicht, ohne daß der Gang des Zeuges verlangsamt werden muß (Abb. 138).

II. Breitbäuchapparate mit höherem Dampfdruck.

Die bis hierher beschriebenen Apparate und Einrichtungen für Breitbäuche haben zwei Nachteile: 1. die Einwirkung der Lauge findet unter zu niedrigem Druck, d. h. entsprechend der Siedetemperatur der benutzten Laugenflüssigkeit statt, 2. die Dauer der Kochung ist zu kurz. Schwerere Gewebe, Moleskins und dergleichen lassen sich deshalb so kaum genügend für das Bleichen vorbereiten.

Es sind deshalb eine Reihe von Apparaten erdacht worden, welche unter höherem Druck und mit kreisender Lauge das Bleichgut in breitem Zustande behandeln.

a) Bei ruhender Ware.

Einen der ersten führte die Firma Schlumberger, Fils & Co. 1889 auf der Pariser Weltausstellung vor.

Der Apparat (Abb. 139, a und b) besteht aus einem auf 2 Trägern ruhenden eisernen Kessel, der durch Schnecke und Schneckenräder in wag- oder lotrechte Lage gebracht werden kann. Das Gewebe wird durch einen verschließbaren Schlitz in der Längsseite des liegenden Kessels auf die im Innern des Apparates befindliche durchgehende Spindel mechanisch aufgewickelt. Der so beschickte und verschlossene Kessel wird in die lotrechte Lage

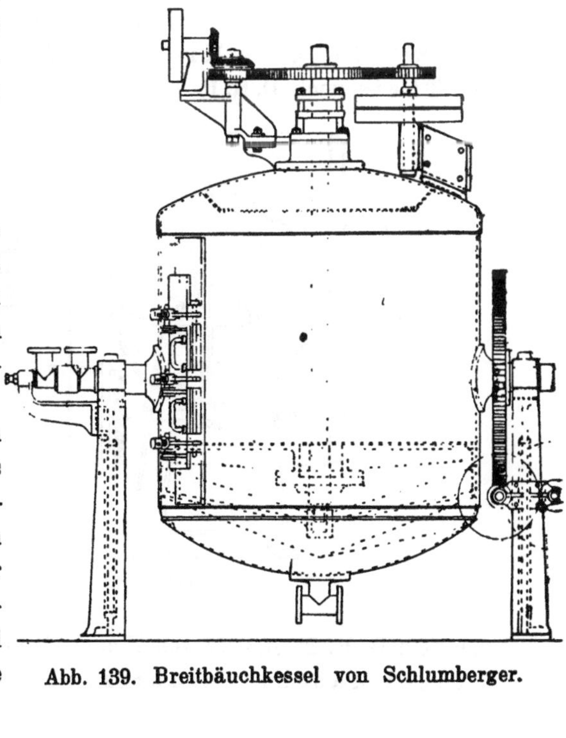

Abb. 139. Breitbäuchkessel von Schlumberger.

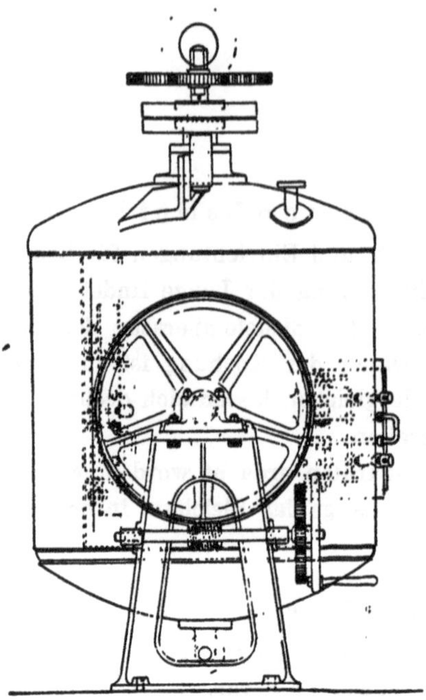

Abb. 139a.

gebracht; eine mechanische Vorrichtung am Kessel dreht die Spindel, während Dampf zuströmt und eine Pumpe den Kreislauf der Lauge besorgt.

Der Kessel von etwa 210 cm Höhe und 180 cm Durchmesser faßt nach Angabe des Fabrikanten 360 bis 400 Kilo Ware.

Um gut durchzubäuchen, sollen etwa 20 Stunden erforderlich sein. Diese lange Dauer erklärt sich aus dem Umstand, daß fest zusammengewickelte Ware dem gleichmäßigen Durchdringen der Flüssigkeit großen Widerstand bietet. Dieser Übelstand ist auch bei den übrigen Bäuchapparaten zu erwarten, die die Durchdringung fester Wickel zum Ziel haben, so die von A. Schmidt, Berlin, nach D. R. P. 110 641, William Mather nach D. R. P. 114 664, E. P. 16 730/31 (1899); Sergius Krennikoff nach E. P. 19 858 (1898) und C. F. Theis nach D. R. P. 135 696.

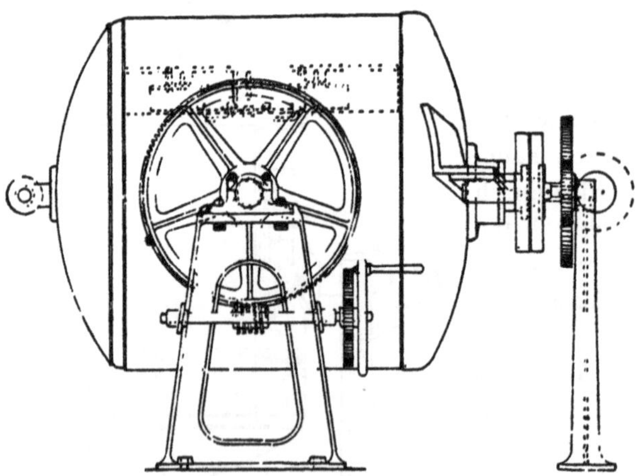

Abb. 139b.

Nach dem D. R. P. 203 077 von Emil Gminder, ausgeführt von der Zittauer Maschinenfabrik, wird die Ware in breitem Zustande durch einen der Längsachse parallelen Schlitz in den wagerecht liegenden Kessel eingeschichtet. Der Kessel faßt etwa 200 Stück zu 60 m. Er wird nach Verschluß des Schlitzes durch einen starken Stahlgußdeckel mit Klappschrauben aufrecht gestellt. Bei dem folgenden Bäuchen

Abb. 140. Breitbleichanlage nach E. Gminder mit wagrechtem Kessel (Füll- und Leerstellung); darüber Fachvorrichtung.

legt sich die Ware sowohl unter sich als auch gegen die Kesselwand dicht an und setzt der Flotte auf dem ganzen Querschnitt den gleichen Widerstand entgegen. Damit ist die Vorbedingung für ein gleichmäßiges Durchkochen geschaffen.

Nach dem Kochen wird der Kessel wieder in die liegende Stellung gedreht und die Ware durch die Waschmaschine herausgewaschen (Abb. 140).

b) Mit bewegter Ware.

1. Nach dem D. R. P. 127 002 von C. L. Jackson und E. W. Hunt werden Gewebe in einem geschlossenen Kessel von einer Rolle auf eine andere auf- und abgewickelt wie auf einem Jigger, ohne daß sich die Kanten doppelt schlagen können.

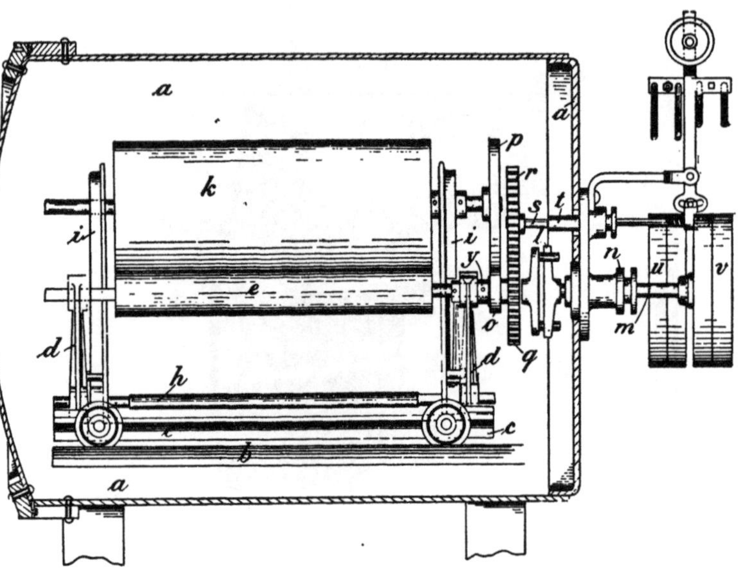

Abb. 141. Breitbäuchkessel von Jackson und Hunt

Auf den Schienen b des Behälters a (Abb. 141 und 141a), mit einer dicht verschließbaren Tür, läuft ein Wagen c zur Aufnahme der Ware.

Die an den Enden des Wagens befindlichen Stützen d bilden die Lager für die Wellen y der Wickelwalzen e und f; eine, z. B. e, wird vor dem Einfahren des Wagens mit dem Gewebewickel beschickt. Auf den beiden Enden der Welle h sind die Hebel i mit Schlitzen befestigt. In diesen Schlitzen wird mit ihren Zapfen eine durchlöcherte Trommel k geführt und steht mit dem Umfange der Walzen e und f in fortwährender Berührung.

Ihren Antrieb erhalten die Wellen der Walzen e und f durch Kuppelungsstücke l, die durch auf den Wellen m sitzende Mitnehmer gefaßt werden. Die Wellen m gehen durch Stopfbüchsen n in der Gefäßwand und liegen in der Verlängerung der Achsen der Walzen e, f, so daß sie diese bei eingeschobenem

Wagen beinahe berühren. Auf den Enden der Wellen m sitzen je eine feste und eine lose Scheibe, u, v, die durch zwei Riemen in entgegengesetzter Richtung angetrieben werden.

Zwecks selbsttätigen Umschaltens der Wickelvorrichtung sitzt auf den Achsen der beiden Walzen e und f lose je eine Reibungsscheibe o bzw. w, auf ihren Naben sind Zahnräder q bzw. x aufgekeilt. Mit der Achse der Trommel k fest verbunden ist ein großes Reibungsrad p; es kann mit den Reibungsrädern o bzw. w zusammen arbeiten.

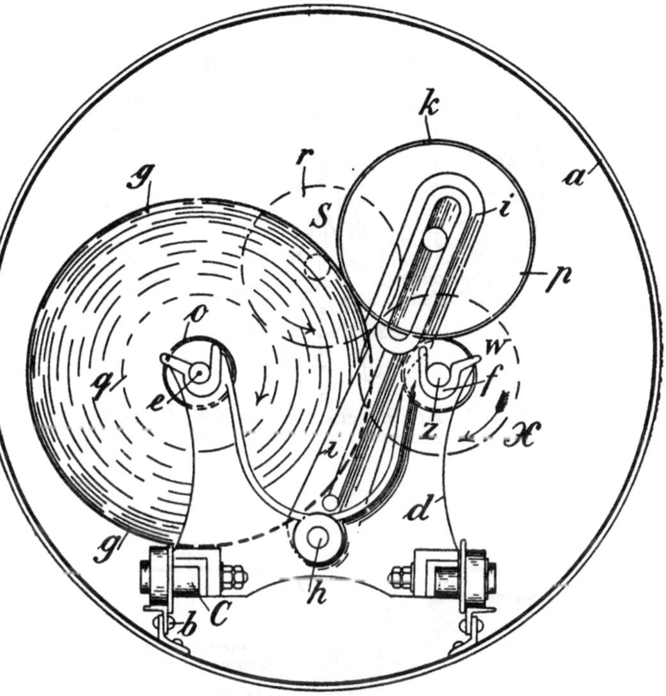

Abb. 141a.

Zahnrad q und r greifen in Zahnrad r auf einer Achse s ein; diese ist in einer Stopfbüchse t in der Gefäßwand gelagert und bleibt in ihrer Stellung, auch wenn der Wagen ausgefahren ist.

Ist das Gewebe ungefähr von der Walze e abgewickelt, so kommt das Rad p in Berührung mit Reibungsrad w und setzt dieses sowie das zugehörige Zahnrad x, welches in das Zahnrad r eingreift, und dadurch auch die Welle s, deren Gewinde in einer Mutter sich dreht, in Drehung.

Beim Anschlag des mit dieser Mutter verbundenen Bolzens im Schlitz w fällt ein Hebel zur Seite und verschiebt hierbei die beiden Riemengabeln in dem gewünschten Sinne.

Dieser Hebel ist ein durch Gewicht ausgeglichener Riemengabelhebel und an einem an der Gefäßwand befestigten Ständer drehbar angelenkt.

Nach dem D. R. P. 146200 von C. Theis werden zwei liegende Kessel I und II durch einen Schlitz III (Abb. 142) so verbunden, daß die Ware von einem Teil des Zwillingskessels zum andern ab- und aufgerollt werden kann, gleichzeitig spritzt eine Pumpe siedende Bäuchflüssigkeit auf das von einem zum anderen Kessel in einfacher oder mehrfacher offener Lage übereinander durchlaufende Gewebe in der ganzen Breite auf.

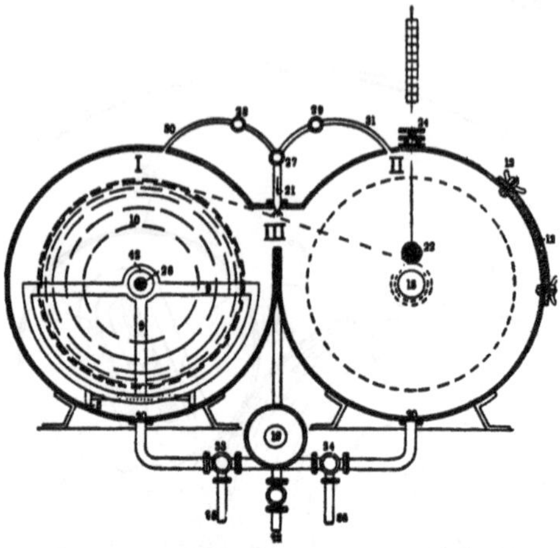

Abb. 142. Breitbäuchkessel nach F. C. Theis.

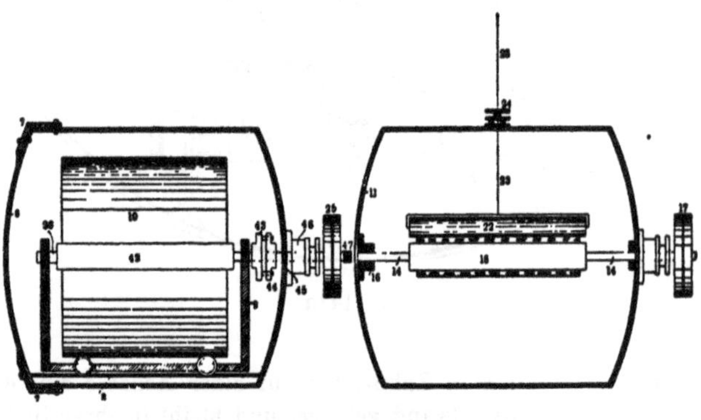

Abb. 142a.

Die eine Stirnwand 6 des links befindlichen Kessels I ist, wie aus der im Längsschnitt dargestellten Zeichnung (Abb. 142a) ersichtlich, als Tür ausgebildet, welche durch Flantsche und Schrauben 7 oder auf andere Art so verschlossen werden kann, daß sie einem Betriebsdruck von mindestens drei Atmosphären widersteht.

Dieser Kessel ist an seinem Boden mit Schienen 8 ausgerüstet, auf denen der Wagen 9, welcher den Warenwickel 10 bei Beginn des Bäuchvorgangs trägt, eingefahren wird. Auf dem Gestell des Wagens 9 ist die drehbare Welle 26 gelagert und trägt die Rolle 42 zur Aufnahme der Ware.

Die Welle ragt über das hintere Ende des Wagens vor und ist an dieser Stelle mit einer Kuppelung 43 versehen.

Gegenüber der Kuppelung 43 befindet sich an der in der Achse des Kessels I gelagerten Welle 45 eine Gegenkuppelung 44. Die beiden Kuppelungen greifen ineinander ein, sobald der Wagen 9 sich an seinem richtigen Platze im Kessel befindet.

Auf dem anderen Ende der Welle 45, welches durch die Stopfbüchse 46 hindurchgeht, befinden sich die Riemenscheiben 25.

Kessel II des Doppelsystems hat geschlossene Kopfwände und an der einen Längsseite einen mannlochartigen Schlitz 12 (Abb. 142), welcher durch Flügelschrauben 13 oder auf andere Weise betriebssicher geschlossen werden kann.

Im Innern des Kessels II (Abb. 142a) befindet sich die Achse, welche den Warenwickel aufnimmt.

Die Achse ist auf der einen Seite in dem geschlossenen Lager im Innern des Kessels gelagert, auf der anderen Seite durch eine Stopfbüchse nach außen geführt, um eine Fest- und Losscheibe für den Antrieb aufzunehmen.

Der Arbeitsgang der Vorrichtung ist folgender:

Kesselwagen 9 (Abb. 142) wird außerhalb des Kessels I mit der zu bleichenden, auf bekannte Art mit Lauge getränkten Ware beschickt und eingefahren. Die Tür wird ordnungsmäßig verschlossen.

Durch Mannlochschlitz 12 (Abb. 142) wird nun das Ende des Warenwickels 10 auf Rolle 18 des leeren Kessels II befestigt und darauf die Bäuchflüssigkeit durch das Mannloch eingeführt. Nachdem dieses geschlossen und durch Dampfeinlaß die Luft aus den Kesseln verdrängt ist, wird Pumpe 19 in Tätigkeit gesetzt. Diese saugt nun die durch direkten und indirekten Dampf über Siedetemperatur erhaltene Lauge durch die Stutzen 20 von den Kesselböden ab und wirft dieselbe durch das durchlochte Rohr 21 auf die ganze Breite des in einfacher oder mehrfacher Lage übereinander durchlaufenden Gewebes.

Während sich die Ware von Kessel I nach Kessel II bewegt, und zwar durch den Antrieb 17 (Abb. 142a), zeigt die massive Druckrolle 22, welche mit einer Führungsstange 23 durch Stopfbüchse 24 nach außen verbunden ist, die jeweilige Dicke des Wickels im Kessel an. Ist das zulässige Maß erreicht, so tritt die Führungsstange mit einem elektrischen Kontakt in Verbindung, und ein Alarm meldet dem bedienenden Arbeiter, daß Antrieb 17 ausgeschaltet und Antrieb 25 eingeschaltet werden muß. Der Warenlauf nimmt alsdann den umgekehrten Weg.

Der Zeitpunkt, wann das Umschalten zu geschehen hat, kann auch nebenbei durch folgende Anordnung bestimmt werden:

Beim Aufdocken der zu bäuchenden Ware auf den Kesselwagen 9 wird durch ein mechanisches Zählwerk die Anzahl der Umdrehungen bestimmt, welche zum Füllen desselben benötigt waren. Alsdann wird der Kesselwagen eingefahren, und bei Beginn der Arbeit ein einstellbarer Tourenzähler 47 mit der durchgehenden Achse 26 des Kessels I verbunden; dieser setzt, kurz bevor die erforderliche Tourenzahl erreicht ist, ein Läutewerk in Tätigkeit und zeigt dem Arbeiter an, daß die Zeit zum Umschalten gekommen ist.

Beim Einstellen des Tourenzählers am Kessel I muß darauf Rücksicht genommen werden, daß sich die Ware um einige Prozent verlängert, was für die verschiedenen Waren verschieden ist. Wie weit auf diesen Umstand Rücksicht zu nehmen ist, läßt sich durch den praktischen Versuch ermitteln.

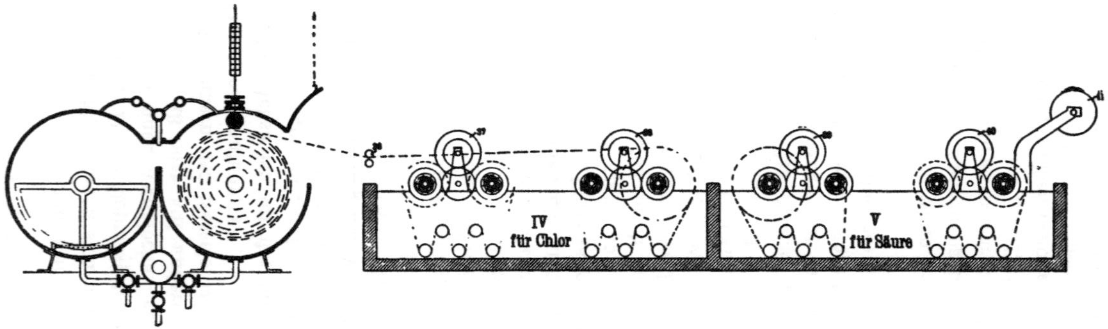

Abb. 143. Breitbleichanlage nach Theis (Längsschnitt).

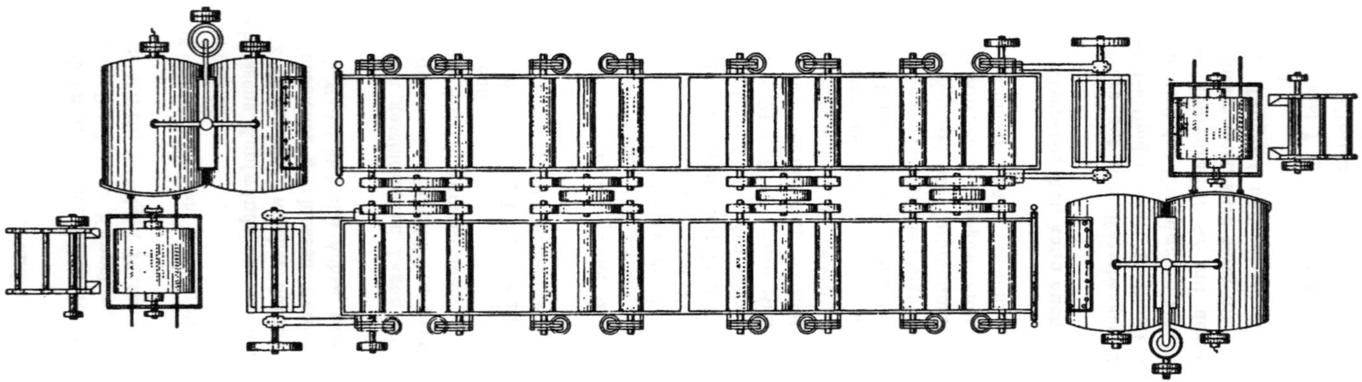

Abb. 144. Breitbleichanlage nach Theiß (Grundriß).

Sollte die eine wie die andere Signalvorrichtung versagen und eine Seite des Doppelkessels durch Abreißen der Ware zum Stillstand kommen, so wird wie folgt verfahren, damit das Bäuchen nicht unterbrochen zu werden braucht.

Hahn 27 (Abb. 142) steht bei ordnungsmäßigem Betrieb, d. h. wenn das Gewebe den Weg von einem zum andern Kessel nimmt, offen, so daß die Lauge beim Schnittpunkt der beiden Kessel, bei 21 eintritt. Entstehen Störungen, welche den Warenlauf aufheben, so wird Hahn 27 geschlossen und Hahn 28 oder 29 oder bei Erfordernis beide geöffnet. Man arbeitet alsdann durch direktes Aufpumpen durch die Rohrleitungen 30, 31 auf den umlaufenden Wickel.

Nach dem Bäuchen wird Dampf und Lauge abgelassen und durch Pumpe 19 und Rohrleitung 32 frisches Wasser aufgegeben, während sich das Spiel des Auf- und Abrollens der Ware von einem Kessel zum anderen wiederholt, bis der Wickel schließlich nach vollendeter Wäsche in Kessel II angekommen ist. Das Waschwasser entweicht nach entsprechender Stellung der Dreiweghähne 33, 34 durch die Abflußrohre 35 und 36.

Dann wird der mannlochartige Schlitz 12 geöffnet, das Ende des Warenwickels herausgezogen und zwischen den festen Leitrollen 36 (Abb. 143) hindurch auf die eigentlichen Bleichmaschinen übergeführt.

Da es aus praktischen Gründen nicht vorteilhaft ist, so große Warenwickel, wie sie der Bäuchkessel aufzunehmen imstande ist, weiter zu behandeln, so tritt nun eine Teilung des Wickels für das folgende Chloren, Waschen und Säuren ein.

Auf die Kufen IV und V (Abb. 143) ist je ein Doppel-Jigger 37, 38 und 39 40 aufgesetzt. Von Kessel II gelangt die Ware zuerst zur Hälfte auf Jigger 38, der Rest auf Jigger 37, um hier gechlort zu werden; nach dem Waschen wird auf Jigger 39 und 40 auf übliche Art gesäuert, und die Ware alsdann zur endgültigen Wäsche über Haspel 41 einer Breitwaschmaschine zugeführt.

Abb. 144 veranschaulicht einen Grundrißplan einer derartigen Breitbleicheinrichtung, bei welchem zwei getrennte Kesselsysteme mit einer Jiggerreihe mit gemeinschaftlichem Antrieb verbunden sind. Sie erfordert für Warenwickel im Kessel von 1,5 m Durchmesser einen Raum von etwa 15 m Länge und 5 m Breite.

c) Dämpfen der gelaugten Ware.

Bei den bisher beschriebenen Bäuch-Vorrichtungen wird die Ware in der Bäuchflüssigkeit selbst behandelt. Vor allem will man dadurch einer Oxydation und Schwächung der Faser entgegenwirken.

Aber schon seit Jahren hat man auch so gearbeitet, daß man die Stücke in Lauge klotzt, aufgerollt auf einen Waggon packt, in einem liegenden Kessel einführt und nun bei 1—1¼ Atmosphären dämpft.

Beim Dämpfen der mit Lauge getränkten Gewebe tritt durch die im Dampf selbst wie in den Dämpfapparaten enthaltene Luft eine Oxydation der Cellulose und damit eine Schwächung der Faser ein.

Diesem Übelstande hat H. Köchlin durch seinen Vorschlag, der Lauge als Reduktionsmittel Natriumsulfit oder Natriumbisulfit zuzusetzen, abgeholfen (D. R. P. 27 745).

Schwierigkeiten beim Bleichen von schweren Geweben, Moleskins und dergleichen, die für die Färberei in hellen Farben bestimmt waren, veranlaßten C. F. Theis, die Laugenwirkung planmäßig zu verfolgen.

A. Abwandlung der Laugenstärke.

Warenabschnitte wurden mit dem gleichen Gewicht verschieden starker Laugenlösungen getränkt, auf quadratische Rahmen aufgespannt und 5 Stunden bei einer Atm. Überdruck im Dämpfkessel aufgehängt. Nach dem Dämpfen wurde jede Probe für sich gewaschen, abgesäuert, wieder gewaschen und getrocknet. Die Versuche wurden einmal an einem Moleskin-Gewebe, ein anderes Mal an einem gewöhnlichen dünnen Nesselgewebe (Tabelle) vorgenommen. Die angegebenen Reißfestigkeiten sind das Mittel von je zwölf Versuchen.

Das Nesselgewebe 73 cm breit hatte Einstellung $^{14}/_{14}$ auf 1 cm² bei 36er Schuß und 34er Kette; 1 m wog 80 g. Bei einer Spannlänge von 8 cm hatte der Versuchsstreifen 7½ cm Breite.

Durch das Laugen und Dämpfen zieht sich die Ware natürlich mehr oder weniger zusammen; die verschiedenen Proben wurden daher nach dem Trocknen gemessen und die gefundenen Reißfestigkeitszahlen auf die Breite der am meisten zusammengezogenen Probe umgerechnet.

Zum Vergleich wurden dieselben Gewebe auch im Strang im Hochdruckkessel gekocht und später ebenso wie die Dämpfproben behandelt.

Aus der Tabelle ergibt sich, daß das Tränken mit einer viergrädigen Lauge (28 g NaOH im l) unter Zusatz von Bisulfit und Dämpfen nicht mehr schadet wie die Laugenbehandlung im Hochdruckkochkessel. Mit stärkeren Laugen tritt eine zunehmende Schwächung ein, die durch den Bisulfit-Zusatz nur noch zum Teil behoben wird.

	Kette kg	Schuß kg	Mittel kg
Rohgewebe (Nessel)	51	45,6	48,3
Hochdruckkessel Na_2CO_3, 8 Stunden	40,2	39,9	40,1
Hochdruckkessel $Ca(OH)_2$, 8 Stunden	43,7	35,7	39,7
Hochdruckkessel 1) Soda und 2) Kalk	40,9	35,6	38,2
Offen gekocht NaOH 4° Bé eine Stunde	36,5	38,8	37,7
Auf Rahmen gedämpft 5 Stunden 1 Atm.			
NaOH 4° Bé ohne Zusatz	35,3	29,5	32,4
NaOH 4° Bé + 10 g $NaHSO_3$ im Liter	38,8	35,7	37,3
NaOH 6° Bé ohne Zusatz	32,5	24	28,3
NaOH 6° Bé + 10 g $NaHSO_3$ im Liter	30,2	28,2	29,2
NaOH 8° Bé ohne Zusatz	28,3	23,5	25,9
NaOH 8° Bé + 10 g $NaHSO_3$ im Liter	28,2	19,5	23,9
NaOH 10° Bé ohne Zusatz	31,5	23,8	27,7
NaOH 10° Bé + 10 g $NaHSO_3$ im Liter	35,8	25,5	30,7

Die Erfahrung hat gezeigt, daß ein vierstündiges Dämpfen bei den zur Verwendung gekommenen Warengattungen unter Benutzung einer Lauge von 20 g festen Ätznatrons und 7 g Bisulfit auf 1 Liter Wasser genügt, um eine Bleiche zu erzielen, die den Anforderungen der Glattfärberei entspricht. Bei Geweben aus lose gedrehtem Garn genügt ein 2stündiges Dämpfen, bei 2 Atm. Druck.

B. Abwandlung des Dampfdruckes.

Einmal wurden ganze Stücke mit den in der Tabelle angegebenen Chemikalien geklotzt und zusammengerollt während vier Stunden bei zwei Atmosphären Überdruck, das andere Mal Proben derselben Herkunft während einer Stunde bei acht Atmosphären gedämpft.

Die Proben wurden in 65 mm starken Röllchen in geeigneter Weise in einem eng umschließenden Eisenrohr auf den mit 8 Atm. Betriebsdruck arbeitenden Dampfkessel aufgesetzt.

Auffallenderweise, aber im Einklang mit anderen Beobachtern, zeigte die Rohware bei einzelnen Proben eine geringere Stärke als die gedämpfte Ware.

Durch das Dämpfen gingen die nachher abgesäuerten und gewaschenen Proben von der ursprünglichen Breite von 90 cm auf 86 cm zurück.

Die zum Reißversuch entnommenen Proben waren fadengrad, 40 cm lang und 5 cm breit.

4 Stunden bei 2 Atmosph. auf:	Kette kg	Schuß kg	Mittel kg	1 Stunde bei 8 Atmosph. auf:	Kette kg	Schuß kg	Mittel kg
1000 Liter Wasser 15 kg NaOH fest 5 Liter Bisulfit 36° 1 Liter Tetrachlorkohlenstoff	67,7	52	59,8	1000 Liter Wasser 15 kg NaOH fest 5 Liter Bisulfit 36° 1 Liter Tetrachlorkohlenstoff	64	50	57
1000 Liter Wasser 15 kg NaOH fest 5 Liter Bisulfit 36° 5 Liter Alkohol denat. 90%	66,4	52,6	59,5	1000 Liter Wasser 15 kg NaOH fest 5 Liter Bisulfit 36° 10 Liter Alkohol denat. 90%	61	48,6	54 8
1000 Liter Wasser 20 kg NaOH fest 7 Liter Bisulfit 36° 5 Liter Türkischrotöl	61,7	57	59,3	1000 Liter Wasser 20 kg NaOH fest 7 Liter Bisulfit 36° 5 Liter Türkischrotöl	63	51	57
1000 Liter Wasser 20 kg NaOH fest ½ Liter Benzin	65	45,4	55,2	1000 Liter Wasser 20 kg NaOH fest 1 Liter Benzin	57,3	48,7	53
Auf gewöhnl. Weise im Hochdruckkessel 10 Stunden	57,3	48,3	52,8	Rohware auf 86 cm berechnet	60	50	55,5

Hochdruckkessel haben in bezug auf die Haltbarkeit der Ware gegenüber dem sog. trockenen Dämpfen, in der richtigen Weise ausgeführt, auch hiernach keinen Vorteil.

Bei allen angegebenen Tränkungsbädern erweist sich dem Dampfdruck von 8 Atm. entsprechende hohe Dämpftemperatur (vgl. Bd. I, 2) als nachteilig. Das geht auch aus folgendem Versuch hervor:

In einem Laboratoriums-Autoklav wurden Warenstreifen nach Kette- und Schlußrichtung hin zusammengerollt mit 15 g NaOH und 7 ccm Bisulfit im l getränkt, der Einwirkung hoher Temperaturen ausgesetzt.

Temperatur im Ölbad bei Beginn des Versuches	Druck erreicht von:	entsprechend einer Temperatur von:	Kette kg	Schuß kg	Mittel kg
20° C	6,1 Atm. nach 90 Minuten	160° C	27	140	83,5
160° C	9,9 Atm. nach 70 Minuten	180° C	22,5	113	67,8
100° C	15,2 Atm. nach 245 Minuten	200° C	13,5	73	43,3
—	Rohgewebe 90 cm breit auf 84 cm Breite d. gebäucht. Probe berechnet	—	30,8	113,4	72,1

Theis hat weiter eine Reihe von Zusätzen zur Bäuchlauge dadurch praktisch erprobt, daß er damit getränkte Stücke bei 2 Atm. Überdruck 4 Stunden dämpfte. Die Ergebnisse sind in der folgenden Tabelle zusammengestellt:

Methode:	Schalen und Samenkapseln am besten gelöst	Nach dem Chloren frischeres Weiß	Kette kg	Schuß kg	Mittel kg	Wesen des Verfahrens
Köchlin (D. R. P. 27745) 1000 Liter Wasser, 13 Kilo NaOH fest, 5 Liter Bisulfit 36° Bé	—	hier	60,3	53,7	57	Verhütung von Oxyzellulose durch Bilsufit
Scheurer. 1000 Liter Wasser, 13 Kilo NaOH fest, 2½ Kilo Kolophonium, 5 Liter Bisulfit 36° Bé	—	hier	63,7	49	56,3	Zusatz von Kolophonium
H. Köchlin (D. R. P. 25804) 1000 Liter Wasser, 15 Kilo NaOH fest, 5 Liter Bisulfit 36° Bé, 0,8 Kilo Chlorkalk	—	—	64,7	54,7	59,7	Bleichen durch Dämpfen mit mit Hypochlorit

Methode:	Schalen und Samenkapseln am besten gelöst	Nach dem Chloren frischeres Weiß	Kette kg	Mittel kg	Schuß kg	Wesen des Verfahrens
Thompson und Rickmann (D. R. P. 82704) 1000 Liter Wasser, 15 Kilo NaOH fest, 5 Liter Bisulfit 36° Bé, 1 Kilo Kaolin	hier	—	58	42,6	50,8	Vermeiden von Siedeflecken durch Zusatz von Kaolin
Bruckbaeck 1000 Liter Wasser, 15 Kilo NaOH fest, 5 Liter Bisulfit 36° Bé, 1 Kilo Zinnsalz	hier	—	68	51	59,5	Zusatz von $SnCl_2$ (seit 1827), um Oxyzellulose zu verhüten
Hertel (D. R. P. 75435) 1000 Liter Wasser, 20 Kilo NaOH fest, 7 Liter Bisulfit 36° Bé, 5 Liter Türkischrotöl	hier	hier	61,7	57	59,3	Türkischrotöl zum besseren Netzen
1000 Liter Wasser, 15 Kilo NaOH fest, 5 Liter Bisulfit 36° Bé, 15 Liter Türkischrotöl	—	—	67,7	47,3	57,5	
1000 Liter Wasser, 10 Kilo NaOH fest, 5 Liter Bisulfit 36° Bé, 10 Liter Türkischrotöl	—	hier	62	46,6	54,3	
Geisenheimer 1000 Liter Wasser, 15 Kilo NaOH fest, 5 Liter Bisulfit 36° Bé, 2 Liter Wasserglas	—	hier	67	51	59	
Endler (E. P. 14252, 1896) 1000 Liter Wasser, 15 Kilo NaOH fest, 10 Liter Bisulfit 36° Bé, 10 Kilo Gewerbesalz	—	hier	70	50,3	60,2	Das Salz soll die Pektinstoffe aufschließen
Mahieu (D. R. P. 61668) 1000 Liter Wasser, 20 Kilo NaOH fest, $^1/_2$ Liter Benzol	hier	hier	65	45,4	55,2	Benzol oder Toluol zum besseren Netzen

Methode:	Schalen und Samenkapseln am besten gelöst	Nach dem Chloren frischeres Weiß	Kette kg	Schuß kg	Mittel kg	Wesen des Verfahrens
Cross u. Parkes (D.R.P. 121787) 1000 Liter Wasser, 10 Kilo NaOH fest, 60 Kilo Wasserglas, 8 Kilo Seife, 8 Kilo Rüböl, 5 Liter Bisulfit	—	hier	60,7	51	55,8	Ölemulsion
1000 Liter Wasser, 15 Kilo NaOH fest, 5 Liter Bisulfit 36° Bé, 1 Liter Tetrachlorkohlenstoff	hier	—	67,7	52	59,8	
1000 Liter Wasser, 15 Kilo NaOH fest, 5 Liter Bisulfit 36° Bé, 5 Liter Alkohol denat	beste Probe	—	66,4	52,6	59,5	
1000 Liter Wasser, 15 Kilo NaOH fest, 5 Liter Bisulfit 36° Bé, 3 Liter Glycerin	hier	—	61,4	52	56,7	
Im Hochdruckkessel unter Flottenkreislauf (System Gebauer) 12 Stunden gekocht	hier	—	58	42,6	50,3	

In der Praxis der Laugendämpfung haben sich, wenn die Warenrollen in der oben skizzierten Art auf Wagen aufeinander gepackt werden, Schwierigkeiten ergeben: Einmal müssen die Stücke sehr lange, gewöhnlich 8 Stunden, dem Dampfe ausgesetzt werden, dann aber entstehen durch das Aufeinanderlagern leicht ungleiche Stellen.

Diese Schwierigkeiten soll der Dämpfapparat von Gebauer-Theis (D. R. P. 90933) beseitigen (Abb. 145). In einem zylindrischen Kessel befinden sich ein oder mehrere fahrbare Rollengestelle mit zur Kesselachse parallelen Rollen.

Abb. 145 zeigt im Längsschnitt eine Ausführungsform der Vorrichtung; zwei Rollengruppen sind in einem einzigen Gestell untergebracht, dessen Wände a auf Rädern b montiert sind.

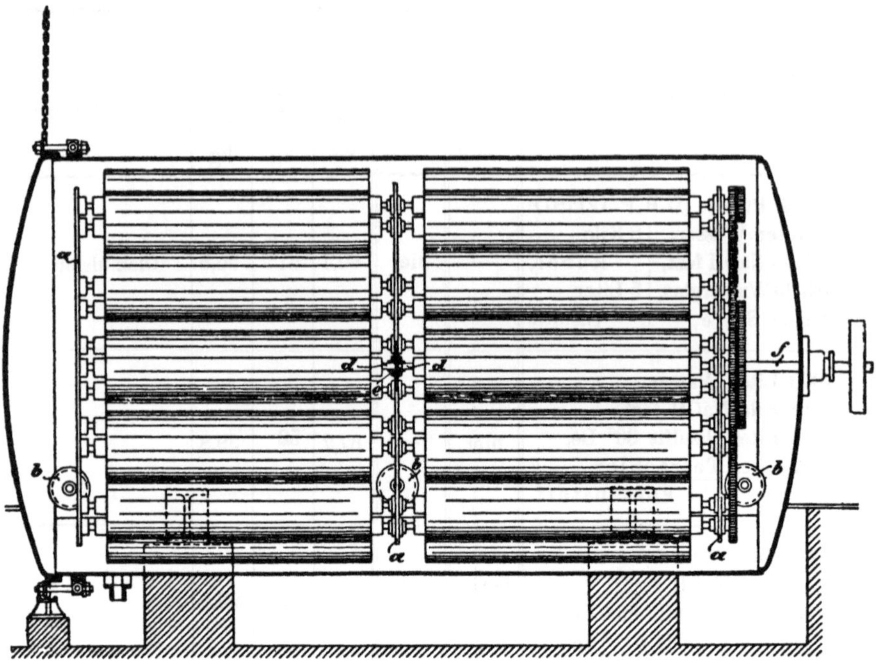

Abb. 145. Dämpfapparat von Gebauer-Theis.

Zum Antrieb dient eine in der festen Stirnwand des Kessels gelagerte und mittels Stopfbüchse abgedichtete Welle f.

Breitwaschmaschinen.

Bei der Breitbleiche spielen die **Waschmaschinen** eine große Rolle (vgl. Band III, 401). Man unterstützt die waschende Wirkung gern durch Anbringung von Schlagwalzen oder umlaufenden Spritzkörpern.

Bei der **Breitwaschmaschine** von **Emil Welter** in **Mülhausen** (Abb. 146), einer stufenartig gebauten Kufe aus Pitchpine-

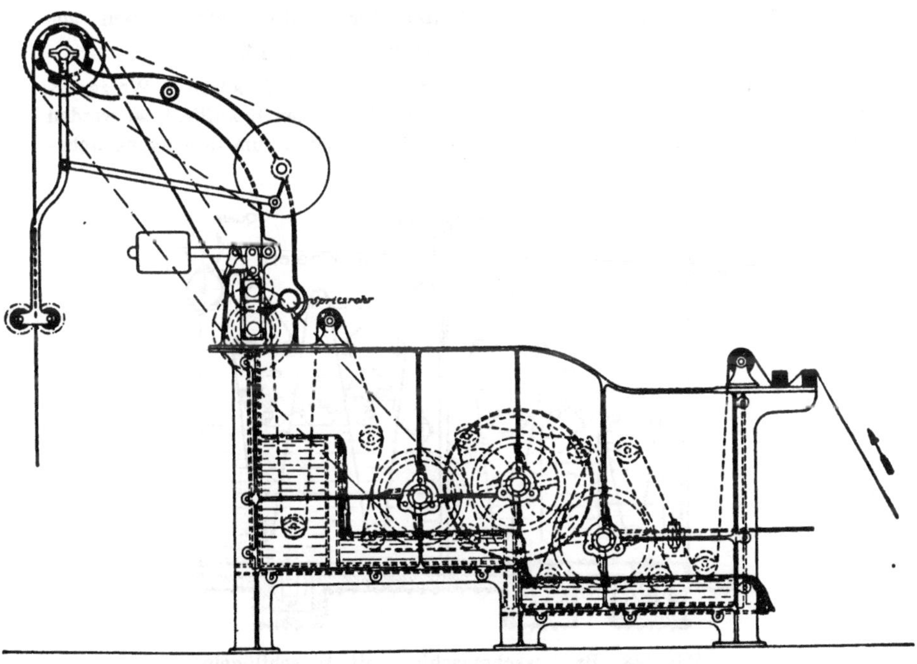

Abb. 146. Breitwaschmaschine von E. Welter, Mülhausen.

Holz mit gußeisernen Wandungen, werden drei ebenfalls aus Pitchpine bestehende, mit gußeisernen Scheiben auf beiden Seiten versehene Schläger durch Stirnräder angetrieben. Mit dem Gewebe selbst kommen die Schläger nicht in Berührung. Durch das Sprudeln des Wassers von Stufe zu Stufe gegen den Stoff wird die Waschwirkung noch erhöht. Die Ware wird vor der Quetschvorrichtung beim Ausgang durch ein Spritzrohr bespült. Dieses Wasser dient gleichzeitig zur Speisung der ganzen Maschine.

Fr. Gebauer-Berlin ordnet nach D. R. P. 36417 sogenannte Zentrifugalwaschkörper in den Spülkästen der Waschmaschine an.

Emil Remy in Mülhausen i. E. wendet nach D. R. P. 104513 an Stelle der sonst üblichen Schläger kleine Walzen an, mittels welcher sich das Gewebe breitgehalten fortbewegt. Mit diesen Walzen treten andere Walzen derart in Beziehung, daß das zwischen den beiden Walzengruppen hindurchgeführte Gewebe bei Drehung oder bei Hin- und Herbewegung der Walzen von diesen gehämmert wird (Abb. 147).

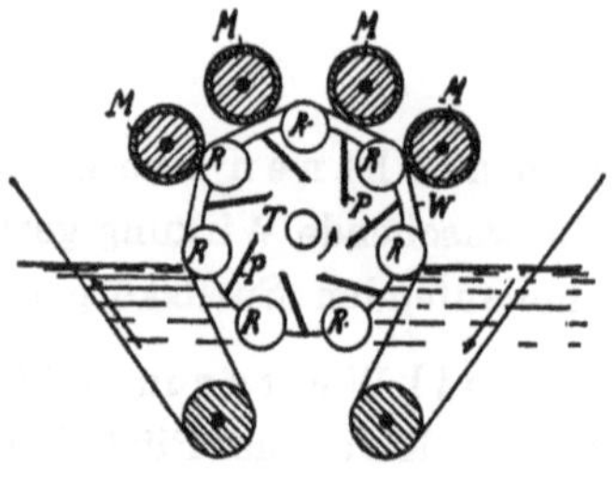

Abb. 147. Breitwaschmaschine nach E. Remy, Mülhausen.

An dem Umfang der drehbaren Trommel T (Abb. 147) sitzen 7 Walzen R lose auf. Da das zu waschende Gewebe W auf den Rollen R aufliegt, so werden diese durch das Rollen auf dem Gewebe eine Drehbewegung um ihre eigene Achse ausführen.

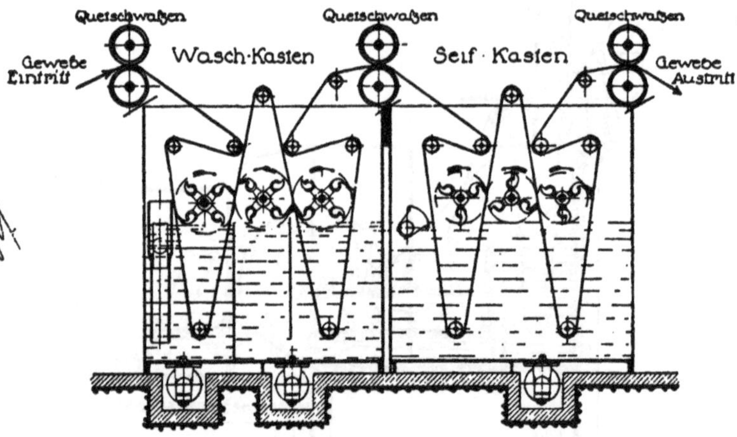

Abb. 148. Breitwaschmaschine mit Waschflügeln von C. G. Haubold-A.-G., Chemnitz.

Von den Schaufeln P wird, da die Hälfte der Trommel in die Flüssigkeit taucht, infolge der Drehung der Trommel eine gewisse Menge Flüssigkeit mitgenommen und gegen das Gewebe geschleudert. Um bei bedruckten Geweben das Verdickungsmittel zu zerquetschen, werden oberhalb der Trommel T an ihrem äußeren Umfang vier Walzen M mit Kautschuküberzügen von den kleinen Walzen R nacheinander angeschlagen. Das Gewebe wird also unter Aufspritzen von Flüssigkeit gehämmert.

Die Waschwirkung der Breitwaschmaschinen wird vielmehr dadurch beeinträchtigt, daß die Waschflügel (Schöpfräder) unzweckmäßig ausgebildet sind. Sie tauchen zu tief in die Flotte ein, beunruhigen deren Oberfläche und gefährden so den glatten Durchlauf besonders leichter Gewebe oder sie geben die geschöpfte Flüssigkeit nicht gründlich genug und gleichmäßig auf die Gewebelaufbahn ab, vielmehr zum Teil dorthin, wo sie keinerlei Wirkung auf das Gewebe ausüben kann.

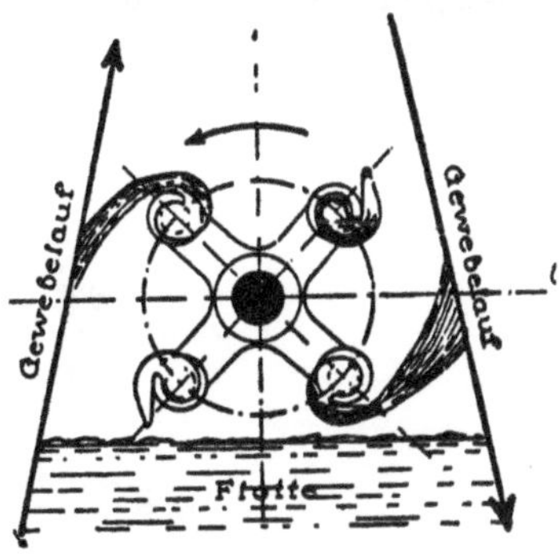

Abb. 149. Waschflügel.

Diese Nachteile vermeidet die Hauboldsche Breitwaschmaschine (Abb. 148).

Auf einer durchgehenden Welle ist links und rechts je ein Armkreuz angebracht, an dessen 4 Enden Rinnen von spiralförmigem Querschnitt befestigt sind. Ihre Öffnung ist derart verlängert, daß sie während der Umdrehung zuerst in die Flotte taucht. Obwohl sie in ihrer tiefsten Stellung nur wenig in das Wasser eintaucht, füllt sich infolge ihrer eigenartigen Form das Innere der Rinne sofort mit Wasser. Die Wasseroberfläche setzt der scharfkantig auslaufenden Öffnung nur geringen Widerstand entgegen. Dadurch, und da sie nur

Abb. 150. Breitwaschmaschine Z X der C. G. Haubold-A.-G., Chemnitz.

wenig eintaucht, wird die Wasseroberfläche kaum bewegt und daneben der Kraftbedarf erheblich verringert.

Sobald der Schöpfflügel aus der Flotte heraustritt, schleudert er das Wasser, das nicht in das Innere der Rinnen eindringen konnte, kräftig gegen das senkrecht vorbeigeführte Gewebe (Abb. 149). Die Flüssigkeit im Innern der Rinnen wird — durch die Spirale verzögert — erst dann abgeschleudert, wenn der Schöpfflügel sich der anderen Seite des Gewebes zugekehrt hat. Ein Abschleudern der Flüssigkeit dahin, wo es kein Gewebe trifft, ist mithin nicht möglich.

Der Einbau der Waschflügel bzw. Schöpfräder in die Breitwasch- und Seifmaschine ist aus Abb. 148 zu ersehen. In der Regel werden 8 Flügel in einen Kasten derart eingebaut, daß sie sich zwischen dem über Leitwalzen auf und nieder durch den Kasten laufenden Gewebe befinden. Dieses wird knapp an den Waschflügeln vorbeigeführt, berührt sie also nicht. Dafür kann aber die Flüssigkeit kräftig auf das Gewebe geschleudert und so eine gute Waschwirkung erzielt werden.

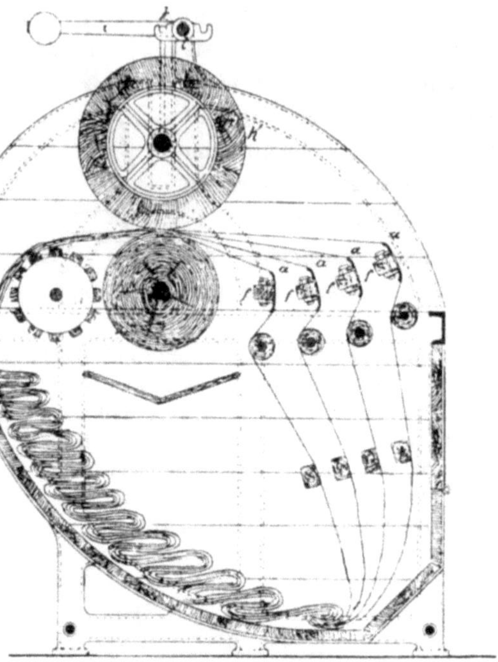

Abb. 151. Breitwaschmaschine für mehrere Stücke, nach F. Bernhard, Leisnig.

Die Schöpfräder werden durch Fest- oder Losriemenscheibe, Längswelle und konische Räder gesondert angetrieben. Ihre Umlaufsgeschwindigkeit kann dadurch unabhängig von jener der Quetschwalzen geregelt werden.

Abb. 150 zeigt eine derartige Breitwaschmaschine, Bauart Z X, besonders für Blaudruckware der C. G. Haubold-A.-G., Chemnitz.

F. Bernhardt-Leisnig ermöglicht nach D. R. P. 25132 (Abb. 151) mehrere Stücke gleichzeitig übereinander zu waschen.

Flecken in der Bleicherei.

Die Rohware sollte vor dem Bleichen durchgesehen werden:

1. damit vorgefundene Flecken dem Auftraggeber gezeigt werden können und der Bleicher von der Verantwortung entlastet wird;

2. weil die meisten Flecken sich vor dem Bleichen leichter entfernen lassen als nachher.

I. Mineralölflecken.

Sie werden in der Weberei durch herabtropfendes Maschinenöl hervorgerufen und sind in der Rohware schlechter zu sehen als in der Bleichware.

H. Lubberger schlug deshalb im D. R. P. 248 522 vor, das Maschinenöl mit 0,1% ölsaurem Methylviolett anzufärben.

Die örtliche Behandlung der Flecken mit Benzin und dgl. ist am wirksamsten, aber teuer. Will man das Entstehen eines „Hofes" vermeiden, so darf man das Benzin nicht auftröpfeln. Es würde das Fett zwar lösen, aber nach dem Verdunsten in dem erweiterten Hof wieder abscheiden; man muß vielmehr das Benzin, mit Magnesia oder Gipspulver angerührt, als Brei auftragen; dieser saugt das Fett auf und kann nach dem Trocknen abgebürstet werden.

Daher sucht man sich vielfach durch minerallösende Zusätze zur Bäuchlauge zu helfen.

S. Wallach & Co. und E. Schweitzer setzen nach D. R. P. 88 432 Anilin oder Phenol zu.

Auf 200 Stück werden 10 bis 15 l Anilin genommen.

Nach dem D. R. P. 95 692 der Neuen Augsburger Kattunfabrik lassen sich Mineralölflecken in dieser Weise nicht entfernen sondern müssen mit einer Mischung von Phenol und Seife von Hand entfernt werden.

Nach G. Saget (Leipziger Färberzeitung 1901) soll Türkischrotöl Mineralölflecken besser entfernen als Phenol.

Die Gewebe können mit Türkischrotöl vor dem Bleichen behandelt werden; Eintauchen in Öl von 5% und Dämpfen unter Druck genügt, um die Fettflecken durch die alkalischen Laugen zum Verschwinden zu bringen.

Das Öl kann auch den Laugen beigegeben werden; zwei Liter für den Kubikmeter des kaustischen Natrons von 2° Bé genügen.

Ein gründliches Waschen in weichem Wasser ist vor dem Säurebade erforderlich, um etwa nicht zersetztes Öl zu entfernen.

Der Zusatz des Öles zu dem Kalk soll wirksamer sein als Zusatz zu den Natronlaugen.

Nach Saget sind die unter Zusatz von Öl zu den Laugen gebleichten Gewebe geschmeidiger als die ohne Rotöl gebleichten. Das Chloren geht leichter und schneller von statten und der Gehalt an Hypochlorit kann erniedrigt werden. —

Nach Grandmougin wirkt eine aus Türkischrotöl und Kolophonium dargestellte Harzseife lösend auf Mineralölflecke ein.

120 kg Natriumsulforicinat 40%
90 kg Kolophonium

werden auf dem Wasserbade bis zur vollständigen Lösung erwärmt und dann mit 12 kg Natronlauge 40° Bé und Wasser auf 220 kg eingestellt.

Man gibt in den Kessel

1600 Liter Wasser,
30 kg festes Ätznatron,
40 kg kalz. Soda,
30—50 kg obiger Harzseife.

Durch diese Zusammensetzung der Bäuchlauge wird ein günstiges Ergebnis allerdings nur bei frischen und schwachen Mineralölflecken erzielt. Wo es sich um alte oxydierte Flecken handelt, versagen alle bekannten Zusätze, oder es müßte deren Menge so erhöht werden, daß eine praktische Verwendung ausgeschlossen wäre. Solche fleckigen Stellen können nur durch örtliche Behandlung vor dem Bäuchen beseitigt werden.

Diese Vorschläge hat F. C. Theis vergleichend geprüft:

Baumwollgewebe wurden mit Mineralöl, wie es in Webereien zum Schmieren usw. der Webstühle benutzt wird, befleckt und diese Flecken mit einem heißen Bügeleisen gehörig bestrichen.

Je 4 Proben wurden einerseits mit Natronlauge 2° Bé gleichmäßig geklotzt und 2 Stunden bei 2 Atm. Überdruck gedämpft, andererseits in der Lauge offen, ohne Druck und unter Zufluß des verdampfenden Wassers 2 Stunden gekocht. Auf 1 Liter Lauge wurden je 2 ccm 1. Anilin, 2. Phenol, 3. Türkischrotöl und 4. Glyzerin zugesetzt. Hierauf wurden alle 8 Proben gewaschen, gesäuert, wieder gewaschen und getrocknet:

Die Proben wurden weiterhin im Chlorkalkbade gebleicht, gewaschen, abgesäuert und wieder gewaschen.

Nach dem Anblauen der gebleichten Proben mit 1 g Methylenblau auf 60 Liter Wasser traten bei allen Proben die Flecken mehr oder weniger deutlich hervor; am stärksten bei den mit Anilin gekochten und bei den mit Türkischrotöl und Glyzerin gedämpften Proben.

Es scheinen demnach diese Methoden doch nicht zu genügen.

Der von der Industriellen Gesellschaft in Mülhausen seit Jahrzehnten ausgeschriebene Preis für ein Verfahren zur Entfernung von Schmierflecken bei der Bleiche ist bis heute nicht verteilt worden (A. Schmidt, L. M. f. T. **1926**, 431).

In der Hand des Spinners und Webers liegt es vielmehr, solche Öle zu verwenden, welche durch das Bleichen glatt zu entfernen sind. Wenn Spinnerei und Weberei auch der Anwendung von Mineralölen nicht entraten können, so bietet sich in einer geeigneten Mischung von Mineral- und

Pflanzenöl doch ein Mittel, Bleichflecke, durch Öl hervorgerufen, zu vermeiden.

Um die Grenzen dieser Mischung festzustellen, hat Theis weiter folgende Versuche angestellt:

Es wurde je ein Stück Baumwollstoff mit einer der unten angegebenen Ölmischungen befleckt, 14 Tage in einem warmen Raum gelagert, dann gesengt und gebleicht mit je einer Kalk- und Sodakochung im Injektorkier.

Zusammensetzung der Öle.

No. 1.	Nur Rapsöl.				
No. 2.	100 g	Rapsöl	10 g	Caspi-	(Mineral-) Öl
No. 3.	100 „	„	20 „	„	„
No. 4.	100 „	„	30 „	„	„
No. 5.	100 „	„	50 „	„	„
No. 6.	100 „	„	80 „	„	„
No. 7.	100 „	„	100 „	„	„
No. 8.	100 „	„	150 „	„	„
No. 9.	100 „	„	200 „	„	„
No. 10.	Nur Mineralöl.				

Nach der Bleiche war von Flecken bei den Probestücken 1, 2, 3 und 4 nichts zu sehen. No. 5 und No. 6 zeigten einen schwach gelblichen Schimmer, der bis zu No. 10 in einen immer deutlicher werdenden Fleck überging.

Mit Mischungen von 3 Teilen Mineralöl auf 10 Teile vegetabilisches Öl könnte also dem Übelstand abgeholfen werden.

In seiner umfangreichen Studie über die Theorie des Bleichens (Bull. de la Soc. ind. de Mulhouse, 1888) hat bereits Albert Scheurer über die Verseifung von Gemischen von Pflanzen- und Mineralölen berichtet:

Bekanntlich wird ein Mineralölfleck durch Einweichen mit Olivenöl beim Bleichen entfernt; eine Mischung von verseifbarem Fett mit Petroleum oder Paraffinöl hinterläßt keine Spuren nach dem Bleichen, während reines Mineralöl unverändert auf dem Zeug zurückbleibt.

Ein Gemisch von gleichen Teilen schottischem Erdöl und Baumwollsaat-, Oliven- oder Rapsöl wurde entfernt durch einmaliges Abkochen mit Kalk bei 120° während 6 Stunden, nachfolgendes Säuren und Abkochen mit Soda und Harz bei 120° während 10 Stunden oder durch einfaches 10 Stunden dauerndes Abkochen mit Soda und Harz bei 120°.

Eine Mischung von drei Teilen schottischem Erdöl mit zwei Teilen eines der genannten Pflanzenöle bot dem Bleichen so zähen Widerstand, daß sie nicht ohne Schädigung der Ware entfernt werden konnte.

Dieses Bleichen von Mineralölflecken mit Pflanzenfetten kann nur durch die vermilchende Wirkung erklärt werden, welche Seife gegenüber Kohlenwasserstoffen und auch gegenüber schwer verseiflichen Fetten ausübt. Um also einen Fleck von verseifbarem Neutralfett möglichst schnell zu entfernen, ist es nötig, eine vermilchend wirkende Seife und ein die vermilchten Fette verseifendes Ätzkali zusammen anzuwenden. Das Bleichen mit Soda oder Ätznatron ohne Harz erfordert längere Zeit, weil nur sehr wenig Seife entsteht und diese sofort in die Lauge geht, so daß sie zu sehr verdünnt wird, um noch wirken zu können. Der Zusatz von wenig Harz hingegen erzeugt genügend Seife für die Vermilchung der Fette. Die Verseifung wird durch einen 2⅛ g Harz im Liter übersteigenden Zusatz nicht beschleunigt. Die vermilchende Wirkung steht demnach nicht genau im geraden Verhältnis zu der vorhandenen Menge Harzseife, sondern erreicht einen Höhepunkt; dieser wird durch die Geschwindigkeit des Kreislaufs der Flüssigkeit beeinflußt. Ein in einer Flüssigkeit sich bewegender Körper findet im Verhältnis zur dritten Potenz seiner Geschwindigkeit Widerstand. Die vermilchende Kraft der Lauge würde demnach im Verhältnis der dritten Potenz der Umlaufsgeschwindigkeit schwanken. Augenscheinlich ist also die Umlaufsgeschwindigkeit der Lauge im Bleichkessel beim Behandeln der Neutralfette mit Ätznatron und Seife von großer Wichtigkeit.

II. Teerflecken.

Sie entstehen, wenn die beim Zeichnen der Stücke aufgedruckten Buchstaben usw. abschmieren. Ihre Entfernung muß vor dem Bleichen mit Benzin, Tetralin, Tetrapol u. dgl. örtlich versucht werden.

III. Stockflecken.

S. Bd. II, S. 17. M. Lummerzheim (L. M. f. T. **1921**, 11) empfiehlt zur Vermeidung der Stockflecke nur solchen Appret zu verwenden, der frei von kleberhaltigem Mehl und von Traubenzucker sei. Der Appret selber darf noch nicht schimmelig sein; 25 g Kochsalz — bei Gegenwart von Magnesiumchlorid mit etwas Soda zu sichern — oder 10 g Zinksulfat im Liter verhindern die Fäulnis sicher und billig.

IV. Holzflecken.

Sie ähneln den Stockflecken. Sie entstehen bei der Berührung mit frischem, nicht ausgekochtem, aber auch mit faulem, moderigen Holz; auch durch Auftropfen von an Holzbalken kondensiertem Wasser. Sie sind sehr schwer und nur durch kräftiges Bleichen zu entfernen.

V. Kochflecken.

Sie entstehen durch ungleichmäßiges Einpacken in den Kochkessel; die Gefahr ist um so größer, je mehr Ware eingepackt wird; besonders die unteren, stärker zusammengepreßten Schichten kochen schwierig durch.

Ferner kann bei trockenem Einlegen ungleichmäßiges Netzen zu befürchten sein.

An den vom Flottenkreislauf unberührten Stellen sammeln sich die anderwärts abgelösten Schmutzteilchen an.

Kochflecke verraten sich durch ihre mangelhafte Netzbarkeit im Vergleich zur übrigen Ware.

Helle Flecke können unter Umständen durch kräftiges Säuern und Chloren beseitigt werden. Dunkle erfordern Umpacken und abermaliges Bäuchen.

VI. Kalkflecken.

Beim Bäuchen mit Kalk in Hochdruckkesseln ist nach Beendigung des Kochens die Flüssigkeit sofort abzulassen und die Ware mit kaltem Wasser im Kessel zu waschen, da sonst leicht der Kalk an den Stellen, wo die Ware die heiße Kesselwandung berührt, im Gewebe eintrocknet und dadurch eine vollständige Lösung des Kalkes in der nachfolgenden Säure verhindert. Wird ein solches Gewebe zu Dampfware verwendet, so zeigen sich nach dem Dämpfen quer verlaufende braune morsche Streifen.

Daß diese von Kalk herrühren, hat Lauber (Handbuch des Zeugdrucks IV. Aufl. **1902**, I, 9) gezeigt: Es wurden sowohl von reiner als von fleckiger Ware desselben Gewebes je 0,8 qm verascht:

	Gewicht	Asche	Eisen Fe_2O_3	Kalk CaO	Unlöslich
Fleckige Ware	69,50	0,085	0,010	0,032	0,0015
Reine Ware	62,89	0,048	0,005	0,005	0,003

VII. Harzflecken.

Die Bereitung der Harzseife hat mit besonderer Sorgfalt zu geschehen, da sonst gelbe, schwer netzbare Harzflecke unvermeidlich sind; die mit Harzseife gekochte Ware soll höchstens über Nacht im Kessel belassen werden.

VIII. Laugenflecken.

Zu starke Lauge merzerisiert die Ware an den Stellen, wo sie auftrifft; diese Stellen färben sich nachher tiefer an.

IX. Sengflecken.

Sie entstehen, wenn das Gewebe der Senghitze zu lange ausgesetzt war, aber auch an rußenden Flammen. Wenn sie noch nicht zu braun geworden sind, können sie in der nachfolgenden Bleiche wieder verschwinden.

X. Rostflecken.

Sie entstehen z. B. durch Berührung mit unverdeckten eisernen Nägeln in Bottichen oder mit der Kesselwand, wenn der Kalkanstrich sich abgelöst hat; auch durch auftropfendes, von Eisenteilen herabfallendes Wasser; ferner kann das Eisen dem Wasser selbst entstammen, besonders, wenn dieses lange in eisernen Rohren gestanden hat. Man lasse deshalb den ersten Schuß Wasser aus den Rohren bei Beginn der Arbeit laufen.

Schließlich können Kettfäden durch längere Berührung mit dem eisernen Riet oder Fadenwächter rostig werden, besonders wenn sie sauer — z. B. mit Zinkchlorid — geschlichtet wurden.

Rostflecke verraten sich leicht durch die Bläuung beim Betupfen mit Salzsäure und Kaliumferrozyanid.

Frische Rostflecke verschwinden beim starken Absäuern. Alte können bereits in Eisenseife übergegangen sein und sind nur schwer zu entfernen.

C. O. Weber schlägt zur Entfernung von Eisenflecken (Journ. of the Soc. of Chem. Ind. **1892**), vor, die Ware durch ein Oxalsäurebad von 4° Bé oder durch Bisulfit von 5° Bé zu nehmen und darauf zu waschen; Flecken aus Eisen und Öl, welche eine Eisenseife bilden und besonders hartnäckig den üblichen Reagenzien widerstehen, werden durch eine heiße Lösung aus 1 Teil neutraler Seife, 1 Teil Glyzerin und 3 Teilen Wasser entfernt.

Gute Dienste leistet im allgemeinen eine Mischung aus gleichen Teilen 10%iger Oxalsäure und Schwefelsäure (Bd. I, 118), entweder kalt über Nacht oder unter vorsichtigem Erwärmen bis zur Lösung.

Hartnäckige Rostflecke lassen sich örtlich entfernen, indem man das Säuregemisch auftropft und dämpft.

Gefahrloser ist das Aufstreuen von Burmol der B. A. S. F. (Hydrosulfit) auf die angefeuchtete Stelle. Man verreibt, dämpft und spült.

XI. Bleiflecken.

Sie entstammen der zum Abdichten von Rohrleitungen benutzten Mennige oder dem Blei der Rohre usw. Blei wird sowohl von Säuren, insbesondere Salzsäure, als auch Natronlauge angegriffen. Das zunächst farblose Bleichlorid oder -hydroxyd bräunt sich auf der Faser zu Bleisulfid bei Gegenwart von Schwefelwasserstoff oder zu Bleisuperoxyd beim nachfolgenden Chloren.

Die Gegenwart von Blei verrät sich durch die Schwärzung mit Schwefelwasserstoff.

Die Flecken verschwinden größtenteils beim starken Absäuern.

XII. Oxycelluloseflecken (S. 215).

Oxycellulose entsteht

1. Wenn Baumwolle mit Natronlauge bei Gegenwart von Luft gekocht wird.

Alb. Scheurer veröffentlichte 1888 folgende Zahlen über eine achtstündige Einwirkung von Natronlauge bei Abschluß der Luft und bei einer Temperatur von 150° C, also bei über 4½ Atm. Druck.

	Festigkeit
Kattun-Gewebe vor der Behandlung	16,9
10 g NaOH im Liter = 2 ° Bé	16,4
20 „ „ „ „ = 3 ° Bé	16,6
40 „ „ „ „ = 5½° Bé	15,8
80 „ „ „ „ = 11 ° Bé	16,8

Nach diesen Versuchen hat Lauge bei Abschluß von Luft keine besondere Einwirkung.

Es genügte aber die Gegenwart von wenig Luft zur Zerstörung der Faser. Scheurer gab ein 8fach zusammengelegtes Stück Kattun in Lauge, beim Herausnehmen war das Stück bei den Falten getrennt, da dort Luft eingeschlossen war; in der Mitte blieb das Stück fest.

Über die Gefahr des Dämpfens gelaugter Ware s. S. 190.

2. Wenn zu stark oder zu warm gechlort wird (S. 164).

3. Wenn die Kohlensäure der Luft auf einzelne aus der Hypochloritflotte herausragende Stellen längere Zeit einwirken kann.

4. Wenn die Baumwolle Katalysatoren wie Eisen oder Kupfer enthält.

Über den Nachweis und die Bestimmung von Oxycellulose s. Bd. II, S. 29.

Inwieweit auch andere Metalle und Legierungen Hypochloritlösungen katalytisch zu zersetzen vermögen, hat P. W e y r i c h (Z. f. d. ges. Textilind. **1915**, 176) gezeigt. Er legte in ½ Liter Chlorkalklösung 1° Bé gleich große Metallbleche ein und ermittelte den Rückgang des Chlors nach gewissen Zeitabschnitten; ausgedrückt in % des ursprünglichen Chlorgehalts von 3,34 g Cl im Liter:

	nach 6	12	24	48	192 Stunden
Ohne Metall				0,13	0,51
Zinn	0,38	0,46	0,73	2,65	6,01
Blei	0,58	1,85	2,45	4,24	13,73
Phosphorbronze	1,25	1,85	3,35	21,59	88,50
Aluminium	1,82	3,67	4,15	4,78	10,90
Chromstahl (30% Cr)	2,31	3,35	6,10	19,08	69,39
Nickelin	3,35	31,72	55,60	95,21	99,44
Nickel	4,69	8,84	16,58	81,79	99,42
Kupfer	5,38	20,22	43,65	91,89	99,44
Zink	11,31	22,93	44,60	59,30	87,89
Schmiedeeisen	38,31	65,61	75,83	81,79	99,51

Die entstandene Oxycellulose ist vielleicht zunächst in der gebleichten Ware nicht zu sehen; sie löst sich aber beim nachfolgenden alkalischen Kochen und es entsteht ein Loch.

Auch das Bleichen von Buntgeweben mit gechromten Färbungen, wie z. B. Anilinschwarz, kann infolge der katalytischen Wirkung des Chroms verhängnisvoll werden (D. Färb.-Ztg. **1914**, 774).

Oxycellulose vergilbt beim Dämpfen und bei alkalischer Behandlung (M. Freiberger, L. Färb.-Ztg. **1917**, 221).

Die heiße alkalische Flüssigkeit löst Oxycellulose auf und wirkt dadurch reduzierend auf Küpenfarbstoffe in Buntware.

R. Scholl (B. **1911**, 1312) hat gezeigt, daß indanthrengelbe Baumwolle an oxycellulosehaltigen Stellen beim Erwärmen mit Natronlauge blau wird.

Nach F. A. Ermen (J. Soc. Dyers & Col. **1912**, 132) färbt sich oxycellulosehaltiges Gewebe mit einer kolloidalen Lösung von Indanthrengelb — erhalten durch Einblasen von Luft in eine Kasein und 10% Natriumhydroxyd enthaltende Küpe — getränkt, abgequetscht und über siedendes Wasser gehalten, an den oxycellulosehaltigen Stellen zunächst blau an. Nach dem Auswaschen, Säuern und Seifen entsteht Gelb. Beim Laugen und abermaligen Dämpfen verwandelt sich das Gelb wieder in Blau usw.

XIII. Vergilben.

Über das Vergilben infolge der Gegenwart von Eisen und Oxycellulose s. S. 205 und S. 208, ferner Wollen- und Leinenindustrie **1927**, 437.

Nach Tailfer (Traité pratique du Blanchiment, **1897**, 132) haben geseifte Gewebe die Neigung, auf Lager nachzugilben.

Die Hauptursache dürfte in der Verwendung schlechter Seifen mit stark ungesättigten Fettsäuren (hoher Jodzahl) liegen.

Schlecht gebäuchte, noch pektinhaltige Baumwolle gilbt nach. Kind (Das Bleichen der Pflanzenfasern, S. 368) nimmt an, daß die Pektinsäure zwar farblos, ihr Alkalisalz aber gelb sei. Als Alkali genügt schon die Karbonathärte des Wassers.

Nach Erban (L. Färb.-Ztg. **1912**, 370) rührt das Vergilben nicht von unvollständiger Entfernung des Baumwollwachses her. Die kaltgebleichte Baumwolle (S. 51) besitzt gute Lagerbeständigkeit.

M. Freiberger (L. Färb.-Ztg. **1917**, 1) prüft die Lagerbeständigkeit durch Dämpfen nach vorhergehender Tränkung mit 1½%iger Türkischrotöllösung. S. a. L. Färb. Ztg. **1911**, 323.

Mit Ultramarin gebläute Ware kann durch Zerstörung der Bläue infolge saurer Einwirkung zum Vergilben gebracht werden.

XIV. Rosaflecken.

Über Rosaflecken infolge bakterieller Einwirkung s. Bd. II, S. 17.

Rosaflecken können auch durch Anilindämpfe hervorgerufen werden, die z. B. von anilinschwarzer Ware ausgehen.

Die Prüfung gebleichter Ware.

A. Physikalische Eigenschaften.

1. Der Bleichgrad wird zahlenmäßig durch die Bestimmung des Weißgehalts mit Hilfe des Halbschattenphotometers (Hasch) nach W. Ostwald ermittelt (W. Douglas, T. **1921**, 411), Das Halbschattenphotometer ist zu beziehen von Janke & Kunkel in Köln, Sionstal. Der Bleichgrad wird in Hundertsteln Weiß ausgedrückt. Eine gute Bleichware hat den Bleichgrad 80.

2. Der Glanz wird ebenfalls im Hasch gemessen durch Bestimmung des Unterschiedes im Weißgehalt einerseits in der Spiegellage — 22½° geneigt gegen die wagerechte Lage — andererseits in der wagerechten Lage des Musters. So hat z. B. Hemdentuch den Glanz 31, merzerisierte Serge 65, Kunstseide 171 usw.

3. die mechanischen Eigenschaften: Festigkeit und Dehnbarkeit, Zwirn und Drall werden ermittelt.

Dabei sind Feuchtigkeit und Einspannlänge der Prüflinge bei vergleichenden Versuchen gleich zu halten. Am besten läßt man den Prüfling 24 Stunden in einem Raum mit 65% Feuchtigkeit liegen (Bd. I, S. 3). Trocknere Prüflinge sind weniger fest. Größere Einspannlänge verringert ebenfalls die Reißfestigkeit.

Auch die Reißgeschwindigkeit ist von Einfluß (H. Alt, Textile Forschung, Dresden **1919**, 26). Die Belastung sollte gleichmäßig zunehmen. Diese Forderung läßt sich aber durch mechanischen Antrieb kaum erfüllen, sondern nur durch gleichmäßigen Zufluß von Wasser in ein angehängtes Gefäß. Daher müssen bei mechanisch angetriebenen Reißapparaten soviel Einzelversuche angestellt werden, bis das Mittel aus den erhaltenen Werten sich nur noch um einen zu vernachlässigenden Betrag ändert.

Der Garnnummer ist die Reißfestigkeit R nicht etwa umgekehrt proportional, sondern sie nimmt weniger stark ab, wie folgende Übersicht für Baumwollgarne zeigt:

Nr. engl.	R in g	Nr. engl.	R in g
4	900—1250	24	170—270
8	500— 800	30	130—215
16	250—400	40	100—160
20	200— 320 .		

Die unteren Werte beziehen sich auf Schuß, die oberen auf Kettgarn. Bei stärkerer Drehung können noch höhere Werte erhalten werden.

Lose gedrehte Garne können durch das Bleichen bis zu 15% fester werden, indem die Fasern beim Kochen verfilzen.

Umgekehrt wird die Festigkeit durch Fett oder Paraffin verringert, weil die Fasern nicht mehr so gut aneinander halten.

Bei der Prüfung von Garnen ist noch die Ermittlung der wahren Ungleichmäßigkeit wichtig. Sie kann als Maß der Häufigkeit des Fadenbruchs bei der Verarbeitung gelten. Denn je ungleichmäßiger das Garn ist, um so mehr schlechte Stellen von niedriger Reißfestigkeit sind vorhanden.

Die wahre Ungleichmäßigkeit setzt sich aus der oberen und unteren Ungleichmäßigkeit zusammen, indem man jede von beiden mit der Anzahl Messungen vervielfältigt, die Ergebnisse zusammenzählt und die Summe durch die Gesamtzahl der Messungen teilt.

Die obere Ungleichmäßigkeit erhält man durch Zusammenzählen der über der mittleren Zerreißfestigkeit liegenden Werte und Teilen der Summe durch ihre Anzahl. Von diesem „Obermittel" wird die mittlere Zerreißfestigkeit (das „Gesamtmittel") abgezogen, der Unterschied durch das Gesamtmittel geteilt und mit 100 vervielfältigt.

Die untere Ungleichmäßigkeit erhält man durch Zusammenzählen der unter dem Gesamtmittel liegenden Werte und Teilung durch ihre Anzahl. Dieses „Untermittel" wird vom Gesamtmittel abgezogen, der Unterschied durch das Gesamtmittel geteilt und mit 100 vervielfältigt.

Diese Berechnung vereinfacht sich, wenn die Anzahl der über und unter dem Gesamtmittel liegenden Werte einander gleich ist. Dann haben obere und untere Ungleichmäßigkeit denselben Wert. Dieser kommt mithin auch der wahren Ungleichmäßigkeit zu (T. **1923**, *268*).

Wichtig ist auch für die Beurteilung eines Garnes oder Gewebes die Ermittlung der sog. „Dehnungskurve (W. Weltzien, T. **1926**, 1035). Auch sie erlaubt Rückschlüsse auf das Verhalten des Prüflings auch unterhalb der Reißgrenze.

Man steigert die Belastung so langsam, daß man Zeit hat, ihre Zunahme in Beträgen von etwa 10% der Reißbelastung und gleichzeitig die zugehörigen Dehnungswerte abzulesen. Die erhaltenen Werte trägt man in ein Koordinatensystem mit den Belastungen als Abszisse und den Dehnbarkeiten als Ordinaten ein.

Bei den Apparaten der Firma L o u i s S c h o p p e r in Leipzig (L. M. f. Textil-Ind. **1897**, 195) geschieht die Kraftmessung nicht mit Hilfe von Spiralfedern, sondern durch eine Neigungswage (Abb. 152).

Der Belastungshebel D bewegt sich zwischen zwei Kreissegmenten F und c, von denen das vordere (F) mit einer dem Gewicht entsprechenden Teilung ver-

Abb. 152. Zerreißapparat nach L. Schopper.

sehen ist, während das hintere (c) auf der Oberseite Zähne hat, welche dazu dienen, die an dem Hebel D angebrachten Sperrklinken d nach dem Reißen des Streifens aufzufangen und so daß Zurückfallen des Belastungshebels zu verhindern. Die Bezifferung der Bogenteilung gibt die Kraftleistung in Kilogrammen an

Statt des zweiten Armes des Krafthebels ist ein Bogensegment i angebracht, über welches eine Kette x läuft, die am unteren Ende die eine Einspannklemme trägt. Durch die Kette x ist erreicht, daß sich die obere Klemme J immer senkrecht über der unteren befindet und eine gewisse zwanglose Beweglichkeit während des Versuches behält.

Der Krafthebel hat nur ein Gewicht G, wodurch die Handhabung des Apparates vereinfacht wird, ohne Beeinträchtigung der erforderlichen Genauigkeit.

Die Messung der Dehnung erfolgt durch die Feststellung der gegenseitigen Verschiebung der beiden Einspannklemmen J und M. Um diese Verschiebung zu bestimmen, wird die Bewegung der unteren Klemme M mittels der Zugstange e auf den Dehnungshebel K übertragen. An diesem Hebel K, welcher sich mittels einer Hülse um den Zapfen des Gewichtshebels D drehen kann, ist ein Zeiger angebracht, welcher sich über zwei am Krafthebel befindliche Bogenteilungen L bewegt. Die eine dieser Teilungen gibt die Verlängerung des Streifens, welche mit der Verschiebung der Klemmen gegeneinander gleichbedeutend ist, in Millimetern, die andere, bei einer Versuchslänge von 200 mm, direkt in Hundertsteln an. Das untere Ende der Zugstange e ist an einer Hülse befestigt, welche sich auf einer mit der Antriebspiedel a parallelen Gleitstange n bewegen kann und während des Versuches von dem an der Antriebspindel befestigten Nasenhebel o mitgenommen wird. Auch der Dehnungshebel hat statt des oberen Armes ein Bogensegment p, auf welches die Bewegung der unteren Klemme mittels der Zahnstange q übertragen wird. Diese Zahnstange, welche sich in einer festen Führung bewegt, wird durch eine Bremsfeder fest gegen das gezahnte Segment p gedrückt, so daß toter Gang ausgeschlossen ist. Die hierdurch entstehende Zahnreibung wird vom Antrieb aufgenommen und ist daher auf die Kraftmessung ohne Einfluß.

Die Reibung der Hülse des Dehnungshebels auf dem Zapfen des Gewichtshebels ist in der Bestimmung der gesamten Reibung des letzteren mit einbegriffen. Da jedoch infolge der schnelleren Bewegung des Dehnungshebels gegenüber dem Krafthebel diese Hülsenreibung in entgegengesetzter Richtung zu der sonstigen Reibung wirkt, so wird sie in Wirklichkeit niemals den bei der Bestimmung gefundenen Zahlenwert erreichen.

An der Antriebsvorrichtung ist eine Sperrvorrichtung angebracht, welche für eine bestimmte Länge das richtige Einstellen der unteren Klemme in die Nulllage sichert.

Der Versuch wird in folgender Weise ausgeführt:

Nachdem man den Belastungshebel mit Hilfe des hierfür bestimmten Stiftes in der Nullage festgelegt hat, wird die untere Klemme M durch Drehen des Handrades B in ihre höchst zulässige Lage gebracht, um den zulässigen Weg gehoben und mit der hierfür bestimmten, unter dem Nasenhebel o befindlichen Schraube s festgestellt. Durch völliges Hochschieben der Zugstangenhülse bringt man den Dehnungshebel in seine Nullstellung.

Nunmehr wird der Streifen eingespannt, was sich bei diesem Apparat infolge seiner vertikalen Stellung bequemer und sicherer ausführen läßt, als bei Maschinen mit wagerechter Anordnung.

Man löst den Gewichtshebel durch Entfernung des Arretierungsstiftes, legt die Sperrklinken d ein und setzt den Apparat durch Drehen des Handrades B in Tätigkeit.

Nachdem das Antriebsrad 2—3 Umdrehungen gemacht hat, löst man, ohne mit dem Drehen aufzuhören, die Schraube s, welche die untere Klemme hochhält, damit diese beim Reißen des Streifens herunterfallen und den Drehungshebel auslösen kann.

Nach dem Reißen des Streifens stehen, auch bei fortgesetztem Drehen des Handrades, die Hebel für Belastung und Dehnung still und gestatten so eine ruhige und sichere Ablesung der Bruchlast und Dehnung. Es ist dies ein Vorzug gegenüber Apparaten, bei welchen man im Augenblick des Streifenreißens mit dem Drehen aufhören und gegenüber denjenigen, bei welchen man die Dehnung fortwährend bis zum Streifenbruch beobachten muß. Vgl. H. Vollprecht, L. M. f. Textilind. 1927, 63.

Beim Aufstellen des Schopperschen Apparates ist darauf zu achten, daß der Zeiger des Krafthebels auf Null und die Luftblase der am Stativ angebrachten Wasserwage in der Mitte einspielt. Die Reibung des Krafthebels in der Nähe des Nullpunktes ist unbedeutend, das Einspielen auf den Nullpunkt daher sehr befriedigend.

Der Vorteil des Apparates gegenüber den mit Spiralfedern arbeitenden liegt darin, daß eine wiederholte Prüfung auf die Zuverlässigkeit seiner Angaben, wie sie bei Spiralfeder-Apparaten unbedingt von Zeit zu Zeit erforderlich ist, nicht nötig ist.

Um zu prüfen, wie stark man einen Faden bei wirtschaftlichem Arbeitsgang belasten darf oder auf wieviel Meter ein Fadenbruch vorkommt, benutzt man den Apparat von Dietz, D. R. P. 415812, hergestellt von F. R. Poller, Leipzig (Z. f. d. ges. Textilind. 1927, 479).

Der Faden läuft zwischen einem Liefer- und einem Abnehmerwalzenpaar über eine Rolle; diese ist an einem Belastungshebel verstellbar gelagert und übt einen bestimmten Druck auf das Garn aus.

Über die Ermittlung von Zwirn und Drall von Kette und Schuß s. Bd. II, S. 44.

4. Gewichtsverlust; Verlust an Gewebebreite. Im allgemeinen verlieren die Garne durch das Bleichen an Gewicht; auch schrumpfen sie der Länge nach besonders bei alkalischer Kochung, bei harter Drehung und bei loser Wicklung auf dem Kops.

Durch das Bleichen verlieren auch die Gewebe an Gewicht und gehen in der Breite ein, gewinnen aber gewöhnlich an Längenmaß. Für die verschiedenen Gewebearten sind diese Verhältnisse verschieden.

C. F. Theis fand bei dem bekannten russischen Nesselgewebe, dem sogenannten Metcal, im Durchschnitt jahrelanger Feststellungen: 16% Gewichtsverlust, 2,5% Längenzunahme, 6,3% Mindermaß an Breite.

Dabei ist zu berücksichtigen, daß die Ware im festen Strang gebleicht und auf Trockenzylinder getrocknet wurde. Beim Arbeiten mit losem Strang erhält sich eine größere Breite des Gewebes, natürlich auf Kosten der Längenzunahme.

W. Elbers rechnet für Druckware eine Längenzunahme bis zu 6 und eine Breitenabnahme bis zu 12%.

Nach Schunk (Textile Mercury, 1901) enthält die rohe Baumwolle außer der hygroskopischen Feuchtigkeit ungefähr 5% Verunreinigungen, von denen die meisten unlöslich in Wasser, aber löslich in Alkalien oder Säuren sind. Durch 7½ Stunden langes Kochen der Baumwolle in kalzinierter Soda und nachherigen Zusatz eines Überschusses von verdünnter Schwefelsäure zu der entstandenen dunkelbraunen Lösung erhält man einen reichlichen hellbraunen flockigen Niederschlag, während die Flüssigkeit nahezu farblos bleibt. Der getrocknete Niederschlag bildet eine braune, bröcklige, an den Kanten durchscheinende Masse und läßt nach dem Glühen 2,3 bis 6,9% einer hellgelben, nicht alkalischen Asche zurück. Die Menge dieser beim Bleichen beseitigten Fremdstoffe hängt zum Teil von dem Grade des Bleichens ab. Ein Teil des zum Bleichen benutzten Mittels kann in der Faser zurückbleiben und auf diese Weise einen Teil des durch die Beseitigung der Fremdstoffe entstandenen Verlustes ersetzen. Man kann den bei der Durchschnitts-Bleiche entstehenden Verlust auf ½—8% schätzen, nämlich für Baumwolle in rohem Zustand: 4—6%; Baumwollengarn: ½ bis 5%; gestrickten oder gewebten Stoff: 6—8%.

Kaltbleiche (S. 51) hat geringere Verluste.

Durch den Verlust wird die Baumwollgarnnummer entsprechend feiner.

Gebleichtes Flachsgarn verliert etwa 20% an Gewicht (S. 223).

Gebleichtes Leinengewebe kann bei starker Schlichtung bis 40% verlieren.

Flachsgarne können durch das Ausschlagen der nassen Strähne 1—2% länger werden.

Prüft man normal gebleichte Gewebe häufiger unter Berechnung der Längenzunahme und der Breitenabnahme, so wird man finden, daß von einer Zunahme an Reißkraft nicht geredet werden kann. Wo eine größere Reißkraft vorliegt, sind zweifelsohne abnorme Verhältnisse — absichtlicher oder unabsichtlicher Natur — im Spiele, und eine teilweise Mercerisation der Baumwolle ist dann die überzeugendste Erklärung für Vorgänge, die der allgemeinen Regel zu widersprechen scheinen.

5. Netzbarkeit. Bestimmung nach den Bd. II, S. 9 angegebenen Verfahren.

S. a. A. Köhler, Über den Einfluß der Bäuche und Bleiche auf die Kapillarität der Baumwolle, Dissertation, Dresden 1908.

6. Griff. So wie geseifte Ware durch das nachfolgende Säuern griffig wird, so fühlt sich auch mit Chlorkalk gebleichte und abgesäuerte Ware spröde an. Für weiche Ware ist das Absäuern zu vermeiden und daher Kalzium- durch Natriumhypochlorit zu ersetzen.

B. Chemische Eigenschaften.

1. Säure.

Gute Bleichware soll nur Spuren Säure enthalten. Es ist daher wichtig, sich über die Menge der in der Faser zurückgebliebenen Säure ein Bild zu machen.

Nach E. Ristenpart (Z. f. d. ges. Textilind. **1925**, 460) wird die Empfindlichkeit der Prüfung auf Säure beträchtlich gesteigert, wenn man die zu untersuchende Probe trocken auf einen Objektträger legt, einen Tropfen destillierten Wassers darauf setzt und sich vollständig einsaugen läßt, erst danach das trockene, blaue Lackmuspapier sowie einen zweiten Objektträger darüber legt und (mit einem Kilogewicht) beschwert. So lassen sich auf 1 g Faser noch 0,000 001 g Essig- oder Schwefelsäure nachweisen. Ersetzt man das Lackmus- durch rotes Kongopapier, so verraten sich noch 0,00001 g Schwefelsäure durch die Bläuung.

Die quantitative Bestimmung geschieht so, daß 1 g der Probe mit 10 ccm Wasser ½ Stunde unter zeitweiligem Schütteln stehen gelassen wird. Man gießt die überstehende Flüssigkeit (etwa 8 ccm) in ein Probiergläschen ab. In Gläschen von gleicher Gestalt gießt man die gleiche Menge verdünnter Schwefelsäure von zunehmendem Gehalt und läßt in jedes Gläschen ein von demselben Streifen Lackmuspapier abgeschnittenes, 1 cm langes und ½ cm breites Schnitzelchen fallen. Nach 10 Minuten und zeitweisem Schütteln vergleicht man die Färbungen.

2. Chlor.

Gut gebleichte Baumwolle soll frei von Chlor sein. Freies Chlor findet man, wenn eine Probe des zu untersuchenden gebleichten Stoffes in eine Lösung von Kaliumjodid, der etwas Stärke zugesetzt wurde, gebracht wird; tritt Blaufärbung ein, so deutet diese auf Chlor.

3. Oxycellulose

ist bereits Bd. II, S. 28 beprochen worden.

Über die weitere chemische Untersuchung machte G. Ambühl (Chemiker-Ztg. **1903**, 792) die folgenden Mitteilungen:

Die ostschweizerische Stickindustrie bezieht die Stickböden, d. h. die leichten Baumwollgewebe, auf welche gestickt wird, in nur durch Behandlung mit Kalkmilch und verdünnter Säure gereinigtem Zustande aus England. Nachdem diese braun- oder rotgelben Gewebe mit weißem Baumwollgarn bestickt worden sind, kommen sie in die Sengerei und dann in die Bleicherei, wo sie abwechselnd mit kaustischer und kalzinierter Soda und mit Seife unter Druck, Chlorkalk und Säure gebleicht werden. Es ist für diese Exportware erforderlich, daß sie dauerhaft rein gebleicht ist und auf dem Lager nicht vergilbt. Um darüber Aufschluß zu erhalten, müssen die noch im Gewebe zurückgebliebenen ätherlöslichen Stoffe, wie Baumwollwachs, Harz, Fette und Fettsäuren, ferner die als Kalkseife gebundenen Fettsäuren und schließlich die mineralischen Bestandteile in Form der Asche bestimmt werden:

4. Bestimmung des Ätherlöslichen.

Der hierzu verwendete Äther muß vollkommen rein sein. Der zusammengerollte Abschnitt (15—18 g) des Gewebes wird mit wasserfreiem Äther 2½ Stunden im Soxhletschen Apparat ausgezogen. Der Fettgehalt geht bei tadellos gebleichten dünnen Baumwollgeweben von 1,0—1,5% der rohen Ware auf 0,01 und selbst 0,008% herunter, bei erstklassig gebleichten bis auf 0,025%, bei ungenügend gebleichten bis auf 0,04% und mehr.

5. Bestimmung der Kalkseifen.

Das entfettete Muster wird eine halbe Stunde in 5prozentige Salzsäure gelegt, gut ausgewaschen, getrocknet und wieder mit Äther ausgezogen. Die erhaltenen Fettsäuren werden getrocknet und gewogen, in warmem Alkohol gelöst und unter Zusatz von Phenolphthalein mit $^1/_{10}$ N-Lauge titriert. Die durch Wägung und Titrieren gefundenen Werte (als Stearinsäure berechnet, 1 ccm Lauge = 0,0284 g Fettsäure) stimmen annähernd überein. Tadellos ausgewaschene, von Seiferückständen befreite Bleichwaren liefern nach dieser Methode 0,03—0,04% Fettsäuren, ungenügend ausgewaschene mehr als 0,08%, mangelhafte mehr als 0,12%.

6. Bestimmung des Aschengehaltes.

Die bestgebleichte Ware liefert etwa 0,03—0,05% einer weißen, aus Kalziumkarbonat und Silikaten bestehenden Asche.

Die Untersuchung eines Stickereicoupons in verschiedenen Stadien der Verarbeitung zeigte die in Tabelle I angegebenen Werte in Hundertsteln.

Tabelle I.

	Freies Fett	Fettsäuren	Asche
Ganz roh	1,0448	0,1359	1,6294
Vorgekocht	0,1761	0,4923	0,2230
Fertig gekocht	0,0528	0,0632	0,3429
Halb gebleicht	0,0168	0,0452	0,0520
Fertig gebleicht	0,0210	0,0433	0,0571

Aus diesen analytischen Zahlen kann der Schluß gezogen werden, daß die Ware in erster Linie durch Kochen und Seifen so vollkommen wie möglich entfettet und gereinigt werden müsse, damit das Chlor nur noch Spuren von gelbbraunem Farbstoff vorfindet.

Beispiele für die Beurteilung von Gewebeproben enthält Tabelle II.

Tabelle II.

Freies Fett	Fettsäuren		Asche	Beurteilung
	durch Wägung	durch Titrieren		
0,049	0,226	0,210	0,117	ordentlich gebleicht, schlecht ausgewaschen
0,201	0,096	0,093	0,219	schlecht gebleicht, ungenügend ausgewaschen
0,172	0,758	0,737	0,213	schlecht gebleicht und ausgewaschen
0,043	0,074	0,066	0,074	ordentlich gebleicht, gut ausgewaschen
0,108	0,045	0,045	0,061	ungenügend gebleicht, gut ausgewaschen
0,018	0,069	0,074	0,076	gut gebleicht, gut ausgewaschen
0,009	0,062	0,058	0,062	gut gebleicht und ausgewaschen
0,013	0,081	0,083	0,049	gut gebleicht, ordentlich ausgewaschen

7. Bestimmung des Stickstoffgehaltes.

Trotmann und Pentecost (Journ. Soc. Chem. Ind. **1910**, 5) prüfen die Bäuchwirkung durch eine Bestimmung des Stickstoffgehalts nach. Sie fanden bei gut und schlecht gebäuchter Ware folgende Werte in %:

	Gut	schlecht
Stickstoff	0,05—0,10	0,25—0,35
Freies Fett	0,10—0,15	0,35—0,70
Fettseife	Spuren	0,25—0,50
Asche	0,05—0,75	1,00

Über den Stickstoffgehalt der ungebleichten Baumwolle s. Bd. II, S. 14.

B. Leinenbleiche.

Flachs wird hauptsächlich als Garn oder Gewebe gebleicht. In loser Form wird er nur als Spinnereiabfall für die Papierfabrikation gebleicht und unterliegt dann denselben, nur öfters wiederholten Behandlungen wie lose Baumwolle. Auch Leinengarn und -gewebe werden im wesentlichen nach den gleichen Verfahren gebleicht wie Baumwolle; dabei ist jedoch zwei Umständen Rechnung zu tragen: 1. Flachs enthält mehr natürliche Verunreinigungen als Baumwolle, nämlich 15—25% je nach der Vorbehandlung, die er namentlich beim Rösten erfahren hat, gegenüber etwa 5% bei Baumwolle. 2. Flachs ist sowohl gegen Alkalien wie gegen Oxydationsmittel empfindlicher als Baumwolle (M. J. Kolb, Mülhäuser B. **1868**, 647 und 907). So kommt es, daß Flachs zwar nachhaltiger, aber doch schonender gebleicht werden muß.

Von ganz besonderem Belang für den Bleicher ist der hohe Gehalt des Flachses an Eiweißkörpern. Diese geben nach Cross, Bevan und Briggs (J. Ch. I. **1908**, 260; Ch. Ztg. **1908**, 369) mit Chlor unlösliche Verbindungen, welche allmählich Salzsäure abspalten, aber durch Behandlung mit Alkalien, Ammoniak oder Reduktionsmitteln (schweflige Säure) zerstört werden. Ein Maßstab des Vorhandenseins von Eiweißkörpern ist der Stickstoffgehalt (Knecht, Ch. Ztg. Rep. **1908**, 314; Herzog, Kunstst. **1911**, 401). Das Bleichen muß möglichst soweit durchgeführt werden, daß das Ausbleiben der Jodkalium-Stärkereaktion die Abwesenheit der Chloreiweißverbindungen anzeigt.

Eiweißverbindungen geraten durch die natürlichen Verunreinigungen der Fasern auch in das Bleichbad und nehmen Chlor auf.

Nach Raschig (Chem. Ztg. **1907**, 920) verläuft die Reaktion:

$$3\,NaOCl + 2\,NH_3 \longrightarrow 3\,NaCl + 3\,H_2O + N_2$$

in verdünnten Lösungen anders, nämlich:

$$NH_3 + NaOCl \longrightarrow NH_2Cl + NaOH.$$

Das Monochloramin reagiert wie Cl auf HJ:

$$NH_2Cl + 2\,HJ \longrightarrow NH_4Cl + J_2.$$

Es zersetzt sich leicht:

$$3\,NH_2Cl \longrightarrow N_2 + NH_3 + 3\,HCl.$$

Mit NH_3 bildet es Hydrazin:

$$NH_2Cl + NH_3 = NH_2\,.\,NH_2\,.\,HCl.$$

Mit N-haltigen Verbindungen (Eiweiß) bildet es beständige Körper; so wird Cl auf der proteinhaltigen Faser gebunden.

Cross, Bevan, Briggs fanden in gecremtem Leinengarn bis zu 0,1% durch KJ nachweisbar.

Dagegen werden die Chloraminverbindungen nicht durch H_2O_2 zerstört, können daher bestimmt werden durch KJ und Thiosulfat, nachdem NaOCl durch H_2O_2 und dieses wieder durch $KMnO_4$ zerstört wurde.

Die „Antichlore" unterscheiden sich also, je nachdem sie das aktive Cl

des NaOCl (H_2O_2) oder
der Eiweißverbindungen (NaOH, KOH, Na_2CO_3) oder
beider (SO_2, NH_3) verschlucken.

$$3\,NH_2Cl + 3\,KOH = NH_3 + N_2 + 3\,KCl + 3\,H_2O$$

$$NH_2Cl + H_2SO_3 + H_2O = NH_4 . HSO_4 + HCl$$

$$3\,NaOCl + 2\,NH_3 = N_2 + 3\,NaCl + 3\,H_2O.$$

$3\,NH_2Cl + 2\,NH_3 = N_2 + 3\,NH_4Cl$ oder Hydrazingleichung oben.

NH_3 hat vor SO_2 den Vorzug, daß keine Säure in der Faser zurückbleibt.

Die Bleichverfahren für Leinen haben sich in den letzten Jahrzehnten nicht in dem Maße entwickelt wie diejenigen für Baumwolle. Man neigt im allgemeinen auch hier der Überzeugung zu, daß das Schwergewicht auf die alkalische Kochung zu legen sei, während dem Chlor nur die Aufgabe zufalle, den danach noch verbleibenden kleinen Rest von Verunreinigungen zu entfernen. Andererseits hat man aber gefunden, daß die Chlorung die Entfernung der Pektinstoffe durch die nachfolgende Kochung wesentlich erleichtert. Vor allen Dingen ist man bestrebt, die viele Handarbeit infolge der sich so oft wiederholenden Koch- und Bleichvorgänge durch Maschinen zu ersparen und besonders die langwierige Rasenbleiche zu ersetzen (vgl. S. 42).

Ohne Rasen und ohne die lästige Chorentwicklung der Rollerei arbeitet z. B. die Leinengarnbleiche der Zittauer Maschinenfabrik.

a) Leinengarn.

1. Abkochen. Die Garne werden unterbunden und gleichmäßig in den Kochkessel eingelegt. Man kocht 6—10 Stunden mit 6—10% kalz. Soda in geschlossenen Kesseln (Abb. 153) meist ohne Druck. Will man die ganze Partie mit einem Mal ein- oder ausheben, so gibt man dem Kessel eine nach unten sich verjüngende Form. Dann läßt sich das Aushebenetz mit Hilfe eines Tragsterns und einer Laufkatze in den Kessel einführen, ohne an die Kesselwand anzustoßen.

Abb. 153. Kochkessel, konische Bauart D T, der Zittauer Maschinenfabrik.

Das Wässern geschieht in diesem Falle außerhalb des Kessels unter einer Brausevorrichtung.

Danach wird auf der Garnquetsche abgequetscht.

Zwei in starken Gestellen gelagerte gußeiserne schwere Druckwalzen von 700 mm Durchmesser und 1225 mm Breite sind mit Seilen umwickelt. Mittels doppelten Hebeldrucks wird die obere Walze auf die untere gepreßt. Die Walzen sind durch Zahnräder miteinander verbunden; die untere erhält den Antrieb. Unterhalb der Maschine fängt ein Holzkasten die ausgepreßte Flüssigkeit auf. Vor und hinter den großen Walzen führen eine Anzahl Holzwalzen in schiefer Ebene die Garne ein und aus. Die Garnquetschen für Handbetrieb haben ebenso wie die Garnquetschen für Wolle und Wollgarn kleinere Walzen, die durch Federdruck gegeneinander gedrückt werden (Abb. 164).

Mehr leistet die hydraulische Garnpresse (Haubold, Zittauer Maschinenfabrik) (Abb. 154). Das Kopfstück, ein Eichenholzstempel, ist entsprechend dem inneren Durchmesser der unterzuschiebenden, mit Garn zu füllenden hölzernen Preßwagen geformt. Der Wagen bewegt sich auf Schienen und kann leicht in die Richtung des Preßkerns gebracht werden. Nach Inbetriebsetzung der Pumpe hebt sich der Preßtisch mit dem Wagen, der Stempel drückt das Garn zusammen und preßt das Wasser aus, welches durch den im Wagen befindlichen Siebboden leicht abfließt. Die Wagen fassen die vollständige Kochpartie von 550 kg.

2. **Chloren.** In das Chlorbad — bis 8 g Cl im Liter — in auszementierten, gemauerten Kästen, werden die Garne nicht eingelegt,

Abb. 154. Hydraulische Garnpresse.

sondern auf Haspeln eingehängt und zeitweise umgezogen; beim Einlegen würden die Garne zu fest aufeinander drücken, so daß die Bleichlösung nicht durchdringen kann. Man haspelt die Garne etwa 1 Stunde um und wäscht sie sodann auf der Waschmaschine aus.

Garnchlormaschine, sog. Kastenrollerei (Zittau, Haubold) (Abb. 155). Über einer Reihe in Zement gemauerter Behälter oder Holzkästen, 4,5 m lang, 1,9 m breit und 0,65 m tief, mit Chlorkalklösung befinden sich je zwei Walzen, über welche die Garne gehängt werden, so daß sie frei herunterhängen und die untern Enden in die Flüssigkeit eintauchen. Die Walzen werden beim Chloren langsam umgedreht; sie sind leicht auszuheben und werden nach frischem Beziehen mit Garn so eingelegt, daß der viereckige Zapfen der Welle in einem entsprechenden Kopf der Mitnehmerhülse zu liegen kommt. Diese Hülse ist in Verbindung mit einem Schneckenrad, welches von einer mit Schnecke versehenen durchgehenden Antriebswelle angetrieben wird; die Welle arbeitet mit Vor- und Rückwärtsgang.

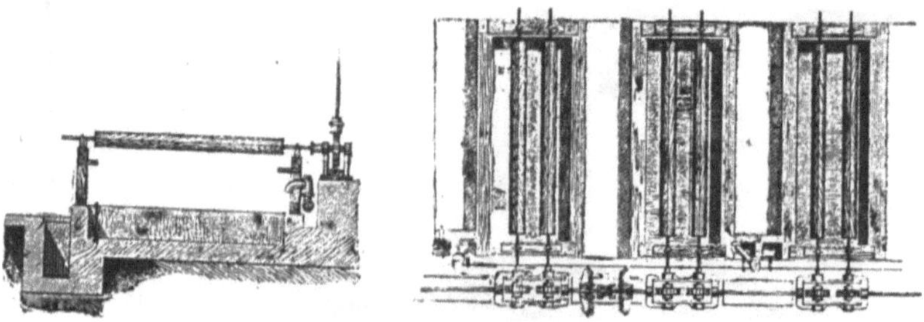

Abb. 155. Garnchlormaschine (Kastenrollerei).

Diese Maschine ist eigentümlich für die Leinengarnbleiche. Durch das Umhaspeln soll die Kohlensäure der Luft einwirken und unterchlorige Säure freimachen, wodurch sich das Bleichen rascher vollzieht als beim Festliegen der Garne. Heute bleicht man auch schon viel auf Apparaten (Abb. 23). Diese beanspruchen weniger Platz, belästigen nicht durch Chlorgase und vermeiden das Reiben des Garnes beim Rollen. Nach dem Chloren ist gut zu spülen.

3. Absäuern. Nachdem die Garne gespült sind, gelangen sie in $\frac{1}{2}$%ige Schwefelsäure, worin sie 1 Stunde ruhen. Dann erfolgt das Waschen. Auch das Spülen, Säuern und Waschen kann in der Rollerei oder auf dem Apparat geschehen. Bäuchen, Chloren und Absäuern bilden einen „Rundgang“.

Mit zwei Rundgängen erzielt man ein „Halbweiß“. Beim zweiten Rundgang nimmt man beim Bäuchen weniger Alkali und kann auch das schon wesentlich reinere Garn beim Chloren einlegen. Ein $^4/_4$-Weiß erfordert vier Rundgänge mit stetig abnehmender Bäuch- und Chlorlaugenstärke, aber mit Einschaltung der Rasenbleiche jeweils nach dem Auskochen.

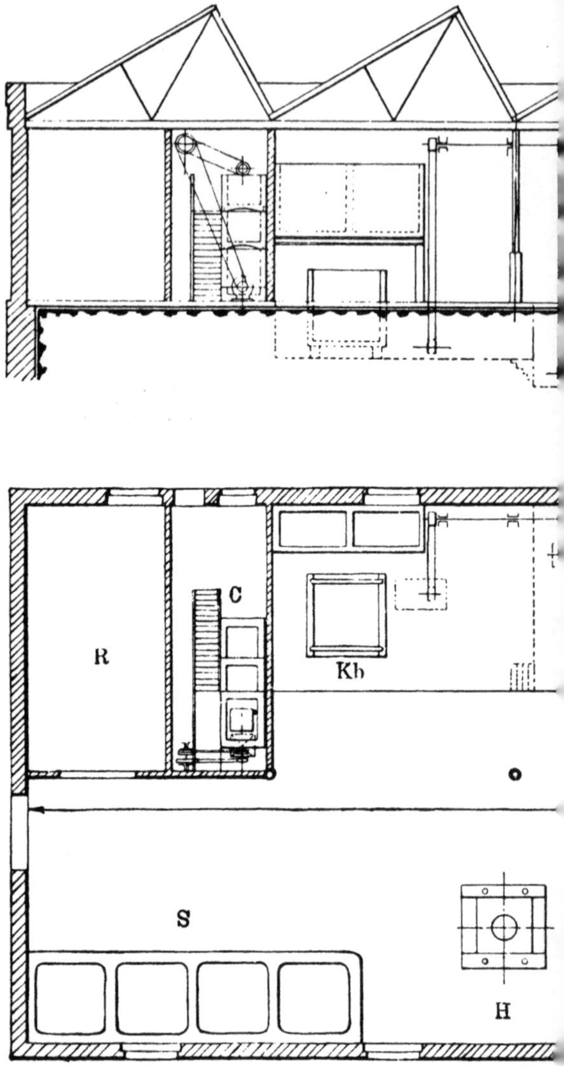

Abb. 156. Leinen

C = Chlorauflösetrommel
H = Hydraulische Presse
K = Kochkessel
Kb = K
R = R

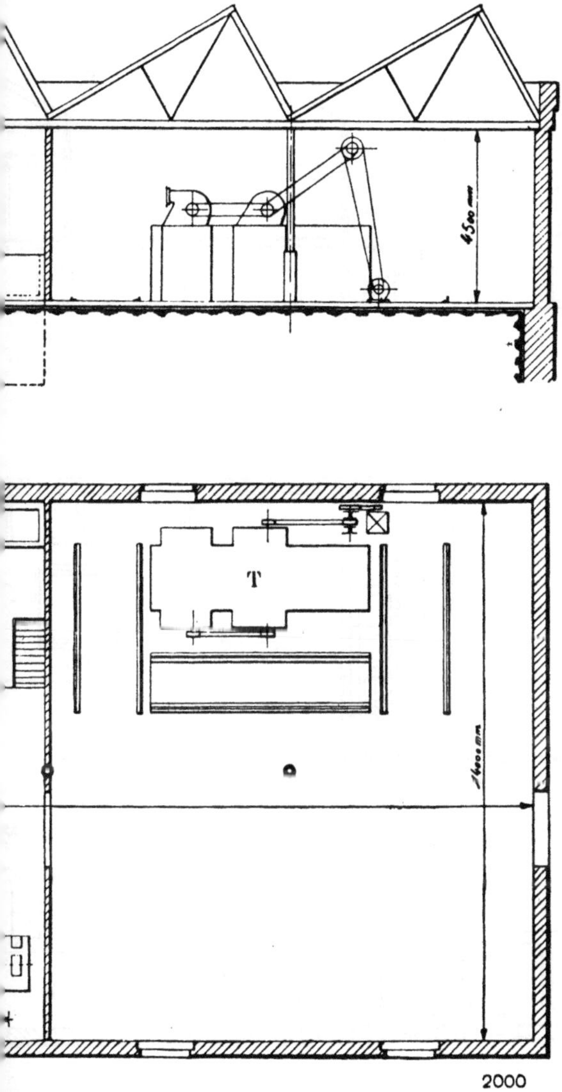

gesleistung 550 kg.

apparat S = Spül- oder Bleichkufen
T = Trockenapparat

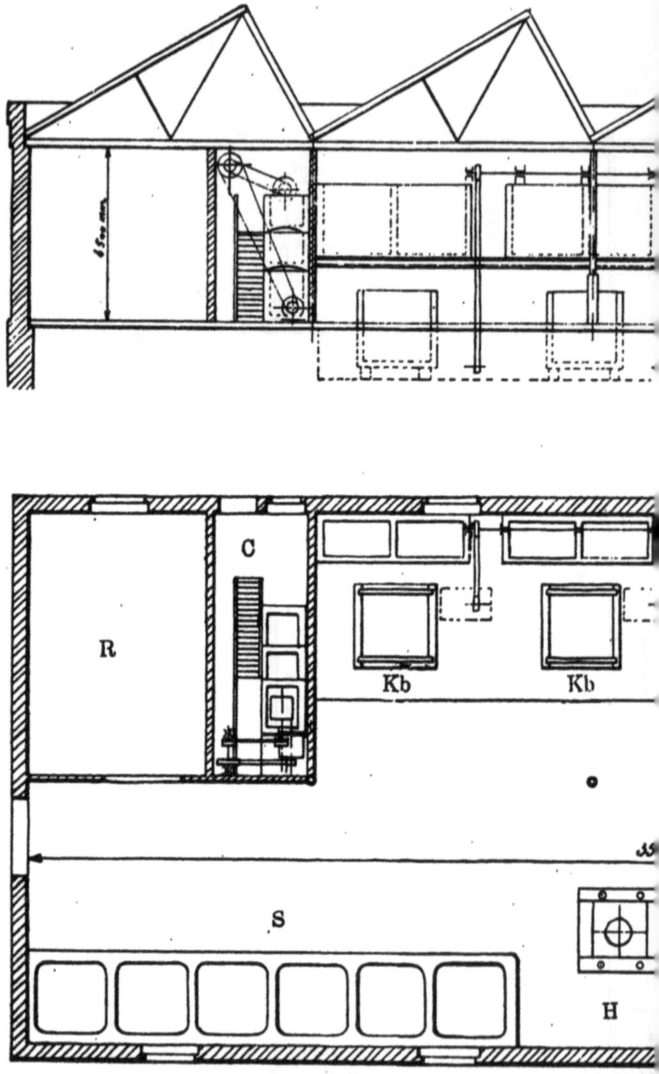

Abb. 157. Leinengarnbleiche der

C = Chlorauflösetrommel
H = Hydraulische Presse
K = Kochkessel

Kb =
R =

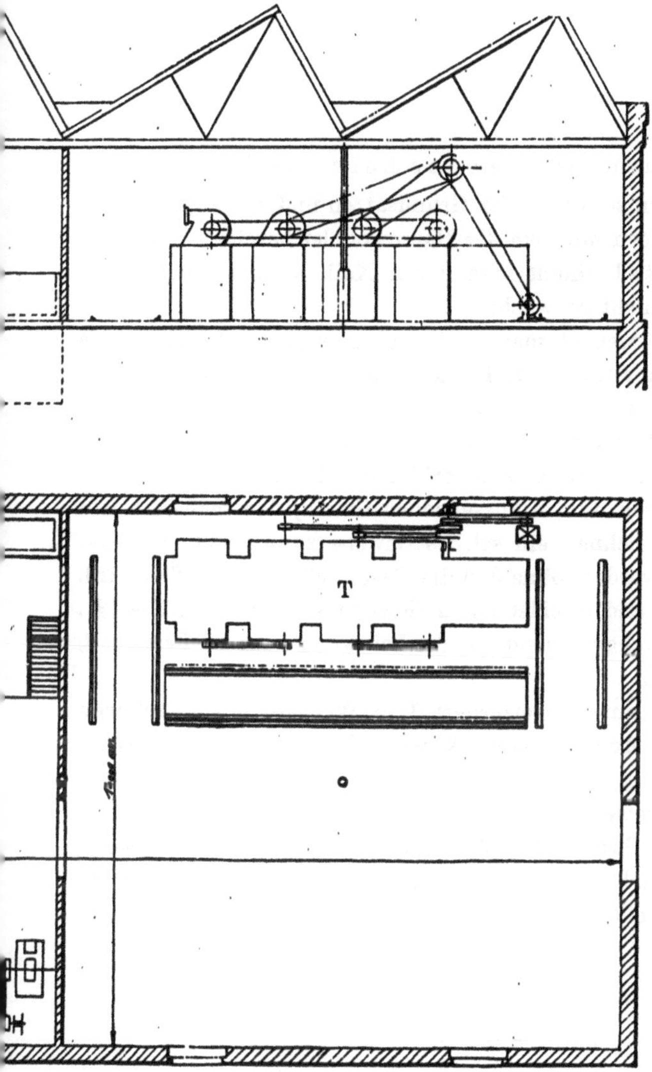

2001

nenfabrik, Tagesleistung 1100 kg.

happarat S = Spül- oder Bleichkufen

T = Trockenapparat

b) Leinengewebe oder Leinwand.

Das Bleichverfahren stimmt in den Grundsätzen und den angewandten Maschinen im allgemeinen mit dem der Baumwollbleicherei überein.

Als Bäuchmittel nimmt man neben Kalk hauptsächlich Soda, weil diese den Faden nicht schwächt.

Zum Bleichen wendet man meist eine sogenannte gemischte Bleiche an; die Waren werden durch Auslegen auf dem Bleichplan zur Hälfte oder ¾ vorgebleicht und dann mit Hilfe von Chlorkalklösung fertig gebleicht. Die Waren müssen so schnell als möglich die einzelnen Bleichstufen durchlaufen. Das Gewebe erhält durch zu lange Dauer des Verfahrens einen bläulich dunkel aussehenden Grund, den man mit dem Ausdruck „gesetzt" bezeichnet; ein solches Gewebe kann nicht mehr genügend weiß erhalten werden, ohne daß die Faser selbst angegriffen wird. Völlig gebleichte Leinwand erleidet einen Gewichtsverlust von 30—42%. Nach der Höhe des Bleichgrades verliert die Leinwand auch an Festigkeit, bei ½ Bleiche 10—13%.

Das Bleichen der Leinwand erfordert 3—6 Wochen; nur in seltenen Fällen wagt man durch Anwendung stärkerer Bäder schneller vorzugehen, um etwa in 6 Tagen fertig zu werden. Für sehr dichte Gewebe wird öfters das Garn teilweise vorgebleicht.

Leinwand wird wie Garn halb gebleicht und dreiviertel gebleicht, wenn das Gewebe später gefärbt und bedruckt wird, vollgebleicht ($^1/_1$) jedoch, wenn das Gewebe als weiße Ware auf den Markt kommt.

I. Verfahren mit Rasenbleiche.

1. Das Einweichen.

Das Leinen gelangt zuerst in die Weich- oder Gärbottiche. Für 200 Stück Leinen haben sie die Größenverhältnisse 3 : 1,75 : 1,75 m. Jede eingelegte Ware wird mit Wasser von 45° C übergossen und festgestampft, damit das Wasser alle Teile gleichmäßig durchdringt. Sobald der Bottich auf solche Weise angefüllt ist, wird die Ware mit Brettern zugedeckt. Nach etwa 24 Stunden tritt eine Gärung ein, die etwa 36 Stunden anhält. Durch die Gärung werden 10—15% Schmutz von der Ware abgelöst. Danach wird die Ware gespült oder geschweift und während zwei bis drei Tagen auf den Bleichfeldern ausgebreitet; das Gewebe muß stets feucht erhalten werden durch Aufspritzen von Wasser nach jedesmaligem Trockenwerden. Zuletzt läßt man die Ware trocknen.

2. Das Bäuchen.

Die aus möglichst gleichartigen Stücken zusammengestellte Bleichpost wird mit einer angewärmten Kalkmilch — etwa 5% gelöschten Kalk enthaltend — getränkt, in den Kessel (Abb. 153) eingelegt und mit weiteren 3% Kalk 5—6 Stunden bei ½ Atm. Überdruck gekocht.

Das folgende Spülen und Waschen wurde früher auf den Waschhämmern (Abb. 158) oder im Waschrade (Abb. 53) vorgenommen, heute zieht man die üblichen Strang-Waschmaschinen (S. 89) vor.

3. Das Säuern.

Das Gewebe wird in ein schwach saures Bad (Salzsäure 1½° Bé) stückweise locker unter jedesmaligem Untertauchen eingelegt und 5—8 Stunden ruhen gelassen. Sodann wird gut gespült.

4. Das Chloren.

Das Chlorbad wird durch Lösen von 1 Teil trockenem Chlorkalk in 600 Teilen Wasser hergestellt. Die Gewebe werden wie vorhin im feuchten Zustande stückweise in den steinernen Bottichen (für 100 Stück Leinen: 2½ : 2 : 2 m) mit hölzernen Stäben gehörig untergetaucht, damit die Flüssigkeit das Gewebe gleichmäßig durchdringt. In diesem Bade verbleibt die Ware 6—8 Stunden, wird sodann herausgenommen und gespült. Noch besser haspelt man von Zeit zu Zeit das Gewebe von einem Behälter zu einem andern.

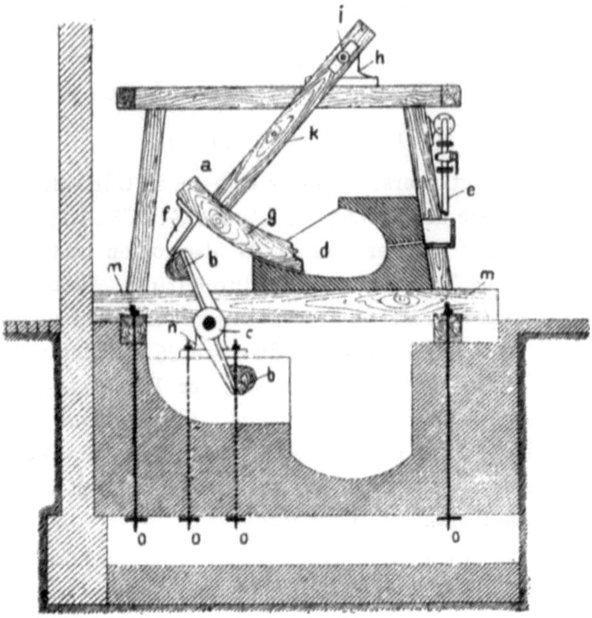

Abb. 158. Waschhammer.

5. Das zweite Absäuern.

Wie beim ersten Absäuern. Spülen und Waschen.

6. Das zweite Bäuchen.

Mit einer Auflösung von 2½ kg weißer Talgkernseife und 1 kg kalzinierter Soda in 600 Liter Wasser bei allmählich von 45 auf 75° steigender Temperatur. Die Ware wird hiernach auf der Bleichwiese während 2—3 Tagen ausgelegt, gespült und ausgelesen.

Die zur Halbbleiche bestimmten Waren sind nunmehr auf diese Art fertig gebleicht, sie werden nur noch gestärkt, gebläut und getrocknet.

Für ¾ Bleiche und Vollbleiche wird noch folgendermaßen weiter gearbeitet:

7. Das Seifen.

Die Ware wurde früher mit 1—2% Seife auf der Seif- oder Hobelmaschine („rubbing board") eingerieben.

Die Verrichtung wird auch häufig ohne Handarbeit mechanisch von einer ganz aus Holz gebauten Maschine ausgeführt.

8. Das dritte Bäuchen.

Ohne Ausspülen mit einer Auflösung von 1 kg Soda in 350 Litern Wasser. Die Ware wird sodann 2 Tage hindurch auf der Bleichwiese ausgelegt und gespült.

9. Das zweite Chloren.

Mit einer schwächeren Chlorkalklösung.

10. Das dritte Absäuern.

Wie oben.

11. Das vierte Bäuchen.

Wie unter 6. Danach wieder Auslegen auf dem Bleichplan und Spülen.

Die ausgebleichten Stücke werden gestärkt, gebläut und getrocknet.

Die übrigen werden nochmals geseift, gebäucht, auf dem Bleichplan ausgelegt und gespült. Die besseren Gewebe sind fertig gebleicht. Die schlechteren erhalten noch ein drittes, jedoch schwächeres Chlorbad (0,1° Bé), werden abgesäuert, nochmals gebäucht, ausgelegt und gespült.

Die Schlußverrichtungen für die gebleichte Ware bestehen in Stärken, Bläuen, Mangeln und Appretieren.

II. Verfahren ohne Rasenbleiche.

1. Einweichen oder erstes Bäuchen.

Die Ware wird in einer Soda- oder Pottaschelösung von 0,75° Bé während 36 Stunden eingeweicht und dann gewaschen.

Statt dessen kann man auch mit Kalklösung kochen. Man nimmt dann 10 kg Kalk auf 100 kg Ware, dem entsprechend Wasser und kocht 12—14 Stunden im Bäuchkessel; darauf wird gewaschen.

Wird mit Kalk gearbeitet, so wird nach dem Bäuchen mit Salzsäure von 2° Bé abgesäuert. Die Ware bleibt 2 bis 6 Stunden liegen und wird dann gewaschen.

2. Zweites Bäuchen.

Man kocht mit ¾ kg Ätznatron in 100 Liter Wasser während 6—10 Stunden und wäscht sodann. Statt dessen bedient man sich auch bei einer weniger strengen Bleiche einer Mischung von 1,5 kg Ätznatron und 1,5 kg Harz, in 100 Liter Wasser.

Das Bäuchen mit einer Harzseifenlösung muß je nach Beschaffenheit und Farbe des Stoffes wiederholt werden.

3. Chloren.

Das Gewebe wird in eine Chlorkalklösung von 0,4° Bé 10—15 Stunden lang eingelegt. Waschen.

4. Absäuern.

Die Ware wird in ein Schwefelsäurebad von 0,4° Bé 3—6 Stunden lang eingelegt. Waschen.

5. Drittes Bäuchen.

Man kocht mit etwa 0,5—0,6 kg Ätznatron auf 100 Liter Wasser 4—5 Stunden lang. Waschen.

6. Zweites Chloren.

Die Ware wird 10—14 Stunden in Chlorkalklösung von 0,2° Bé eingelegt.

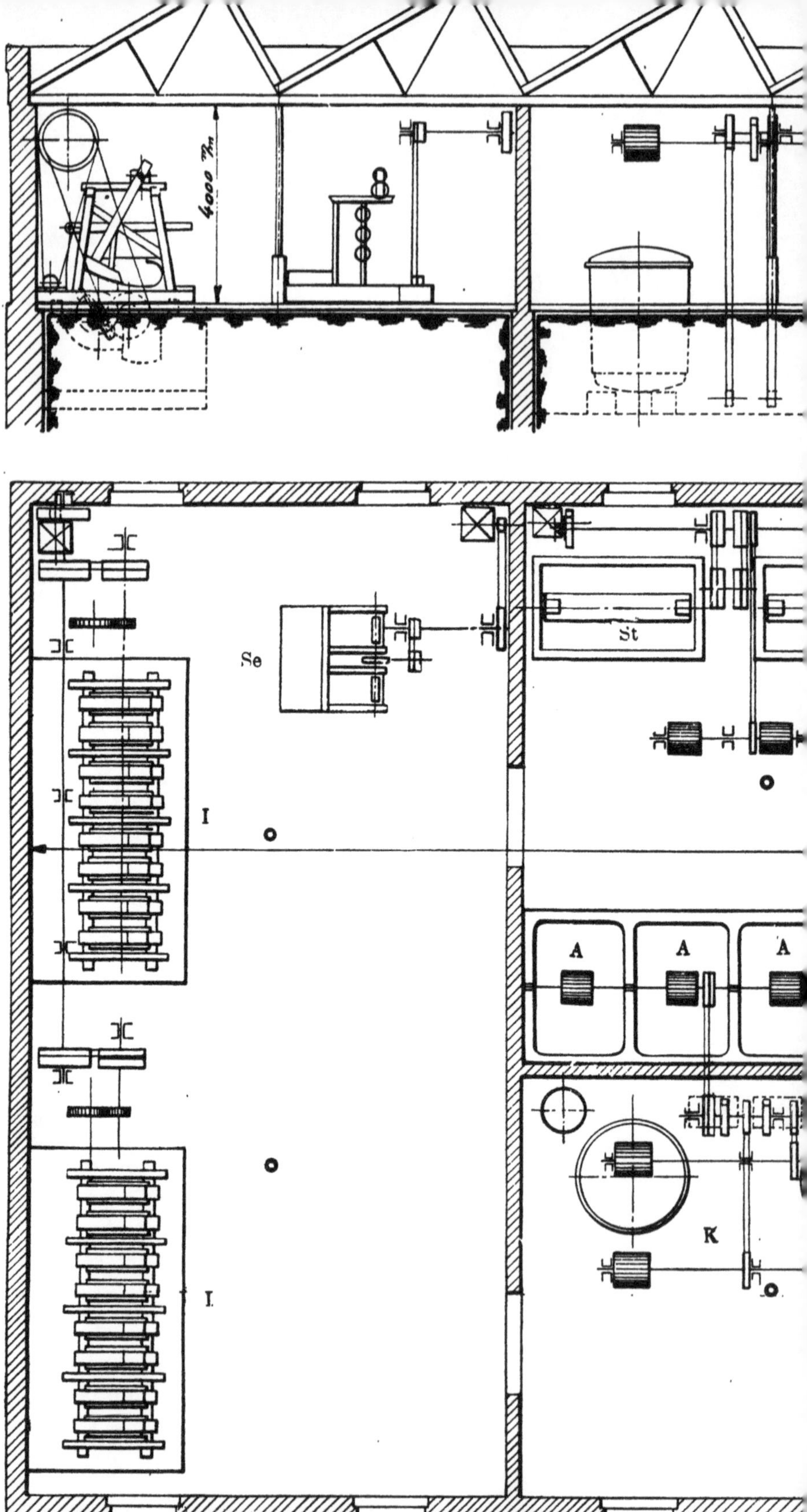

4000 m/m
Se
St
I
A
A
A
K
I.

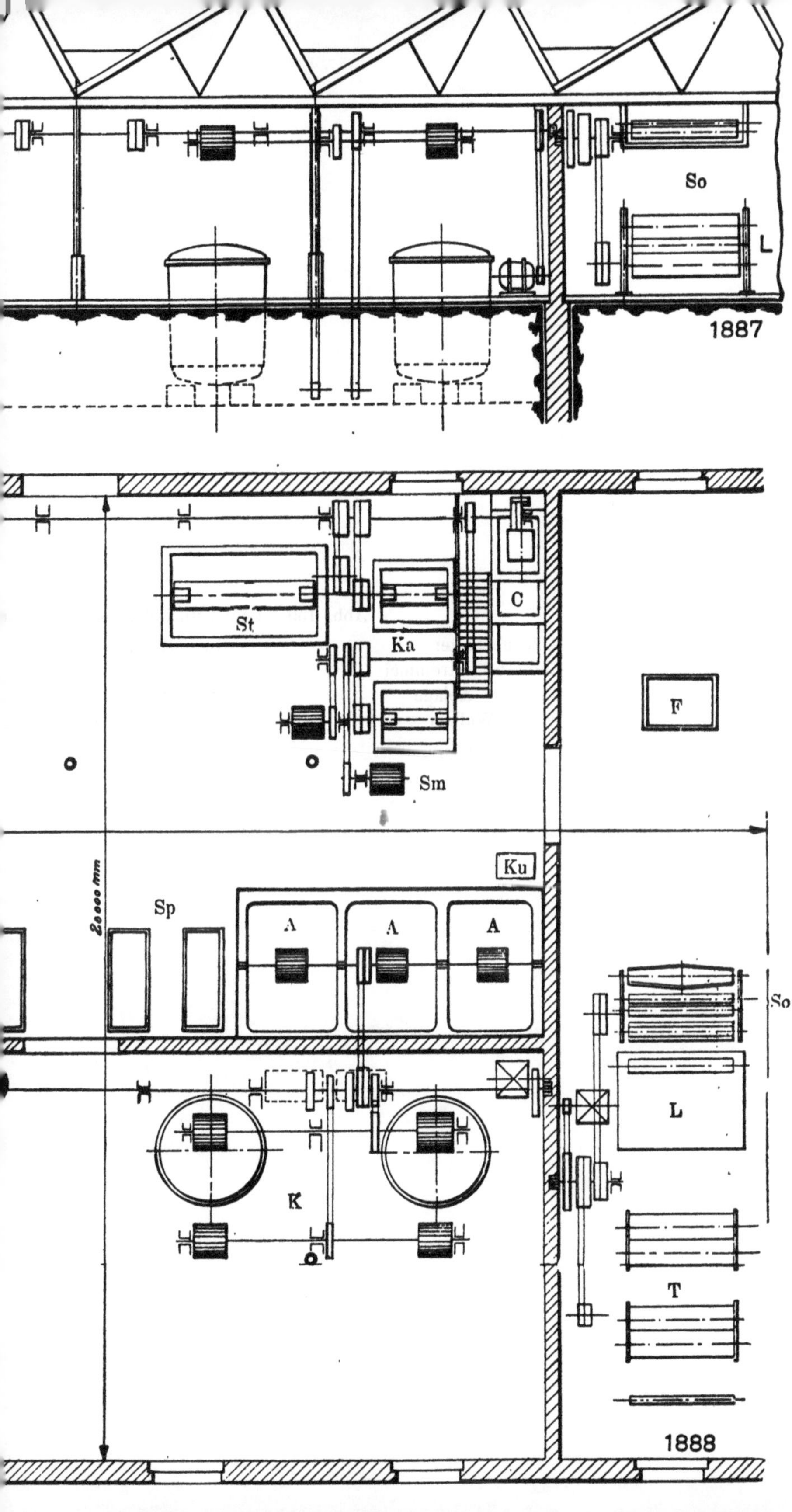

So
L
1887
St
C
Ka
F
Sm
Ku
Sp
20000 mm
A
A
A
So
L
K
T
1888

Abb. 159. Leinenstückbleiche, Tagesleis

A = Ablegebehälter
C = Chlorauflösetrommel
F = Fahrbare Ablage
I = Irische Walken
K = Kochkessel

Ka = Kalkmaschine
Ku = Kuppelmaschine
L = Wasserkalander
Se = Seifenhobel
Sm = Säuremaschine

g.

So = Strangöffner
Sp = Spülwannen
St = Strangwaschmaschinen
T = Zylindertrockenmaschinen

7. Zweites Absäuern.

Wie oben.

Genügt der erlangte Bleichgrad, so wird mit Ammoniak oder Bisulfit als Antichlor behandelt, gestärkt und gebläut. Andernfalls folgen:

8. Seifen.

Die Ware wird mit brauner Schmierseifenlösung auf der Hobelmaschine gerieben, dann gewaschen.

9. Drittes Chloren.

Die Ware wird in eine Chlorkalklösung (etwa 0,1° Bé) 2—4 Stunden lang eingelegt.

10. Drittes Absäuern, Waschen und Antichloren.

Wie oben.

Im allgemeinen erzielt man nach vorstehendem Verfahren kein so glänzendes Weiß als nach dem gemischten Verfahren.

Die braune oder holländische Leinwand wird, wie dies die Farbe des Gewebes beweist, nur wenig oder gar nicht gebleicht, sondern nur auf kurze Zeit in Wasser oder schwacher Sodalösung gewaschen und abgesäuert.

Abb. 159 stellt eine Leinenstückbleichanlage der Zittauer Maschinenfabrik für 2000 kg dar.

III. Neuere Bleichverfahren.

1. Die verschiedenen neueren Bäuchkessel, wie der Mather-Kier (S. 121), der Thies-Herzigsche (S. 163) werden in den letzten Jahren mit einiger Abänderung des Natronbäuchverfahrens auch zum Bleichen von Leinen verwendet. In Rücksicht auf den höheren Wert der Ware und die Gefahr, sie zu verderben, vollzieht sich die Einführung neuer Verfahren nur langsam. Die Verwendung moderner Kiers beschränkt sich auf die ganz großen Bleichereien; im allgemeinen kommen viel kleinere Warenposten zur Verarbeitung als bei der Baumwolle (unter 1000 kg) wegen der häufigen Unterbrechungen des Verfahrens.

Ein Natronverfahren wird (Österr. Wollen- und Leinen-Industrie 1898, 368) beschrieben: Die Ware wird vermittels einer Imprägniermaschine im Strang durch heiße Natronlauge gezogen, lagenweise in den Bäuchkier eingehaspelt und mäßig fest getreten, der Apparat geschlossen, entlüftet, die Lauge eingelassen, in ½—1 Stunde auf eine Atmosphäre Druck erhitzt und unter diesem Druck noch 2½—3 Stunden durch die Ware geführt, worauf man in 1—1½ Stunden den Druck allmählich fallen läßt; es folgt ein je halbstündiges Waschen in warmem und dann in kaltem Wasser, ehe der Kier zum Waschen der Ware in der Maschine geöffnet wird. Der Verbrauch an Ätznatron richtet sich nach der Ware und beträgt etwa für eine erste Rohkochung 4—5%, für eine zweite Kochung 3—4% Ätznatron (75% NaOH), für weißgarnige Ware entsprechend weniger; ein Zusatz von ½% Schmier- oder Elaïnseife zur Lauge empfiehlt sich. Für Rohware genügen zwei Ätznatronkochungen, worauf das erste Chlorbad folgt und in der üblichen alten Weise weiter gearbeitet wird.

2. Bleichen mit Kaliumpermanganat. Dieses Verfahren ist von Tessié du Motay für Leinengarn und Leinwand vorgeschlagen worden (S. 37). Garne sollen danach in einem, Gewebe in drei Tagen gebleicht werden können. Die durch Gärung entschlichtete Ware kommt zunächst in ein Sodabad, dann in ein Bad mit 4—6% Kaliumpermanganat (vom Gewicht der Ware), dem man etwas Magnesiumsulfat oder -chlorid zusetzt, hierauf zur Entfernung des gebildeten Mangansuperoxyds in eine Lösung von schwefliger Säure. Nach jedem

Bad wird gut gewaschen und die Behandlung solange wiederholt, bis der gewünschte Bleichgrad erreicht ist.

3. Bleichen mit salpetriger Säure. Dieses Verfahren nach D. R. P. 101 285 von E. Tabary bietet gar keinen Vorteil.

4. A. Bregeard setzt nach D. R. P. 20 177 dem Chlorkalkbade eine Lösung von Alkalihypochlorit und Zinksulfat zu, wodurch bei Leinen, Hanf und Jute ohne Rasenbleiche in 1 bis 2 Tagen ein gutes Weiß erzielt werden soll (?).

5. E. und R. Jacobson empfehlen nach D. R. P. 21 081 das Wasserstoffsuperoxyd zu ersetzen durch Bäder von Bariumsuperoxyd und gewissen Salzlösungen, durch deren Zusatz die Zersetzung des Bariumsuperoxyds erheblich beschleunigt wird. Am günstigsten wirkt eine Zugabe von kieselsauren Alkalien sowie von Ammonchlorid, borsauren und fettsauren Alkalien. Für die Technik am wichtigsten ist das Bleichen mit Bariumsuperoxyd und kieselsaurem Alkali (1 Teil Natronwasserglas (trocken), 1 Teil Bariumsuperoxyd und 100 Teile Wasser). Die Dauer der Bleiche soll für Leinen und Jute 1—2 Tage betragen (?).

6. C. A. Martin empfiehlt im D. R. P. 26 246 für das Auskochen von Leinenwaren (600 kg) zur Sodalauge (50 kg kalz. Soda) den zehnten Teil Terpontinöl zuzusetzen, wodurch eine vollkommene Lösung des inkrustierenden Pflanzenstoffes bewirkt wird.

Kocht man mit dieser Lauge 4 Stunden, so soll man beim nachherigen Bleichen nur halb so viel Chlor brauchen.

Im D. R. P. 31 413 empfiehlt Martin die nach dem ersten Patent mit Soda und Terpentinöl gekochte Ware beim zweiten und dritten Mal mit einer aus Soda und Benzin zusammengesetzten Lauge auszukochen.

Man verfährt z. B. folgendermaßen:

500 kg Leinen werden 4 Stunden lang in einer Lauge aus 40 kg kalz. Soda und 5 kg Terpentinöl gekocht, gewässert, 2 Stunden lang in ein 1° Bé starkes Chlorbad, dem 1 kg Aluminiumsulfat zugesetzt ist, gebracht, dann läßt man ablaufen und legt in schwach saures Wasser. Darauf wird gewaschen, 2 Stunden in einer Lauge aus 15 kg Soda und ½ kg Benzin gekocht, gewässert, 4—6 Stunden gechlort (Chlorbad ½° Bé stark und 1 kg Aluminiumsulfat), dann läßt man wieder ablaufen, legt 2 Stunden in angesäuertes Wasser ein, wäscht, kocht mit 10 kg Soda und 1 kg Benzin, wäscht, geht in das dritte Chlorbad, das ¼° stark ist und ½ kg Aluminiumsulfat enthält, säuert wie oben und wäscht gut.

Im D. R. P. 32 282 empfiehlt Martin zu der ersten Kochlauge im oben beschriebenen Verfahren statt Soda und Terpentinöl ein Gemisch von zwei Teilen kalzinierter Soda und einem Teil Natronsalpeter zu verwenden.

7. Bleichen mit schwefliger Säure. Nach dem D. R. P. 124 677 (Zusatz zu D. R. P. 88 945) von A. Schott (Zeitschr. f. d. ges.

Textilind. **1901/02**, 135) werden die ausgekochten Leinengarne in geräumigen Kufen für etwa 1000 kg gleichmäßig eingelegt. Die Kufen sind mit einem inneren Lattenboden, einem Deckel mit Wasserverschluß und mit Kreislaufvorrichtung versehen.

Es muß nun gleichzeitig mit dem Eintritt der schwefligen Säure in die mit Leinengarn gefüllten Kufen die durch das Kochen des Garns entstandene Verklebung der Fäden gelöst werden; beim Kastenroller wird dies durch Quetschwalzen und nachheriges Anschlagen bewirkt. Im vorliegenden Falle wird es dadurch erreicht, daß ein Aufschwämmen des Garns unter gleichzeitiger vollständiger Durchdringung mit schwefliger Säure stattfindet. Durch Kreislauf bei geschlossenem Deckel können nunmehr die in schwefliger Säure löslichen Verunreinigungen der Leinenfaser vollständig in wasserlösliche Sulfitdoppelverbindungen übergeführt werden. Das gereinigte Garn wird gründlich gewässert und hierauf das Chlorbad unter gleichmäßiger Berieselung bei Luftzutritt vermittels einer entsprechenden Vorrichtung hinzugegeben; das Bleichbad wird während der ganzen Dauer seiner Einwirkung auf gleicher Stärke gehalten.

Dieser Bleichapparat ist in einem von der übrigen Bleiche getrennten, mit Abzug versehenen Raume aufgestellt und gefährdet in keiner Weise die Gesundheit der in der Bleiche beschäftigten Arbeiter, da aus dem geschlossenen Raume in die übrigen Räume der Bleiche keine gesundheitschädlichen Dämpfe entweichen.

8. Bleichen mit Ozon (S. 43). Die Ozonbleiche wird nach A. Schneller (Österr. Wollen- und Leinen-Industrie **1893**, 214, 834; **1894**, 646; **1895**, 746. — L. M. f. d. T. **1894**, 204) mit der Chlorkalkbleiche verbunden (Chlorozonbleiche). Wenn nämlich Ozon so lange auf Leinen einwirkt, bis es voll gebleicht ist, so ist das Garn fast zerstört, während Chlorkalk allein nicht so stark angreift, aber nur ¾ Bleiche liefert. Man läßt daher das Ozon nur solange auf das Garn einwirken, bis die Bleichwirkung günstig, aber noch keine Schwächung der Faser zu bemerken ist. Danach taucht man in schwache Chlorlösung.

Das Rohgarn wird durch Auskochen mit Lauge und kurzes Eintauchen in starke Chlorkalklösung vorbereitet, gewässert, ausgewrungen, in feuchtem Zustand einige Stunden in die Ozonkammer gehängt, dann einige Stunden in schwache Chlorkalklösung gelegt, gewässert, dann folgt wieder Behandlung in der Ozonkammer, dann Einlegen in Chlorlösung u. s. f. in abnehmender Stärke, bis das Garn genügend weiß ist. Während des Ozonisierens ist es vorteilhaft, die Garne zu beleuchten und zwar gleichmäßig, daher müssen die Garne gedreht werden. Als Lichtquelle kann das Sonnen-, Tages- oder Bogenlampenlicht dienen. Die Ozonkammern müssen so eingerichtet sein, daß das Ozon und das Licht gleichmäßig Zutritt zu den Garnen haben und daß diese leicht heraus- und hineingehängt werden können. Die Wände bestehen daher aus Glas, das Ozon wird aus durchlöcherten Röhren zugeführt, die mit einer Schutzmasse gegen die Einwirkung des Ozons versehen sind.

9. Bleichen und Aufschließen pektinhaltiger Fasern durch Vorbehandeln mit tryptischen Enzymen (Pankreas, Degomma) nach D. R. P. 315 398, 316 098 und 316 995 (P. Krais, Z. angew. Chem. **1919**, 25).

Appretur der Leinwand.

In den größeren Bleicherei-Anstalten wird das Bleichen durch die Appretur abgeschlossen.

Nach dem letzten Säuern und Waschen werden die Gewebe auf einem Tische über einer Rolle breitgezogen, in Falten gelegt und gelangen dann auf die Rolle der Wassermangel, welche die Leinwand von allen daran hängenden Teilchen, sowie von etwa darin befindlichen Schmutz und Staubstreifen befreit.

Das folgende Stärken, Durchtränken der Stoffe mit gekochter Weizenstärke unter Zusatz von Ultramarin, Stearin und Wachs soll der Leinwand einen milden und hinreichend steifen Griff geben. Die Mischung wird mit Wasser solange zusammen gekocht, bis das ganze etwa rahmartige Beschaffenheit angenommen hat. Während die Leinwand langsam durch die Appreturmasse gezogen wird, wird die Stärkemischung durch ein Dampfrohr warm, beinahe kochend erhalten. Die Leinwand geht hierauf zum Trocknen über Walzen hinweg in die Trockenmaschine (Spannrahmen). Die getrocknete Ware wird mit wenig Wasser angefeuchtet oder eingesprengt und gelangt nun auf die Kastenmangel, wo sie einen milden Glanz und einen sanften Schimmer erhält. Statt der Kastenmangel kann der Kalander angewendet werden, oder besser noch die hydraulische Walzenmangel, wobei der Faden stärker und gleichzeitig breitgedrückt wird. Für feinere Ware benutzt man sogenannte Stoßkalander, Stampfkalander oder Beetlemaschinen.

Die stark glänzenden Glanzleinen werden auf den Friktionskalandern fertiggestellt. Schließlich wird auch die Schermaschine öfters benutzt, um hervorstehende Fasern zu entfernen.

Die Appretur der Halbleinenstoffe, bestehend aus Baumwolle und Leinengarn, vollzieht sich meistens wie die Baumwollappretur. (Bd. III, 409.)

C. Hanfbleiche.

Hanf wird nur in seltenen Fällen gebleicht, z. B. für Bindfäden. Da es hier in erster Linie darauf ankommt, die Festigkeit des Fadens zu erhalten, und andererseits die Faser infolge ihrer im Vergleich zum Flachs weitgehenden Verholzung leicht selbst angegriffen wird, so wendet man zwar das Verfahren der Flachsbleiche, aber viel schonender an. Man kocht statt mit Ätzalkalien mit Wasserglas oder Soda in offenen Kesseln ab und wählt die Chlorlösungen noch schwächer als in der Flachsbleiche. Dadurch macht sich natürlich eine öftere Wiederholung der einzelnen Arbeiten notwendig.

Nach einem älteren Verfahren wird das Garn in einem Kessel mit 10 kg Wasserglas von 38° Bé in 500 Liter Wasser eingelegt, so daß die Flüssigkeit überragt, und ½ Stunde lang gekocht. Dann wird in einem zweiten Kessel mit Wasser gekocht und hierauf gespült. Das Wasserglasbad kann mehrere Male benutzt werden, bis es dunkelbraun geworden ist. Nach dem Spülen gelangen die Garne während 24 Stunden in eine 0,6%ige Lösung von Chlorkalk (10 kg Chlorkalk auf 1500 Liter Wasser). Danach wird in 0,1%iger Salzsäure (1 Liter Salzsäure in 1000 Liter Wasser) abgesäuert, sorgfältig gewaschen und mit einer ½—1%igen Lösung von Natriumthiosulfat entchlort. Für mittelhelle Farben wird diese Bleiche genügen, für Vollbleiche muß sie zwei- bis dreimal wiederholt werden. Einschalten der Rasenbleiche dürfte förderlich sein.

S. Kapff und K. Stirm haben in der Aachener Färbereischule eine Reihe von Versuchen über Hanfbleicherei angestellt. Sie empfehlen Auskochen der Ware mit Soda (unter Zusatz von Seife) ohne Druck.

Der Gewichtsverlust der Faser beträgt nur etwa 10—12%. Der Festigkeitsverlust beträgt bei vorsichtigem Bleichen, d. h. mehrmaligem Auskochen mit verdünnter Lauge und Chloren mit schwachen Chlorlösungen 10—20%, je nach Stärke und Drehung des Garns, sowie Art und Ursprung des Hanfes.

D. Jutebleiche.

Jute ist noch schwerer als Flachs und Hanf zu bleichen, da sie überaus stark durch Lignocellulose („Corchorobastose"), eine Verbindung des gerbstoffartigen Bastins mit Cellulose, verholzt ist. Diese in den Zellen selbst enthaltene Substanz wird durch Ätzalkalien gespalten, wodurch die Auflösung der Faser in die nur etwa 2 mm langen Einzelzellen herbeigeführt werden kann; bei saurem Chloren bildet sie das zersetzliche Chloreiweiß (S. 218), was ebenfalls zur Zerstörung der Faser, zum sog. „Verrotten", führen kann. Man kocht daher die Jute nur mit schwachen Alkalien, wie Wasserglas und Soda, ab und bleicht sie mit alkalischen Chlorkalklösungen oder Chlorsoda. Halbgebleichte Jute sieht immer noch strohgelb, vollgebleichte noch blaßgelb aus. Der Gewichtsverlust beträgt bei Vollbleiche 8—12%. Jute wird sowohl als Garn als auch als Gewebe gebleicht. Im allgemeinen wird nach C r o s s und B e v a n (L. Färb.-Ztg. **1890 91**, 24) folgendermaßen verfahren:

Durch Einweichen in warmem Wasser werden die Verunreinigungen aufgeschlossen; war die Jute mit Tran oder Schmieröl „gebatscht", so setzt man Seife und schwache Alkalien zu. Nach dem Spülen wird mit einer Lösung von je 5 g Soda im Liter ½ Stunde gekocht. Es folgt ein Chhlorkalkbad, ½° Bé stark, wonach gespült und mit Salz- oder Schwefelsäure (½° Bé) gesäuert wird. Zum Schluß wird gut gespült, geblaut und geseift (5 g Seife im Liter), um der an sich so spröden Faser wieder Geschmeidigkeit zu geben und etwaige üble Nachwirkungen des Chlors aufzuheben.

Ein besseres Weiß erzielt man (B u s c h , Gew. Mus. **1900**, Heft 7 und 8) durch Nachbehandlung mit Permanganat (2 g im Liter), worauf man den auf der Faser abgelagerten Braunstein mit Natriumbisulfitlösung (80 ccm 38° Bé im Liter) wieder abzieht.

Weniger gut scheint das Verfahren von B e l t z e r (Leipz. Färb.-Ztg. **1911**, 207) zu sein, der das Permanganat durch Natriumsuperoxyd bzw. Perborat ersetzt.

Ganz bedenklich scheinen die Verfahren der folgenden Patente: D. R. P. 104 504 von A. H. P r i n z , Bleichen mit gasförmigem Chlor (L. Färb.-Ztg. **1891/92**, 30), D. R. P. 106 517 von C h. O ' B r i e n und J a m e s S h e a r e r , Bleichen von Jute mit verdünnten Lösungen von Phosphorsäure.

Appretur der Jutegewebe.

Waschen wird im allgemeinen hierbei vermieden. Auf der Einsprengmaschine werden die Gewebe mit einer Schlichte, bestehend aus Kartoffelmehl, Alaun und Tran, besprengt. Sodann sucht man durch starkes Kalandern, durch besondere Glätt- und Quetschmaschinen die Fäden des Gewebes breit zu drücken und die Fasern ineinander zu schieben, um auf diese Weise die Zwischenräume sorgfältig auszufüllen. Die Kalander werden mit fünf und noch mehr schweren Walzen ausgerüstet. Die Behandlung der Gewebe in einer Lösung von Ätzalkalien soll denselben eine Art Kräuselung erteilen und sie wollähnlich machen. Darauf folgt ein schwaches Bad von Schwefelsäure, Spülen und Trocknen (S. 46). Beim nachfolgenden Kalandern soll ein derartiges Gewebe größere Dichtigkeit erhalten.

E. Ramiebleiche.

Das Bleichen geht einher mit dem Aufschließen („Kotonisieren") der Faser vor dem Verspinnen (Bd. II. S. 105).

F. Papiergarnbleiche.

Meist handelt es sich nur um ein Vorbleichen vor dem Färben heller Farben. Ein reines Weiß läßt sich kaum erzielen, es wäre auch zu kostspielig. Sulfatcellulose bleicht sich schwieriger als Sulfitcellulose.

Das Bleichverfahren ist Bd. II, S. 128 beschrieben.

G. Kunstseidenbleiche.

Die übliche Bleiche geschieht mit Natriumhypochlorit. Chlorkalk verwendet man nur da, wo es nicht auf weichen Griff ankommt. Die Stärke der Bäder richtet sich nach der Reinheit der Kunstseide, also für Viscose stärker als wie für Nitrat- oder Kupferseide.

Man geht mit der bei etwa 70° im Seifen- oder Monopolseifenbad (5%) genetzten Ware, ohne zu spülen, auf das Hypochloritbad 0,5 g Cl im Liter). Nach 20 Minuten wird leicht gespült und mit 3 ccm Salzsäure im Liter abgesäuert. Zum Schluß wird gut gespült und nötigenfalls im starken Seifenbad mit Alizarin direkt — blau A oder SE oder — violett ER oder R bei 30° gebläut und getrocknet (Z. f. d. g. Textilind. **1913**, 879).

Die Natriumsuperoxydbleiche ist nicht beliebt. Nach A. Dulitz (Chem. Ztg. **1911**, 189) macht sie härter. Dies rührt vielleicht von zu alkalischer Bleichflotte her. Gegen heiße, alkalische Bäder ist die Kunstseide empfindlich. Deshalb darf sie auch nicht vor der Hypochloritbleiche abgekocht, geschweige denn gebäucht werden.

Nach D. R. P. 363 100 von H. Wünschmann soll Kunstseide durch Kochen unter Druck glänzender und weicher werden (?).

H. Strohbleiche.

Das Stroh kommt lose oder geflochten, z. B. als Teppich oder Strohhut zum Bleichen. Die lose Form erfordert besondere Aufmerksamkeit, da die Faser weder brechen, noch sich spalten darf. Lose Fasern werden daher am besten in langen, viereckigen Kufen gebleicht, um sie möglichst zu schützen, während Geflechte auch in runden Kesseln bearbeitet werden können.

Vor der Bleiche muß das Stroh sehr gut genetzt werden. Zu diesem Zweck legt man 12 Stunden in kochendes Wasser, dem man wohl auch etwas Soda zusetzt. Dabei wird das Stroh durch ein Gestell aus Holzlatten oder ein Geflecht aus Kupferdraht beschwert und untergetaucht. Soda wie überhaupt Alkalien bräunen beim Kochen, mit etwas Weinsäure kann aufgehellt werden.

Die nun folgende Bleiche kann nach den verschiedensten Methoden vorgenommen werden.

Die Chlorkalkbleiche findet hauptsächlich auf Holzbast Anwendung, weniger für eigentliches Stroh. Nach Artus wird 3 Stunden in warmes Wasser eingelegt, 5—6 Stunden in Sodalösung 48° erwärmt und 1 Stunde in ein aus 4% Chlorkalk bereitetes Bad eingelegt. Dann wird dem Chlorbade 1% Salzsäure, mit der 80fachen Menge Wasser verdünnt, zugegeben. Nach ½ Stunde wird herausgenommen und in 4% Soda, gelöst in der 100fachen Menge Wasser, gewaschen und schließlich gespült.

Nach Kurrer wird mehrmals in kochend heißes Wasser 24 Stunden lang eingelegt, bis das Wasser nicht mehr angefärbt wird. Dann folgen drei heiße Sodabäder zu 24, 16 und 12%. Danach wird heiß gespült, hierauf gechlort, mit schwefliger Säure behandelt und schließlich gewaschen.

Häufiger wird Stroh geschwefelt. Dies kann entweder in der Schwefelkammer oder in wässeriger Lösung von schwefliger Säure geschehen.

Die Fasern werden auf ein warmes Seifenbad gestellt; hierzu verwendet man gern eine Seife, die aus Kaliseifenleim mit Natronlauge und Kochsalz abgeschieden und in noch weichem Zustande mit $^1/_5$ ihres Gewichtes

Natriumsulfit versetzt wird. Danach wird geschleudert und für 12 Stunden in die Schwefelkammer gebracht. Dann wird gespült, mit Schwefelsäure schwach abgesäuert, wieder gespült und zum Trocknen verhangen.

Geht man in wässerige schweflige Säure ein, so muß die Seife vorher aus dem Stroh durch Wasser ausgewaschen werden. Beltzer (Rev. gener. mat. col. **1910**, 99 und 134) verwendet 1 Liter Natriumbisulfit 35° Bé auf 10 Liter weiches Wasser. Das Bad bleicht zwar in der Kälte langsamer, erhält aber das Stroh glänzender und weicher, als wenn bei 70° gebleicht wird. Die Temperatur soll daher nicht über 40° genommen werden.

Nach der BASF löst man 10 g Natriumhydrosulfit, 5 g Natriumphosphat und 3 g kalz. Soda im Liter kalten Wassers, legt das Stroh ein, erwärmt langsam auf 60—70°, hält auf dieser Temperatur 12 Stunden, läßt abkühlen, spült gründlich, stellt auf Oxalsäure, 2 g im Liter, bei 30—40°, spült und trocknet. Nach einer neueren Vorschrift löst man 15 g Blankit I im Liter bei 30°, geht ein, erwärmt auf 75—80°, hält 24—48 Stunden bei dieser Temperatur und spült.

Winter (Lehnes Färb.-Ztg. **1913**, 458) empfiehlt Wasserstoffsuperoxyd bis auf etwa 1% zu verdünnen und bei 35—40° schwach ammoniakalisch zu verwenden.

Die Permanganatbleiche läßt sich ebenfalls gut für Stroh verwenden.

Die beste Bleiche dürfte die von Beltzer empfohlene abwechselnde Behandlung mit Bisulfit, Wasserstoffsuperoxyd und Hydrosulfit ergeben. Beltzer läßt auf das oben beschriebene Bisulfitbad eine 5—6tägige Behandlung mit 4—6 Vol.-%igem Wasserstoffsuperoxyd in der Kälte und schwach sauer folgen. Die saure Reaktion wird dem Bade erteilt durch saure Bestandteile, die von dem Stroh abgegeben werden. In der Zeitdauer von 6—48 Stunden steigt der Säuregehalt von 1 ccm $^1/_{10}$ Normallaugeverbrauch für 10 ccm des Bades auf 9 ccm (Phenolphtalein als Indikator). Je saurer die Reaktion wird, um so höher soll die Temperatur gesteigert werden, so daß man, mit 30° beginnend, nach 48 Stunden mit 70° aufhört. Man läßt bei dieser Temperatur noch 1 Tag liegen, spült und stellt 1 Tag lang auf Oxalsäure, 2 bis 5 g im Liter bei 40°. Das gründlich gespülte Stroh gelangt nun auf das Blankitbad, 10 g im Liter bei gewöhnlicher Temperatur 2—3 Tage lang. Hierbei ist besonders wichtig, die Abscheidung von Schwefel zu vermeiden. Dieser Übelstand kann vorkommen, wenn die Oxalsäure nicht gründlich ausgewaschen wurde, oder, wenn beim Ausgehen aus dem Blankitbade vor dem Einlegen in das folgende Oxalsäurebad nicht gut gespült wurde. Der erwähnte Übelstand soll sich durch Behandlung des durch Schwefelabscheidung fleckig gewordenen Strohs in 10%iger Bisulfitlösung bei 70°, und nach dem Spülen in einer verdünnten Sodalösung und Schwefeln in der Schwefelkammer wieder gut machen lassen. Er soll sich auch durch geringe Zusätze von Natriumsulfit oder Soda oder Ammoniak zum Blankitbad vermeiden lassen. In dem auf das Blankit folgenden Oxalsäurebade kann auch mit Methylenblau oder Nilblau gebläut werden. Den Beschluß kann noch ein schwaches Sodabad und die Schwefelkammer machen, doch sind die beiden letzten Behandlungen meist nicht mehr nötig, da das Weiß den höchsten Ansprüchen genügt.

Das angegebene Verfahren nach Beltzer bezieht sich auf Chinastroh. Das empfindlichere Japanstroh läßt sich leichter bleichen und erfährt eine abgekürzte Bleichbehandlung.

J. Stuhlrohrbleiche.

Dem Bleichen geht die Entkieselung voran durch Aufschließen mit 1—2%iger Flußsäure. Durch Scheuern mit Sand werden zunächst Bastüberbleibsel entfernt. Minderwertiges weiches, leicht knickendes Rohr wird für „Korbrohr“ und „Ziehrohr“ ausgeschieden, das feste Rohr für Flechtrohr bestimmt. Der mehrstündigen Behandlung mit Flußsäure folgt die Entsäuerung mit Sodalösung über Nacht.

Gebleicht wird mit Hypochloritlösung, Chlorsoda entweder aus Chlorkalk oder besser durch Elektrolyse. Der Gehalt des Bades an aktivem Chlor sei 3,5—5 g im Liter. Das Bad soll alkalisch sein, etwa $^1/_{10}$ normal. Zu diesem Zwecke speist man mit Soda, Natriumbikarbonat oder Ätzkalk. Nach 3 Stunden wird herausgenommen, das Bad auf seine Zusammensetzung geprüft und unter Umpacken wieder eingelegt. Nach abermals 3—5 Stunden wird gespült und im Freien getrocknet. Treten dabei kalkige Stellen auf, so wird in der Trockenstube bei 40° getrocknet. Dadurch gewinnt das Rohr den gewünschten gelblichen Ton, der durch das folgende Schwefeln über Nacht noch lebhafter wird.

Das Rohr wird dann nach der Farbe sortiert. Das Flechtrohr wird durch Entrinden von dem Rohrinneren, dem „Peddig“ oder „Peddy“ getrennt. Durch Schneiden und Hobeln wird das durch die Flußsäurebehandlung matt gewordene Rohr geplättet, geglänzt und geschmeidig gemacht. Auch läßt man zu letzterem Behufe die Stangen vor dem Schneiden über Speckstein laufen (Dr. Jeneckel, Lehnes Färb.-Ztg. **1905**, 193).

II. Wäscherei und Bleicherei der Wolle und verwandter Stoffe.

A. Waschen und Bleichen der Wolle.

Auf die Erzielung eines reinen Weiß muß von vornherein verzichtet werden; es handelt sich in erster Linie um die Entfernung der Verunreinigungen durch das Waschen, während das Bleichen mehr in den Hintergrund tritt.

Das Wasser spielt in der Wollwäscherei eine ausschlaggebende Rolle. Deshalb haben sich die großen Wollwäschereien da angesiedelt, wo reines Wasser in reichlicher Menge zur Verfügung steht. Als Waschmittel dienen milde Alkalien, wie Soda und Ammoniak, ferner Seife. Ihre Anwendungsweise richtet sich nach der Menge und Art der Verunreinigungen und setzt große praktische Erfahrung voraus (s. Bd. II. S. 146).

Als Bleichmittel werden von alters her reduzierende, nämlich schweflige Säure in Gasform und in Lösung angewendet. Neuerdings wird auch Hydrosulfit vorgeschlagen (S. 46), dürfte aber noch zu teuer sein. Dagegen verschaffen sich die oxydierenden Bleichmittel, wie Wasserstoffsuperoxyd (S. 248), Perborat und Permanganat (S. 249), immer mehr Eingang, weil das mit ihnen erzielte Weiß aus den (S. 265) angegebenen Gründen beständiger ist als das mit schwefliger Säure erhaltene. Den zum Schluß noch verbleibenden gelblichen Stich deckt man durch die entsprechenden Gegenfarben, z. B. Säureviolett und Alizarinsaphirol.

Die Wollwäscherei und -bleicherei bedient sich zum kleineren Teil auch der zum Färben benutzten Gefäße und Maschinen (Bd. III). Zum größeren Teil hat sie besondere Apparate und Maschinen, die dem Verwendungszweck angepaßt sind und nachstehend im einzelnen besprochen werden sollen. Ihre Einrichtung hängt in erster Linie davon ab, ob die Wolle als lose Faser, als Kammzug, als Garn oder als Gewebe behandelt werden soll.

---

1. Lose Wolle.

Jede Wolle muß zunächst einmal im losen Zustand gewaschen werden, um sie von den bis zu 80% betragenden natürlichen Verunreinigungen zu befreien und verspinnbar zu machen (s. Bd. II. S. 145).

Lose Wolle wird nur gebleicht, wenn sie mit farbiger gemischelt versponnen werden soll. Man verwendet dann schweflige Säure sowohl in Gasform als in wässeriger Lösung. Zum „Schwefeln“ der Wolle wird sie in feuchtem Zustand auf Horden in der Schwefelkammer ausgebreitet (S. 263). Vielfach seift man die Wolle vor dem Schwefeln; in diesem Fall bleibt sie geschmeidiger und braucht nachher nur noch gespült zu werden.

Wendet man schweflige Säure in wässeriger Lösung an, so bleibt die Wolle weicher und wird auch besser durchgebleicht.

Trotz gründlichen Spülens lassen sich die letzten Spuren schwefliger Säure nicht auswaschen. Um solche Wolle auch mit bunter verspinnen oder zu Buntgeweben verarbeiten zu können, muß man daher die schweflige Säure durch ein Bad von Wasserstoffsuperoxyd zu Schwefelsäure oxydieren (D. R. P. 34436 von Lunge).

Kräftiger und nachhaltiger als die schweflige Säure bleicht die hydroschweflige Säure. Ein solches Bleichbad wird z. B. durch Einstreuen von 1—3 g „Blankit“ (BASF) in 2—3 Liter Wasser von 40—45° bereitet. Die Wolle verweilt darin 10—12 Stunden, wird ausgeworfen und gespült.

2. Kammzug.

Das Waschen des Kammzugs erfolgt bereits in der Kammgarnspinnerei auf der Plättmaschine (Lisseuse) (Bd. II. S. 212).

Der so behandelte Kammzug ist für die meisten Zwecke rein genug, so daß man nur selten noch die letzten Seifenreste durch ein Bad heißen Wassers auf geeigneten Apparaten zu entfernen braucht.

3. Wollgarn.

Auch Kammgarne bedürfen keiner besonderen Reinigung mehr. Sie werden zwar ebenso wie Zephirgarne gern, in Bündeln verschnürt, in heißes Wasser eingelegt („eingebrüht“) und darin erkalten gelassen. Dieses Verfahren stellt aber mehr eine Art Dekatur (Bd. III, 474) dar, indem so behandelte Garne beim späteren Färben die einmal angenommene Form bewahren und nicht mehr so leicht filzen. Auch verlieren stark gedrehte und gezwirnte Garne dadurch die Fähigkeit, zu ringeln“, wenn sie in Strangform übergeführt werden. Derartige Garne spannt man wohl auch auf den Streckapparat und taucht sie in heißes Wasser.

Die Wäsche der Wollgarne ist viel leichter und schneller auszuführen als die Wäsche der Rohwolle, vorausgesetzt, daß als Schmälze, d. h. zum Einfetten der Fäden, ein gutes verseifbares, nicht durch zuviel Mineralölzusatz verdorbenes Öl in der Spinnerei zur Anwendung kam (Bd. II. S. 208.

Als Schmelzmittel können dienen: Olivenöl, Olein, Rizinusöl, Türkischrotöl und Baumwollsaatöl.

Ist ein gutes Öl in der Spinnerei verwendet worden, so läßt sich die Reinigung leicht mit Soda oder Seife oder mit beiden zusammen ausführen. Geringe Mengen Mineralöl erfordern schon ein sehr langes Behandeln mit Seife zu ihrer Entfernung. Bei mehr Mineralöl setze man Dekalin oder Tetralin zu. Vielfach wird nach der Wäsche mit Seife in warmem Wasser gespült, mit soviel Ammoniak, daß das Wasser danach riecht. Bei Anwendung von Ammoniak muß Kupfer vermieden werden; die ziegelroten Kupferoxydammoniakflecken sind nicht mehr ganz zu entfernen.

Zum Schluß wird auf kaltem Wasser noch kurz umgezogen.

Streichgarne und Cheviotgarne enthalten noch das ganze Schmälzöl, das ihnen in der Spinnerei zugesetzt wurde, und müssen daher sorgfältig gewaschen werden. Auch hier wie bei loser Wolle ist das Waschen Sache praktischer Erfahrung und nimmt je nach der Natur der angewendeten Spinnöle schärfere oder mildere Formen an. Durchschnittlich genügen 3—4% Soda und ebensoviel Seife bei 40—45°. Für feinere Garne ersetzt man die Soda durch das teurere Ammoniak. Man behandelt auf Stöcken in hölzernen Kufen oder auf Waschmaschinen.

Die Garnwaschmaschine, Bauart DS mit zwei Spulenpaaren der C. G. Haubold, A.-G., Chemnitz (Abb. 160), hat folgende Bestandteile:

2 gußeiserne Gestelle mit den Lagern für

2 Paar Spulen aus Rotguß. Die beiden unteren Spulen sind fest, die beiden oberen beweglich gelagert. Sie laufen zum bequemen Auflegen des Garnes vorn konisch zu;

Abb. 160 Garnwaschmaschine DS der C. G. Haubold A. G., Chemnitz.

1 Holzbottich mit

1 Ablaßventil am Boden;

1 Antrieb, bestehend aus Fest- und Losriemenscheibe, Räderübersetzung und dazugehöriger Ausrückung.

Die Garn-Wasch-Maschine, Bauart AC (Abb. 161), der C. G. Haubold, A.-G., Chemnitz, hat folgende Bestandteile:

2 Gestellwände, auf denen 2 U-Eisenschienen befestigt sind;

6 Unterspulen aus Rotguß von je 100 mm Durchmesser, deren Lager auf den Eisenschienen angebracht sind. Auf je zwei dieser Spulen liegt

1 eiserne Walze von 300 mm Durchmesser mit Kupferbezug, die als Quetschwalze dient.

1 Holztrog für die Waschflüssigkeit unter den Walzen;

1 Ablaßhahn am Boden des Troges.

Der Antrieb der Unterwalzen erfolgt durch Stirnräderübersetzungen und Fest- und Losriemenscheibe.

Wasch- und Spülmaschine für Woll- und Seidengarn (Abb. 162). Die Garne werden über sechs Spulen gehängt. Die Spulen können in abwechselnder Richtung in Bewegung gesetzt werden. Unter den in gleicher Höhe gelagerten Spulen ist ein Holzbottich angebracht. Zweckmäßig wird unmittelbar neben die Maschine eine Garnquetsche aufgestellt, zu ihr führt ein endloses Lattentuch, auf welches man die Garne nach dem Spülen oder Waschen auflegt.

Abb. 161. Garnwaschmaschine AC der C. G. Haubold A. G., Chemnitz.

Kontinuierliche Wollgarn-Waschmaschine (Abb. 163). Die Garnsträhne werden mit einer kurzen Schnur zusammengebun-

Abb. 162. Wasch- und Spülmaschine für Woll- und Seidengarne.

den und in Kettenform über Walzen durch das Waschbad C geführt und schließlich durch ein Paar Quetschwalzen AB ausgepreßt. Die Walzen sind mit einem dauerhaften Material, z. B. Seidenabfall, überzogen.

Die Ausquetschmaschine mit Federdruck für Wollgarn oder auch lose Wolle (Abb. 164) gleicht der S. 220 beschrie-

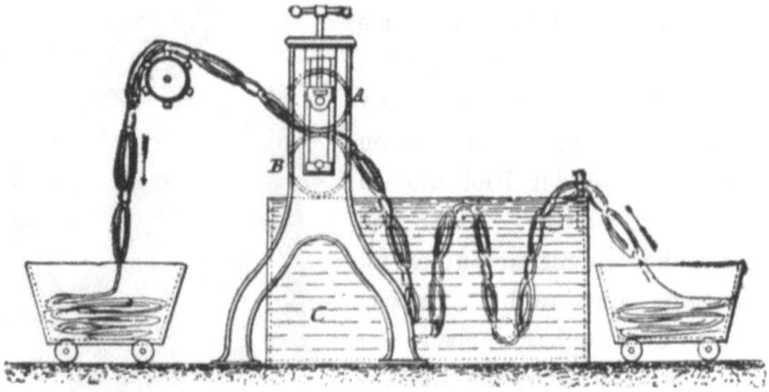

Abb. 163. Kontinuierliche Wollgarn-Waschmaschine.

benen Garnquetsche für Leinengarn. Die Walzen haben kleineren Durchmesser und durch Schrauben- und Federdruck, anstatt Hebeldruck, wird die obere Walze auf die untere gepreßt.

Abb. 164. Garnquetsche für Wollgarn.

Das Bleichen der wollenen Garne geschieht heute außer mit schwefliger Säure (S. 263) vielfach mit Wasserstoffsuperoxyd. Man verwendet 10 Liter der käuflichen 3%igen Lösung auf 100 Liter Bad bei 40—50° in ganz schwach ammoniakalischer Flotte. Bei Verwendung von

Natriumperborat ist ein besonderer Alkalizusatz überflüssig, da im Bad Natriummetaborat, $NaBO_2$, enthalten ist. In jedem Fall hat man für peinlichste Sauberkeit des Bleichguts und der Gefäße zu sorgen. Letztere können von Holz, besser aber aus Steingut sein. Metalle mit der einzigen Ausnahme von Zinn (D. R. P. 206566 von R. Wolffenstein) sind ausgeschlossen. Eisen-, Rost- und Kupferteilchen in der Ware bewirken durch katalytische Zersetzung des Wasserstoffsuperoxyds eine vollkommene Zerstörung der betroffenen Stellen (P. Lüttringhaus, Färb.-Ztg. **1901**, 328; **1902**, 165; s. a. S. 35).

Eine ganz vorzügliche Bleichwirkung erzielt man nach Versuchen des Verfassers durch Hintereinanderschaltung der oxydierenden und reduzierenden Bleiche, indem man der Behandlung mit Wasserstoffsuperoxyd eine solche mit Blankit folgen läßt.

Auch mit dem in Bd. I, 211 erwähnten Kaliumpermanganat läßt sich Wollgarn gut bleichen. Man behandelt eine Stunde mit etwa 1 g im Liter, gibt in Wasser und entfernt den gebildeten Braunstein durch ein Bad von 10 ccm Natriumbisulfit 38—40° Bé und 4 g Schwefelsäure im Liter. Da das Permanganat nicht wie bei Baumwolle auszieht, so kann das Bad ebenso wie das Bisulfitbad laufend gebraucht werden.

4. Wollgewebe.

a) Waschen wollener Gewebe.

Kammgarnstoffe bedürfen aus denselben Gründen wie Kammgarne keiner eingehenden Reinigung mehr. Sie werden aber gewöhnlich

Abb. 165. Krabbmaschine.

nach dem Sengen (S. 68) „gekrabbt“, eine Behandlung, die denselben Zweck verfolgt wie das „Brühen“ der Kammgarne. Die Faser soll bei der späteren Behandlung nicht mehr filzen und infolge ihrer „Fixierung“ in bestimmter Lage einen gewissen bleibenden Glanz erhalten.

Die Temperatur des Wassers muß wenigstens so hoch sein wie die höchste Temperatur, welche das Gewebe bei der späteren Behandlung noch zu erleiden hat. Die 8 bis 10% Schlichte, die in der Weberei zur Erzielung einer größeren Festigkeit der Kette beim Weben zugesetzt worden ist, muß vor dem Krabben entfernt werden. Sie löst sich in Wasser von 50—65° C, dem man etwas kalzinierte Soda zusetzt. Die Krabbmaschine ist dafür mit zwei Wasserkasten ausgerüstet.

Krabbmaschine (nicht Krappmaschine) (Abb. 165). Zwei oder auch drei Kästen von Holz sind mit kochendem Wasser gefüllt, gußeiserne Quetschwalzenpaare liegen über den Kästen. Die oberen Walzen können beliebig auf die unteren Walzen herabgelassen oder auch gehoben werden.

Die Ware kann beliebig an beiden Enden ein- und ausgelassen werden. Die untere Walze erhält den Antrieb. Das Gewebe wird in gespanntem Zustande unter einer Walze weg durch das heiße Wasser gezogen und darauf dem Drucke der Walzen ausgesetzt. Von dem unteren Zylinder wird das Gewebe aufgewunden, während dieser sich noch im heißen Wasser dreht. Das Verfahren wird im zweiten und dritten Troge wiederholt.

Je nach der Beschaffenheit der Ware läßt man auch bloß durch die Flüssigkeit und zwischen den Quetschwalzenpaaren durchlaufen. Für Ware wie Kaschmir, die sich nachher weich und voll anfühlen soll, wird kein Druck angewendet, sondern die Stücke werden einfach fest auf dem untern Zylinder aufgewickelt. Bei solchen Geweben wird auch nicht kochendes Wasser zum Krabben verwendet wie bei sehr harten Geweben, sondern es wird nur wiederholt mit Wasser von 50—60° gekrabbt.

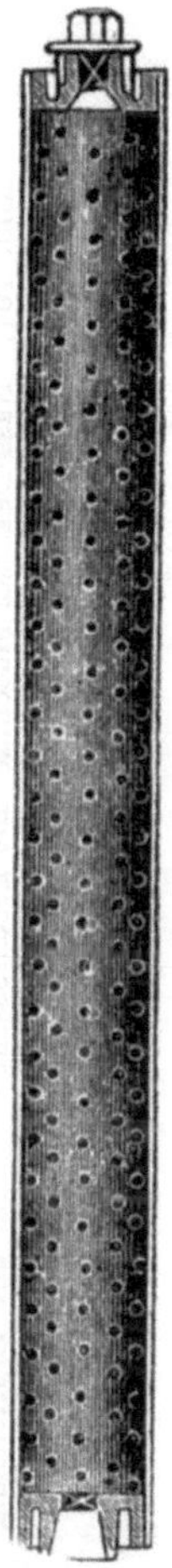

Abb. 166. Dämpfzylinder.

Nach dem Krabben werden die Gewebe straff auf eine Holzwelle gerollt und erkalten gelassen. Sodann werden die Stücke abgezogen und im Strang oder breit mit Seife und Soda oder mit Salmiakgeist bei zirka 35° C gewaschen.

Brennböcke. Krabbmaschinen mit 1 oder 2 Walzenpaaren und statt mit eisernen mit Holzwalzen, bezeichnet man als „Brennböcke" (Bd. III, Abb. 111).

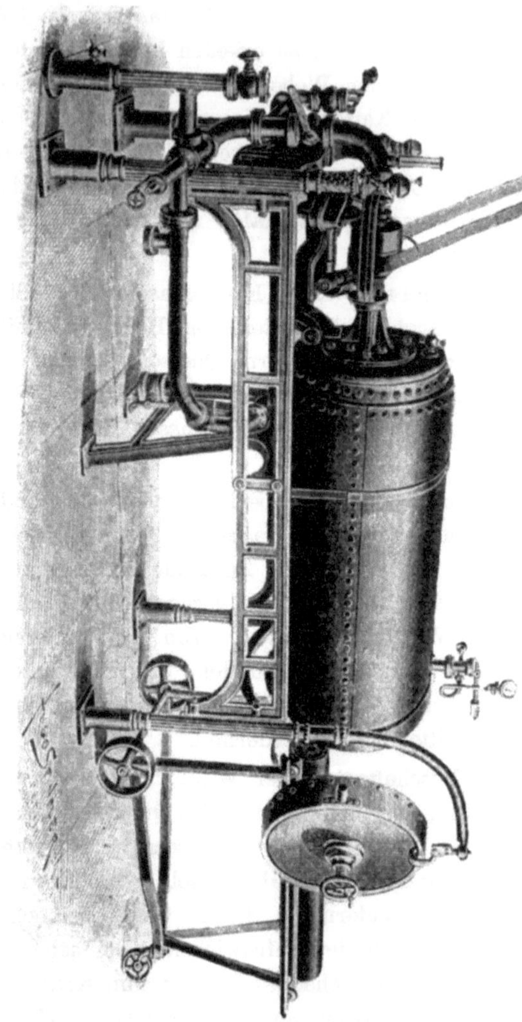

Abb. 167. Nass-Dekatier-Maschine mit geschlossenem Kessel und Einrichtung zum Ausschleudern.

Kammgarngewebe wie Cheviot müssen noch nach dem Krabben dekatiert werden, um der Ware dauernden Griff und Glanz zu verleihen. Man unterscheidet Dampf- und Naßdekatur.

Bei der Dampfdekatur werden mehrere Stücke auf einen eisernen oder kupfernen durchlochten Zylinder (Abb. 166) in gespanntem Zustande aufgerollt. Die Zylinderwalze ist häufig an der Krabbmaschine angebracht und zum Schutze der Ware mit einigen Lagen Baumwollnessel oder Leinen umwickelt. Sind die Woll- (oder Halbwoll-) stücke auf dem Zylinder aufgewickelt, so werden sie mit Packtuch umwickelt und dann durch die Achse des Zylinders trockner Dampf von ½—2 Atmosphären 5—10 Minuten lang durchgelassen. Tritt der Dampf voll durch das Tuch hindurch, so stellt man ab und rollt nun die Stücke auf einem gleichen zweiten

Abb. 168. Ripswaschmaschine zum Waschen wollener und halbwollener Ripse, Tibets etc.

Zylinder auf, und zwar läuft das äußerste Stück jetzt beim zweiten Dämpfen als innerstes auf; dadurch wird größere Gleichmäßigkeit erzielt. Es wird sowohl mit aufrecht stehenden als auch mit wagerecht liegenden Dämpfzylindern gearbeitet; in manchen Fällen wird auch Vakuumdekatur, d. h. Dämpfen unter vermindertem Drucke, angewendet.

Gut dekatierte Ware färbt sich bedeutend besser und gleichmäßiger wie nicht dekatierte; ungleichmäßiges Dämpfen, z. B. nur auf einem Zylinder, verursacht Dekaturfehler, die erst nach dem Färben z. B. als dunkle Enden hervortreten.

Die Naßdekatur, das Potting-Verfahren, kommt bei schwerer Strichware, wie Herrenstoffen, zur Anwendung.

Der Zylinder wird in einen Apparat (Abb. 167) eingesetzt; durch die hohle Achse wird erst nur kaltes Wasser durch die Striche getrieben, dann

Wasser und Dampf, so daß schließlich kochendes Wasser durchgeht. Sodann wird der Dampf abgestellt und nur kaltes Wasser bis zur Abkühlung durchfließen gelassen. Auch kann man erst Dampf, dann heißes Wasser und endlich kaltes Wasser bei dieser Naßdekatur durch die Ware schicken.

Nach dem Dekatieren wird ebenso wie nach dem Krabben mit Seifenlösung 1/2 Stunde oder länger gewaschen. Dies kann auf den schon beschriebenen Breitwaschmaschinen stattfinden.

Für leichte Waren (Velvet, Kalmuk, Druckware) werden die Maschinen mit hölzernen Quetschwalzen gebaut und mit nur zwei Abteilungen des Troges. Die Holzkästen werden auch terrassenförmig aufgestellt, so daß das Wasser der Ware entgegengesetzt zufließt.

Breitwaschmaschinen mit eisernen Quetschwalzen (Abb. 168) (ohne Waschflügel, sondern statt dessen mit runden oder viereckigen Leitwalzen) dienen zum starken Waschen von wollenen (halbwollenen, halbseidenen) Geweben, wie Orleans, Rips, Damast, Zanella, Alpakka.

Halbwollgewebe werden wie Kammgarnstoffe behandelt.

Streichgarnstoffe müssen einer gründlichen Reinigung unterzogen werden. Man bezeichnet diesen Vorgang auch als „Entgerbern" oder, weil er mit dem Rohgewebe, dem „Loden", vorgenommen wird, als „Lodenwäsche".

Garne, welche für Stückware bestimmt sind, die erst im Stück gefärbt wird, werden vor dem Verweben nicht gereinigt; aus solchen Stücken müssen die Schmälzöle der Spinnerei und ebenso die Schlichte der Weberei entfernt werden. Ungenügend ausgewaschener Leim aus der Schlichte bewirkt später an den betreffenden Stellen dunklere Ausfärbung.

Das Waschen muß bald vorgenommen werden, da sonst leicht beim Lagern durch Gärung der Schlichte Stockflecken (s. S. 204) entstehen.

Die meisten Schmälzmittel ändern sich an Licht und Luft so, daß sie schwerer auswaschbar werden; so kann es kommen, daß bei lang gelagerter Ware die Leisten sich unvollkommen reinigen lassen und beim nachfolgenden Färben Streifen geben.

Sind die Webschützen auf der einen Seite zu stark abgeschlagen, so ist das Schußgarn auf dieser Seite stärker gespannt und diese dichtere Leiste wird stärker eingewalkt. Derartige Leisten rollen sich beim späteren Färben ein und geben ein unruhiges Bild.

Die Waschmittel sind im allgemeinen dieselben wie für lose Wolle und Garne, doch setzt man hier gern noch Fettlösungsmittel wie z. B. Tetrapol zu, wenn der Verdacht einer reichlichen Schmälzung mit minderwertigen und unverseifbaren Ölen vorliegt. Feinere, empfindlichere Stoffe wäscht man auf Breitwaschmaschinen, schwere, bei denen die Gefahr einer Knitterung nicht so sehr besteht, auf Strangwaschmaschinen.

Die Strangwaschmaschinen entsprechen in ihrer Bauart denjenigen zum Waschen von Baumwollgeweben. Nur läuft die Ware nicht am einen Ende der Maschine herein und am andern heraus, sondern endlos in sich zurück; auch wird sie nicht mit Wasser abgespritzt, sondern

Abb. 169. Strangwaschmaschine (Seitenansicht) (Hemmer).

tränkt sich beim Durchlaufen des Holzkastens mit der darin befindlichen Seifenlauge.

Strangwaschmaschinen (Haubold, Hemmer, Jahr) (Abb. 169 und 170). In einem hölzernen Waschkumpen befindet sich ein Paar schwerer hölzerner Quetschwalzen, gewöhnlich aus Buchenholz von 600 mm Durchmesser. Der Druck der Oberwalze kann gegen die Unterwalze eingestellt werden. Die Stücke, zu einem endlosen Bande zusammengefügt, werden zwischen den Walzen und über je eine Leitwalze zu beiden Seiten des Walzenpaares bewegt. Auf der Walzenbreite können 3—9 Stränge durch Leitgitter mit Knotenfänger von einander getrennt nebeneinander laufen. Das Gewebe läuft weiterhin durch den Kasten oder Kump, in welchem die Reinigungsflüssigkeit enthalten ist. Unmittelbar unter dem Walzenpaar kann ein kleinerer Holztrog angebracht werden, der die ausgepreßte schmutzige Brühe aufnimmt und abführt.

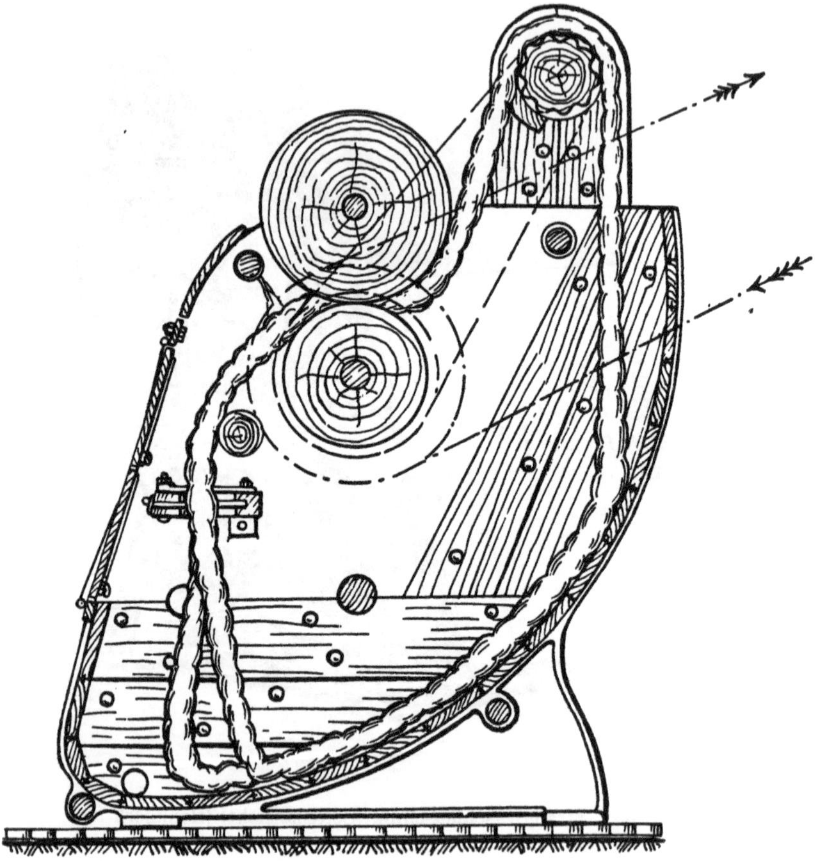

Abb. 170. Strangwaschmaschine mit glatten Walzen. (Hemmer, Aachen.)

Ein Spritzrohr bespritzt beim Spülen das Gewebe. Durch verschieden hoch im Kumpen eingebohrte, durch Holzzapfen verschließbare Löcher kann man das Wasser verschieden hoch in den Waschkumpen einfüllen und stehen lassen. Die Maschine wird fast ausschließlich für das Waschen und Entgerbern der schwereren Winterpaletot- und Hosenstoffe angewendet. Noch vollkommener arbeiten die Strangwaschmaschinen mit Riffelwalzen von Hemmer, Aachen (Abb. 171 u. 172).

Die Riffelwalzen haben drei Vorzüge:

1. Die Ware auf größerer Oberfläche und bei länger andauernder Reibung, als dies bei glatten Walzen möglich ist, zu bearbeiten.

2. Die Ware in der ihnen durch das Leitbrett (Brille) zugeführten Faltenlage zu verlegen, wodurch Falten vermieden werden.

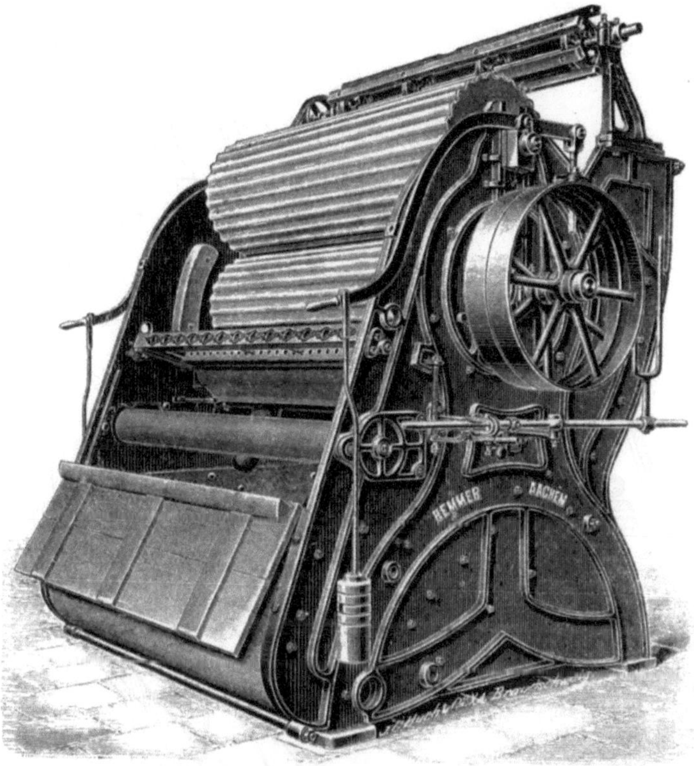

Abb. 171. Strangwaschmaschine mit Riffelwalzen (Hemmer).

3. Das Umwickeln des Stoffes auf die Unterwalze zu verhüten, da die Riffelwalzen durch ihre exzentrische Oberfläche den Stoff beim Ausgang von sich abstoßen.

Die Leistungsfähigkeit dieser Maschine ist bedeutend größer als bei einer Maschine mit glatten Walzen und einfacher Geschwindigkeit. Bei einer Maschine von 1,8 m Walzenlänge werden bei Füllung der Maschine mit 10 bis 12 Stück, 30 bis 36 Stück von 35 m Länge und 15 bis 20 kg Schwere am Tag vollständig reingewaschen. Hinter den Riffelwalzen befindet sich, höher gelagert als deren Oberwalze, eine rascher gehende Haspelwalze; sie gibt dem Stoff ein besonderes Gefälle, dadurch wird jedes Stück noch besser entfaltet und stürzt im unteren Bottich weniger leicht um. Ferner wird hierdurch auch die Abnahme des Stoffes von den Riffelwalzen noch mehr gesichert. Schließlich ist die Maschine mit der Einrichtung versehen, daß sie sich durch Hebung der Brille selbsttätig ab-

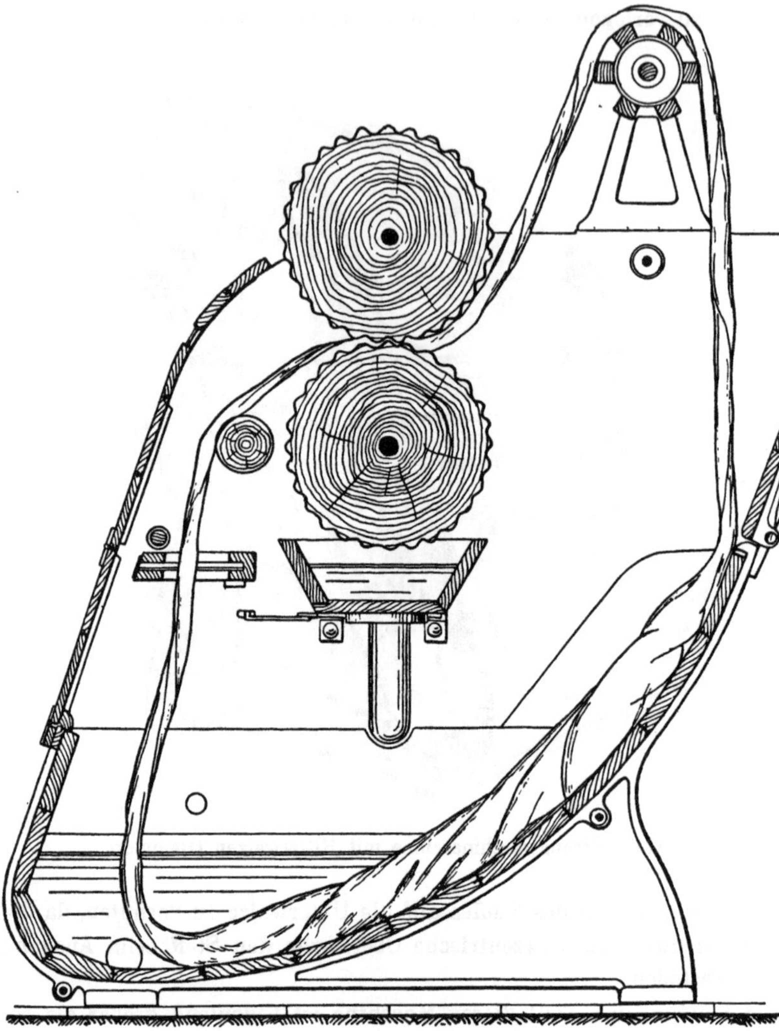

Abb. 172. Strangwaschmaschine mit geriffelten Walzen. (Hemmer, Aachen.)

stellt, wenn durch Überfüllung der Maschine mit Stoff die Stücke sich verschlingen sollten.

Die Hemmersche Patent-Strangmaschine mit zweifacher Geschwindigkeit (Abb. 173) ermöglicht, sehr unreine Stücke erst langsam laufen zu lassen und ihnen dann, nach Entfernung des Hauptschmutzes eine größere Geschwindigkeit zu erteilen.

Die Breitwaschmaschinen sind zwar teurer, erreichen aber neben einer Ersparnis an Zeit und Waschmittel vollkommene Reinheit und Verminderung der Falten und Strieme.

Abb. 173. Strangwaschmaschine mit zweifacher Geschwindigkeit (Hemmer).

Zwei Zahnwalzenpaare (Abb. 174) kneten und reiben den zwischen ihnen befindlichen Stoff; ein größeres Walzenpaar, die Hauptwalzen, 18 bis 20 cm Durchmesser, quetschen aus; die untere aus Kupfer, die obere aus Hartgummi mit einem Überzug aus Weichgummi.

Der Stoff geht vom Boden der Maschine über eine vierkantige Walze, die leicht gebremst wird, um den Stoff am Schieflaufen und Verwickeln zu verhindern. Er tritt dann zwischen das erste Zahnwalzenpaar, streicht über einen rechts und links gerippten Breithalter, der der besseren Haltbarkeit wegen aus Porzellan hergestellt wird, und geht hierauf zum zweiten Zahnwalzenpaar. Von hier gelangt die Ware über eine Latte hinweg in den Waschtrog und wird durch eine Walze unter der Waschflüssigkeitsoberfläche durchgeführt. Über einen zweiten Breithalter hinweg läuft sie dann zu den Hauptwalzen. Der Waschtrog liegt unmittelbar unter den Hauptwalzen und ist mit einem Dampfrohr versehen, um die Waschflüssigkeit nach Belieben erhitzen zu können. Die Waschflüssigkeit kann entweder in den untern Raum der Maschine oder auch sogleich nach außen

Abb. 174. Breitwaschmaschine für Wolle.

abgeleitet werden. Hinter den Hauptwalzen wird die Ware aufwärts über eine Lattenwalze geführt, welche sich schneller umdreht, als die Hauptwalze. Zum Waschen ganz leichter Damentuche ist sodann noch ein Nachschiebeapparat angebracht, wodurch der von der Lattenwalze herunterfallende Stoff gleichmäßig in parallele Lage zusammengedrückt und weiterbewegt wird, da der Stoff andernfalls auf dem Boden nicht genug rutschen würde. Diese Einrichtung ermöglicht ferner auch $^1/_5$ mehr Stoff in die Maschine aufzunehmen. Einer Maschine ohne Nachschiebeapparat

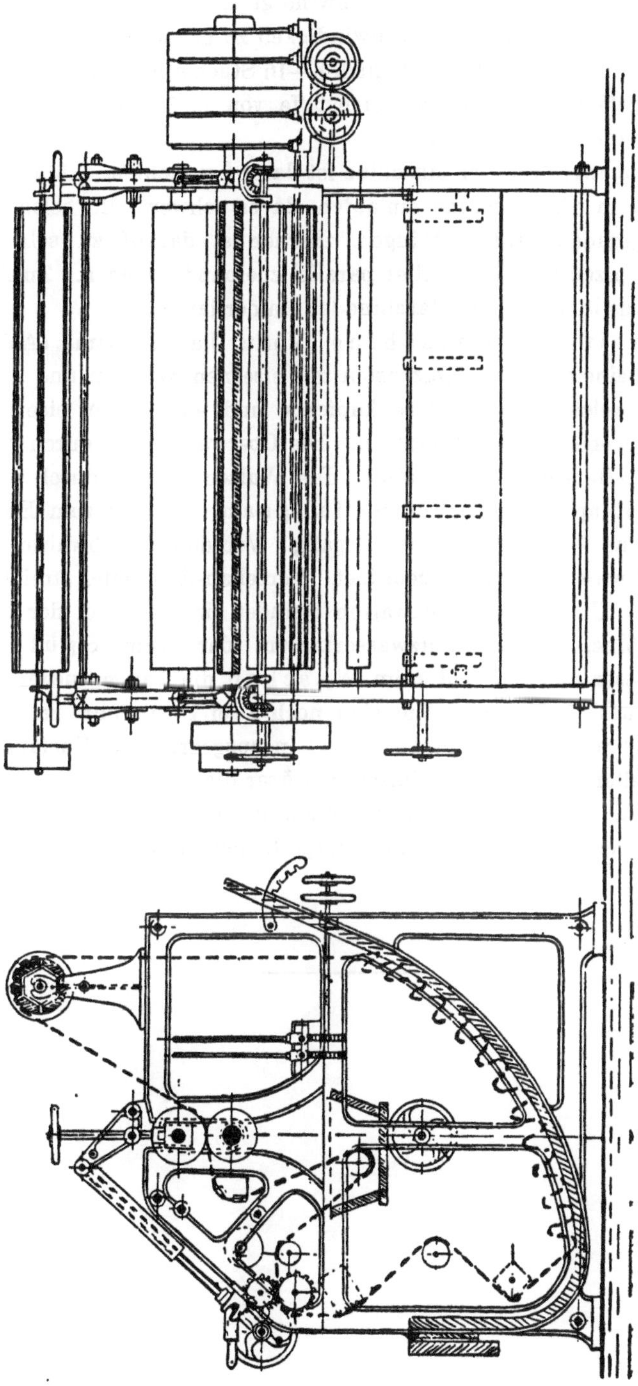

Abb. 175. Breitwaschmaschine (M. Jahr, Gera).

kann man dagegen eine größere Geschwindigkeit erteilen. Man vermag in der Minute bis zu 170 m Stoffgeschwindigkeit zu erreichen. Die Maschine soll nach Gattung und Schwere täglich 8—16 Stück schwarzgefärbte, 6—12 Stück blaugefärbte Herrenkammgarnstoffe von je 35 m Länge aus der Farbe vollständig rein spülen.

Beim Ingangsetzen der Maschine ist darauf zu achten, daß die Stücke nicht schief in die Maschine einlaufen, da es schwer hält, solche Stoffe wieder in geraden Lauf zu bringen. Ferner ist darauf zu sehen, daß sämtliche Walzen und Breithalter parallel zueinander stehen. Zu Anfang des Waschens läßt man die Maschine langsamer laufen.

Die Breitwaschmaschine (Moritz Jahr, Gera) (Abb. 175) besteht aus einem großen Holzkasten mit eisernen Wänden und Aufsatzböcken, in welchen eine untere kupferne und eine obere, eiserne, mit Gummi bezogene Walze gelagert ist. Die Oberwalze wird durch einstellbaren Feder-Hebeldruck angepreßt. Die Walzen werden durch doppelte Riemenscheibenpaare getrieben, für langsamen Gang zum Einlassen der Ware und schnellen Arbeitsgang. Vor den Waschwalzen ist ein geriffeltes Knetwalzenpaar angeordnet. Porzellan-Ausbreiter streichen die Falten aus. Unter den Druckwalzen befindet sich, wie bei der Strangwaschmaschine, ein Schmutzwasserkasten, der beim Spülen das Schmutzwasser ableitet, und beim Waschen die Lauge wieder in den Kasten zurückführt. Außerdem sind noch zwei Spritzrohre in der Maschine angebracht. Das Gewebe gelangt in ausgebreitetem Zustande über den Breithalter zwischen die Walzen und über die hintere Leitwalze in den Trog zurück. Die obere Leitwalze dient dazu, die fertig gewaschenen Stücke aus der Maschine auf einen vorgestellten Tisch abzutafeln.

b) Bleichen wollener Gewebe.

Es besteht ein wesentlicher Unterschied zwischen der Bleiche von Baumwolle und Wolle.

Erstens ist die Baumwollbleiche unbedingt notwendig für die weitere Verarbeitung. Waschen und Bleichen hängen hier eng zusammen. Bei Wolle genügt im allgemeinen die oben besprochene Wäsche, um marktfähige Ware herzustellen; das Bleichen wird nur zur Erzielung einer weißeren Wolle vorgenommen; man geht dabei nur von guter, sortierter Wolle aus.

Ein zweiter großer Unterschied besteht in den zur Anwendung gelangenden Bleichmitteln.

1. Bleichen mit gasförmiger schwefliger Säure.

Das gut ausgewaschene Garn wird auf hölzernen Stangen, das Gewebe ebenso in ausgebreitetem Zustande, beide noch feucht, in eine Kammer, die Schwefelkammer, gehängt, deren Türen luftdicht verschlossen werden können.

Die Kammer, aus Ziegelsteinen oder Stein und Zementmörtel gemauert, wird am besten mit einem schrägen Dache aus Bleiplatten, Glas oder Holz versehen. Darunter angebrachte Dampfrohre beugen einer Verdichtung des Gases vor. Ein gut ziehender Schornstein muß die Gase schnell absaugen können. Die schweflige Säure wird in einer Ecke des Raumes durch Verbrennen von Schwefel erzeugt, den man in einem eisernen Topf durch einen hineingeworfenen eisernen Bolzen anzündet. Man kann auch den Schwefel in einem besonderen Ofen verbrennen und die Gase durch ein Rohr mit einer siebähnlichen Öffnung am Ende mit Zuhilfenahme eines kräftigen Ventilators vom Boden der Kammer aus aufsteigen lassen. Die Kammer, meist 3—4 m lang, 2—3 m breit und 2—3 m hoch, wird hierauf geschlossen und die Wollfaser 8—24 Stunden der Einwirkung der schwefligen Säure ausgesetzt. Diese wird von der feuchten Wolle verschluckt. Um den dadurch entstehenden luftverdünnten Raum auszugleichen und den bei der Verbrennung des Schwefels verbrauchten Sauerstoff zu ersetzen, sind an den Wandungen der Kammer Luftlöcher mit nach innen sich öffnenden Ventilen angebracht; sie können sich durch den Wechsel des Luftdrucks von selbst schließen und öffnen.

Bei ungenügender Sauerstoffmenge erlischt der Schwefel und kann dann leicht durch die beim Verbrennen erzeugte Wärme auf das Gewebe sublimieren und sich als dünne, schwer zu entfernende Schicht ablagern. Schlimmer sind aber noch die Rostflecke, die dann entstehen, wenn die Ware an nicht verzinnten, eisernen Rahmstiften aufgehängt war. Die betreffenden Stellen werden leicht mürbe. Nachdem die Ware genügend lange in der Schwefelkammer gehangen hat, wird ein Schieber geöffnet, damit das Gas durch den Schornstein entweichen kann und gleichzeitig die Tür des Raumes geöffnet, damit ein Strom reiner Luft durch die Kammer hindurchgesaugt wird, ehe der Raum betreten wird. Nach dem

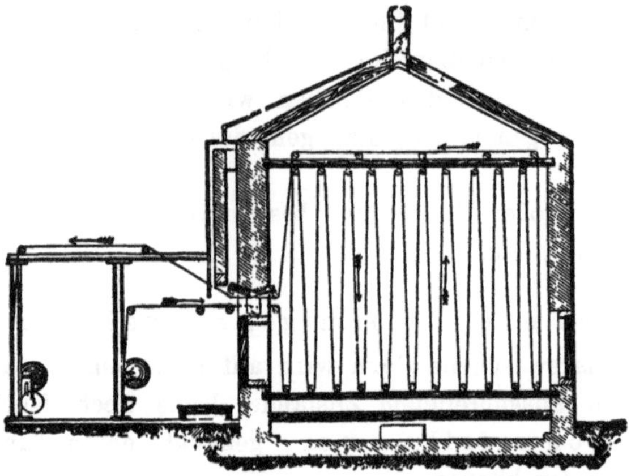

Abb. 176. Schwefelkammer für Wollengewebe.

Schwefeln werden die Stoffe in einem 40° C warmen schwachen Soda- oder Seifenbade gewaschen, nötigenfalls wird das Bleichen in der Schwefelkammer wiederholt, worauf jedoch wiederum ein Seifen stattfinden muß. Durch das Waschen sollen die veränderten Farbstoffe aufgelöst und entfernt werden. Die harsch gewordene Wolle erlangt dabei auch ihre ursprüngliche Geschmeidigkeit und Weichheit wieder zurück.

Für ununterbrochene Bleicherei von leichten Wollgeweben hat man eine ähnliche Kammer gebaut, mit beweglichen Rollwalzen am Boden und in der Höhe; das Gewebe durchstreicht die Kammer im Zickzack, bis es schließlich kurz oberhalb derselben Öffnung, an welcher es eingetreten war, wieder austritt (Abb. 176). Man kann auch das Gewebe von einer Seite zur andern, also wagerecht statt senkrecht, durch den Raum laufen lassen. Die Führungswalzen werden dann seitlich angebracht. Beim Einlaufen der Ware in die Schwefelkammer wird ihr durch eine Bremswalze Spannung erteilt; sie läuft dann über die Einzugswalzen und über die Leitwalzen hinweg langsam zu der vor der Kammer befindlichen Aufrollwalze.

Über die *Wirkung der schwefligen Säure* bestehen zwei Ansichten.

Nach der älteren soll die schweflige Säure die natürlichen Farbstoffe der Wolle durch *Reduktion* in ungefärbte Verbindungen überführen und die schweflige Säure dabei in Schwefelsäure übergehen.

Nach der neueren verbindet sich die schweflige Säure mit den Farbstoffen zu farblosen, unlöslichen, an der Faser haftenden Körpern. Die entstehenden farblosen Verbindungen sind im Wasser schwer, in Soda- oder Seifenlösung leichter löslich. Die Wirkung der schwefligen Säure ist indessen nicht andauernd. Durch häufiges Waschen mit alkalischen Mitteln tritt die gelbliche Farbe der Faser wieder hervor.

2. Bleichen mit schwefliger Säure in wässeriger Lösung.

Haupterfordernis ist auch hier eine sorgfältige Vorreinigung der Faser; die schweflige Säure entfernt nur den gelben Farbstoff der Wolle,

Abb. 177. Vorrichtung zur Behandlung wollener Gewebe mit Bleichflüssigkeiten.

nicht die anderen Verunreinigungen. Das Bleichen mit wässeriger schwefliger Säure wird in England meist angewandt.

In einem Holzbottich mit einem gut schließbaren Deckel werden die noch feuchten *Garne* einige Male in der Flüssigkeit umgezogen; dann taucht man sie unter und wiederholt das Umziehen alle 5—6 Stunden. Auf 1 Liter Wasser rechnet man 130 bis 150 g schweflige Säure. Die Bleichlösung soll wirksamer sein, wenn die Temperatur auf 30—35° C gehalten wird. Nach 24 Stunden wird die Ware herausgenommen und solange gewaschen, bis alle anhängende Säure weggespült und der stechende Geruch verschwunden ist. Gewebe müssen im gestreckten Zustand durch den Bottich geführt werden, weil sie sich sonst ungleichförmig zusammenziehen (Abb. 177).

Die mit wässeriger schwefliger Säure behandelten Gewebe und Garne sind weniger hart und rauh, als die mit gasförmiger schwefliger Säure gebleichten. Die Schlußverrichtungen, wie Waschen und Entschwefeln werden in derselben Weise vorgenommen, wie oben beschrieben.

Häufig wird mit Wasserstoffsuperoxyd nach dem Schwefeln nachbehandelt. (Siehe Wasserstoffsuperoxydbleiche.)

3. Bleichen mit Natriumbisulfit.

Man verfährt in derselben Weise wie vorhin. Das Verfahren beruht auf der Entwicklung von schwefliger Säure durch Zusatz von Salzsäure oder Schwefelsäure zu Natriumbisulfit. Man verwendet z. B. ein Bad von 20—30% Natriumbisulfitlösung 32° Bé und fügt hierzu allmählich 3—5% verdünnte Schwefelsäure (auf die Ware berechnet). Man geht mit dem Gewebe oder mit dem Garne ein und zieht wiederholt 2—3 Stunden lang bei 40° um. Nach dem Vorschlage Hummels wird die Wolle zuerst 12—15 Stunden in eine Bisulfitlösung von 20° Bé eingelegt und dann, ohne zu waschen, durch ein verdünntes Schwefelsäurebad von 4° Bé genommen.

4. Bleichen mit Wasserstoffsuperoxyd und Natriumsuperoxyd.

Dies ist wohl die vollkommenste Bleichart für Wolle. Die Faser wird nicht nur vollständiger gebleicht, sondern bei längerem Liegen oder nach wiederholtem Behandeln mit alkalischen Mitteln, wie bei der Hauswäsche, wird die Wolle nicht wieder gelb. Die käufliche 3%ige (10 Volum%ige) Bleichlösung wird zunächst mit der zehn- bis zwanzigfachen Wassermenge verdünnt, mit Ammoniak neutralisiert und auf 35° C erwärmt. Unter öfterem Umziehen wird die Ware 6—10 Stunden lang in der Bleichlösung ruhen gelassen, je nach der zu erzielenden Bleiche und der Natur der Wolle. Nach dem Bleichen wird zuerst in angesäuertem Wasser und hierauf in reinem Wasser gespült und schließlich an der Luft getrocknet.

Nach einer Gebrauchsanweisung von Königswarter und Ebell soll das Bad auf 1 Liter 12 volumprozentiges Wasserstoffsuperoxyd 20 ccm Ammoniak (sp. G. 0,91) enthalten. Nach der Bleiche wird abgewrungen und an der Luft getrocknet. Darauf wird mehrmals mit Wasser und dann mit wenig Seife gewaschen.

Nach H. Köchlin wird Druckware (Teil I, S. 222) vor dem Chloren breit durch ein Bad von käuflichem Wasserstoffsuperoxyd genommen, das je nach Art der Wollware mit 2 bis 10 Volumteilen Wasser verdünnt ist. Sodann wird auf eine Holzrolle aufgerollt und das Stück 24 Stunden lang liegen gelassen. Darauf wird gewaschen und durch ein Bad aus 1 Teil Bisulfit von 35° Bé und 2—10 Teilen Wasser genommen. Sodann wird die Ware wieder aufgerollt und getrocknet.

Besser ist eine Nachbehandlung mit Blankit an Stelle von Bisulfit.

Größere Bedeutung hat auch die Bleiche mit Natriumsuperoxyd erlangt; sie soll billiger sein. Man verwendet 2—3prozentige Bäder zum Bleichen der Wolle und setzt entweder dem Bade vor dem Eintragen des Bleichmittels Schwefelsäure zu und neutralisiert nachher mit Ammoniak oder man arbeitet mit Bittersalz und Schwefelsäure (1. Teil S. 206).

Bei der Bleiche mit Wasserstoffsuperoxyd oder mit Natriumsuperoxyd ist darauf zu achten, daß nur in hölzernen Bottichen oder in emaillierten oder Tongefäßen oder verbleiten Apparaten gearbeitet wird. Metallgefäße, metallene Armaturen sind streng zu vermeiden.

5. Bleichen mit Natriumhydrosulfit (Blankit).

Zu Bleichzwecken wurde die Verbindung zuerst von Kallab empfohlen. Die Bleichlösung wurde aus einer Lösung von Natriumbisulfit mit Zinkstaub hergestellt: Zu 90 Liter Kondenswasser setzt man 24 Liter Bisulfit und fügt langsam 7½ kg Zinkstaub zu. Nach 5—6stündigem Stehen setzt man ungefähr die gleiche Menge gebrannten Kalk, der vorher mit drei Eimern Wasser gelöscht worden, hinzu. (Siehe auch Teil I S. 157).

Die klare, überstehende Flüssigkeit wird abgegossen und bildet auf 1—4° Bé verdünnt das Bleichbad. Je nach der Konzentration werden 5—20 ccm Essigsäure zugesetzt. Nach 12—24 Stunden wird die dem Bleichbade entnommene Wolle mit schwacher Sodalösung, dann mit reinem Wasser gewaschen und bei 30—35° getrocknet. Zeigt die Faser kein reines Weiß, so wird das Verfahren wiederholt.

Die gebrauchten Bäder können wieder benutzt werden. Man setzt etwa 1/10 des vorher benutzten Natriumhydrosulfits zu.

Heute bereitet man ein solches Bleichbad durch Einstreuen von 1—3 g „Blankit“-Natriumhydrosulfit mit etwas Soda, oder Blankit I -Natriumhydrosulfit mit etwas Natriumpyrophosphat in 2—3 Liter Wasser von 40—45° C (S. 46).

6. Bleichen mit Kaliumpermanganat.

Das Bleichen mit diesem Mittel wurde zuerst von Tessié du Motay und von Rousseau vorgeschlagen. Die gut gereinigte Wolle wird in eine Lösung von 4% Kaliumpermanganat und 1—1½% Magnesiumsulfat eingetaucht. Die purpurrote Farbe des Bades verschwindet, sobald sich das Mangansuperoxydhydrat als gelblich brauner Überzug auf der Faser niedergeschlagen hat. Der Zusatz von Magnesiumsulfat hebt die schädliche Wirkung des entstehenden Kalihydrats auf. Nachdem die Wolle etwa ¼ Stunde in der Flüssigkeit umgezogen worden ist, wird der auf der Faser befindliche Niederschlag durch eine Lösung von schwefliger Säure oder von Natriumbisulfit oder endlich nach einem Vorschlag von Scurati Manzoni eine Lösung von Aluminiumsulfit, wobei die Tonerde als Beize zurückbleibt, bei 20—30° C entfernt. Die abwechselnde Behandlung in den beiden Bädern wird solange wiederholt, bis das gewünschte Weiß erhalten worden ist. Zum Schluß wird mit gewöhnlicher Schmierseife und wenig Salmiakgeist gewaschen.

Einfacher arbeitet man in einem Bade, das mit ½—1½% (vom Gewicht der Wolle) Kaliumpermanganat und ebensoviel Schwefelsäure versetzt ist bei 35° C und bleicht darauf die durch Ablagerung von Mangandioxyd gebräunte Wolle mit schwefliger Säure wie oben angegeben. (Siehe auch Teil I, S. 212.)

Das Weißfärben der Wolle.

Der natürliche Farbstoff der Wolle läßt sich durch Bleichen nicht immer entfernen. Um ein hinreichendes Weiß zu erhalten, bedient man sich der Bläuungsmittel, sowie der Weißfärbemittel.

Die Bläuungsmittel sollen Gegenfarbstoffe von möglichster Reinheit sein. Der häufig empfohlene Indigo ergibt keine genügend reine Farbe. Reiner sind die Säureviolets und die Methylviolets. Man setzt auf den Liter 40° warmen, eisenfreien Wassers 4 mg Farbstoff zu, zieht ¼ Stunde um (spült) und trocknet bei gewöhnlicher Temperatur.

Den Farbstoff löse man in der 1000fachen Menge heißen Wassers und filtere die Lösung durch Flanell.

Walkechtes Weiß erhält man mit Anthracenblau im essig- oder schwefelsauren Bad.

Nicht walkecht, aber lichtecht ist Indanthrenblau (s. S. 48).

Die Weißfärbemittel sind im allgemeinen besser, wenn auch etwas teurer; sie überdecken mechanisch den gelben Farbstoff mit einer ungefärbten Substanz, wie Kreide, Magnesiumkarbonat, Zinkweiß, Gips, Schwerspat. Die Mittel werden in fein verteiltem Zustande den Waschbädern zugegeben oder durch chemische Wechselwirkung auf der Faser erzeugt. Der Überzug haftet zwar in den meisten Fällen auch nicht sehr lange, besonders wird er beim Reiben wie beim Walken oft leicht entfernt.

Bei Herstellung des Kreideweiß wird die fein geschlämmte, weiße Kreide in Wasser gut verteilt und die Ware damit solange behandelt, bis sie gleichmäßig mit weißer Kreide beladen ist. Sie wird dann herausgenommen, gerahmt, getrocknet und geklopft. Häufig ist die Kreide nicht rein genug; dann wird dem Kreidebad eine kleine Menge Indigokarmin zugesetzt.

Zinkweiß ist reiner. Zum Bläuen dient Kobaltblau oder Smalte. Dieses Weiß stäubt nicht und ist haltbarer als Kreideweiß.

Wismutkarbonat ist teurer als Zinkweiß. Man läßt die Ware 3—4 Stunden in der milchig aussehenden Wismutlösung unter mehrmaligem Umziehen. Zum Bläuen mag man Indigokarmin oder auch Berlinerblau nehmen.

Am besten ist B a r y t w e i ß. Man fällt 15—20 g krist. Natriumsulfat mit 20 g Bariumchlorid auf den Liter Wasser.

Das Weißfärben wird häufig in betrügerischer Absicht ausgeführt, da das Gewebe, besonders bei Schwerspat, bedeutend a n G e w i c h t z u n i m m t, ebenso wie man bei Baumwolle durch Stärke, Ton, Schwerspat usw. eine Beschwerung bis zu 15% erreicht.

Zur betrügerischen Erschwerung ist bei Wollgeweben auch noch das A n w a l k e n v o n S c h e e r f l o c k e n zu stellen, wobei eine Gewichtszunahme bis 10% eintritt. Der Stoff wird kernfest und erhält ein sanftes Gefühl und samtartiges Äußere. Nach kurzem Gebrauch der Stoffe fallen jedoch die Scheerflocken wieder heraus.

B. Waschen und Bleichen der Federn.

a) Waschen. Die Federn müssen von etwaigem Fettgehalt, Staub u. dgl. befreit werden. Dies kann auf zweierlei Weise geschehen

entweder durch ein zweimaliges Baden in Petroleumbenzin; die Federn werden während 3—4 Stunden von Zeit zu Zeit darin bewegt (doch darf die Fiederung nicht verwirrt werden), schließlich wird bei mäßiger Wärme an der Luft getrocknet,

oder (u. zw. besonders bei getragenen, verworrenen Federn) durch Einweichen in lauwarmem Wasser, Ausbreiten auf einer glatten Unterlage und Waschen mittels eines leinenen Bausches mit einer kalten 2½%igen Talgseifenlösung, darauf wird in lauwarmem Wasser gespült, leicht abgedrückt und zwischen reinen Leinen ausgebreitet; sind die Federn nahezu trocken, so werden sie durch Streichen über die scharfe Seite eines Messers gekräuselt und vollends an warmer Luft getrocknet.

b. Bleichen. Die Bleichung kann mit Wasserstoffsuperoxyd oder Natriumsuperoxyd vorgenommen werden.

Nach Königswarter & Ebell werden für 5 kg Federn 20 Liter Wasserstoffsuperoxyd mit Salmiakgeist schwach alkalich gemacht, die gewaschenen Federn etwa 24 Stunden eingelegt und bei 35—40° öfter bewegt.

375 g Bittersalz werden in 25 Liter kalten Wassers in Holz- oder Tongefäßen gelöst, 175 g Natriumsuperoxyd eingerührt, die Federn etwa 24 Stunden in dem kalten Bade liegen gelassen und öfter bewegt. Die gebleichten Federn werden im Wasser gespült und 1—2 Stunden in eine ¼%ige Lösung von Weinsäure oder Oxalsäure eingelegt. Zum Schluß wird wieder gespült.

Das Trocknen der Federn geschieht am besten in der Weise, daß nach dem Spülen in Wasser ein Bad von Alkohol gegeben und dann in warmer Luft aufgehängt wird. Zum Schluß wird über einer Messerschneide gekräuselt.

C. Waschen und Bleichen der Haare und Borsten.

a) Waschen. Die Haare werden zum Entfetten in warme neutrale Seife oder Ammoniak gelegt und gespült.

b) Bleichen. Wasserstoffsuperoxyd schädigt den Glanz und die Haltbarkeit des Haares am wenigsten. Man legt die Haare in einem hölzernen, irdenen oder gläsernen Gefäß in schwach ammoniakalisch gemachtes Wasserstoffsuperoxyd bei 20° für 24—48 Stunden. Man bewegt ab und zu, sorgt aber im übrigen durch Beschweren mit einem Holzdeckel, daß die Haare immer von der Flüssigkeit bedeckt sind. Man setzt das Bleichen auf frischen Bädern fort, bis die gewünschte Wirkubng eingetreten ist. Dabei überzeugt man sich immer davon, daß das Bad auch schwach ammoniakalisch ist und stellt nötigenfalls durch Zusatz einiger Tropfen Ammoniak die alkalische Reaktion wieder her. Am besten geschieht dies jeweils am Morgen, während des Nachts die Bäder nicht zu scharf stehen sollen. Schließlich werden die Haare abgedrückt, zweimal in reinem Wasser gespült und ¼ Stunde in ½%ige Essigsäure eingelegt. Danach werden sie gespült und in der Luft getrocknet.

Die einzelnen Haarsorten bleichen sich verschieden, je nach der Art der in ihnen enthaltenen Farbstoffe. Ein volles Weiß wird sich nur in den seltensten Fällen erzielen lassen. An Stelle von Wasserstoff läßt sich selbstverständlich auch Natriumsuperoxyd oder Perborat verwenden. Vor anderen Bleichmethoden aber ist zu warnen, da sie meist eine Schwächung des Haares im Gefolge haben (Zeitschr. f. d. ges. Text.-Ind. 1913, 1011).

Das lebende Haar läßt sich nur blondieren, d. h. es wird, nachdem es durch Waschen gut entfettet ist, mit der ammoniakalischen Wasserstoffsuperoxydlösung befeuchtet und antrocknen gelassen. Dies wird so lange wiederholt, bis das gewünschte Goldblond errreicht ist. Die Firma Königswarter & Ebell bringt für diesen Zweck ein besonders geeignetes Wasserstoffsuperoxyd auf den Markt.

c) Nachbehandlung. Manchmal werden die Haare noch Nachbehandlungen vor dem Trocknen unterworfen. So taucht man sie in eine alkoholische Lösung von etwas Glycerin und Öl, um sie geschmeidig zu machen. Oder man färbt mit etwas Spritblau in alkoholischer Lösung an.

D. Waschen und Bleichen der Felle.

a) Waschen und Vorbehandlung. Die Schaffelldecken werden zunächst gewaschen, geschleudert und mit Alaun, Kochsalz, Soda und Seifenlösung gegerbt. Dann werden sie auf Holzrahmen gespannt und gestreckt.

b) Bleichen. Zum Bleichen kann man sich des Wasserstoffsuperoxyds bedienen, wie unter „Haare" beschrieben, oder man legt bei 30° in eine 1%ige Permanganatlösung, der man eine Bisulfitlösung von 2—3° Bé. folgen läßt (F. Beltzer, Rev. gener. mat. col. XI 321, 388, XII 20, Lehnes Färb. Zeit. 1908, 307). Drittens kann man auch erst mit Wasserstoffsuperoxyd und im Anschluß daran mit Kaliumpermanganat bleichen.

Die Felle sollen nicht zu lange in den Flüssigkeiten verweilen. Zum Schluß wird mit verdünnter Schwefelsäure gewaschen und gründlich gespült.

Am schonendsten ist die Rasenbleiche, sie darf aber auch nicht bis zur Fäulnis der Haut getrieben werden. Auch das Bleichen in der Schwefelkammer ist empfohlen worden. Doch dürfte sich nach keiner der beschriebenen Methoden ein volles Weiß erzielen lassen. Man greift daher vielfach zur Unsitte der Bleisalzimprägnierung.

E. Waschen und Bleichen des Leders.

a) Waschen. Aus dem Leder müssen zunächst Tannin und Fett entfernt werden; man behandelt 1 Stunde mit Benzin bei 40°. Das Benzin wird abgegossen und, soweit es noch anhaftet, durch Erwärmen im Wasserbade verdunstet. Statt mit Benzin kann auch mit Seifenlösung gewaschen werden.

b) Bleichen. Man legt in eine Lösung von schwefliger Säure ein, spült und trocknet vorsichtig. Die schweflige Säure kann auch durch Wasserstoffsuperoxyd oder Kaliumpermanganatbleiche ersetzt werden.

Von dem Charakter der Gerbung hängt es ab, ob und inwieweit eine Bleichung des Leders erzielt werden kann. Sämisch- und Glacégare-Leder können durch Natur- oder Kunstbleiche zu einem vollen Weiß gebracht werden. Die Farbe des lohgaren Leders ist wesentlich durch die Art des benutzten Gerbmittels bedingt, zumal letzteres unter dem Einfluß von Licht, Luft und Feuchtigkeit stark nachdunkelt. Aus diesem Grunde ist für lohgares Leder die Rasenbleiche nicht angezeigt. Eine Aufhellung des Farbtons läßt sich aber vielleicht durch Behandeln mit schwefliger Säure oder durch vorsichtige Behandlung mit Hypochloriten erreichen.

III. Waschen und Bleichen der Seide.

Die Rohseide besteht aus 75—80 Tl. Fibroin und 20—25 Tl. Sericin, dem geringe Mengen von Fett, Wachs und Farbstoff eingelagert sind. Das Sericin, auch Seidenleim oder Bast genannt, umhüllt den glatten, glänzenden Fibroinfaden und erteilt der Seide ein rauhes, hartes, sprödes Gefüge und glanzloses Aussehen. Nur selten verarbeitet man daher Rohseide mitsamt ihrem Bast, sog. „harte Seide“ („Ecru“), fast immer wird vollständig entschält („Cuiteseide“), manchmal auch nur zum Teil entbastet, um dem Faden mehr Fülle zu belassen („Souple“). Wird vollkommen entschält, so wird gleichzeitig der natürliche Farbstoff heruntergezogen, und ein weiteres Bleichen des an sich weißen Fibroins ist überflüssig. Souple dagegen, besonders mit gelbem Bast, erfordert ein besonderes Bleichverfahren. Der beim Entbasten entstehende Gewichtsverlust hat die ersten Versuche veranlaßt, das Mindergewicht durch Beschweren wieder auszugleichen. Heute ist man weit über dieses Ziel hinausgegangen und hat aus der Seideneschwerung ein umfassendes Gewerbe gemacht, das mit Faserveredlung nicht mehr viel gemein hat. Einige wilde Seiden, besonders der Tussahklasse, nehmen eine Ausnahmestellung insofern ein, als ihr Fibroin nicht von einer Basthülle umgeben, sondern mit mineralischen, fetten und gerbstoffartigen Körpern durchsetzt ist. Sie sowohl wie die stärker verunreinigten, aus Abfällen versponnenen Seiden — Schappe, Florette, Bourette — bedürfen einer wirksameren Reinigung und Bleiche.

A. Harte Seide (Ecru).

Harte Seide ist eine Rohseide, welche nur wenig gewaschen ist und daher fast allen Bast behalten hat. Gegenüber Rohseide zeigt sie nur einen Gewichtsverlust von 1—4%. Sie findet nur wenig Anwendung zur Herstellung von Gaze, Tüll, Schleierstoffen u. a. m. Meist wird Grège und Organzin zu Ecruseide verarbeitet. Trame wird als harte Seide öfters zur Herstellung von Schwerschwarz verwendet und wird dann nur gewaschen.

a) Waschen. Gewaschen wird mit schwacher Seifenlösung (100 g Seife auf 1 kg Seide) nach kurzer Vorbehandlung mit heißem Wasser auf den Färbkufen entsprechenden Waschkufen oder auf Waschmaschinen (Abb. 178, s. a. Bd. III, Abb. 76).

b) Bleichen. Gebleicht wird allgemein mit Schwefel, und zwar mehrmals, je nach der Naturfarbe der Seide.

Bei chinesischer Seide, welche von Natur wenig gefärbt ist, genügt ein zweimaliges Schwefeln, dunklere Rohseide wird 4- bis 5 mal geschwefelt.

Von Natur gelbe Rohseide kann nach folgendem Verfahren zu guter weißer Ecruseide verarbeitet werden:

1. kalte Seifenlösung, die keine Soda enthält, etwa 100 g Seife auf 1 kg Seide, Waschen,
2. zweimaliges Schwefeln,
3. Bleichen mit Königswasser,
4. Seifen,
5. zweimal Schwefeln, Waschen,
6. schwaches Sodabad, etwa 16 g auf 1 kg Seide,
7. schwaches kaltes Seifenbad, etwa 30 g auf 1 kg Seide, Waschen,
8. zweimal Schwefeln und Waschen in reinem oder leicht mit Schwefelsäure angesäuertem Wasser.

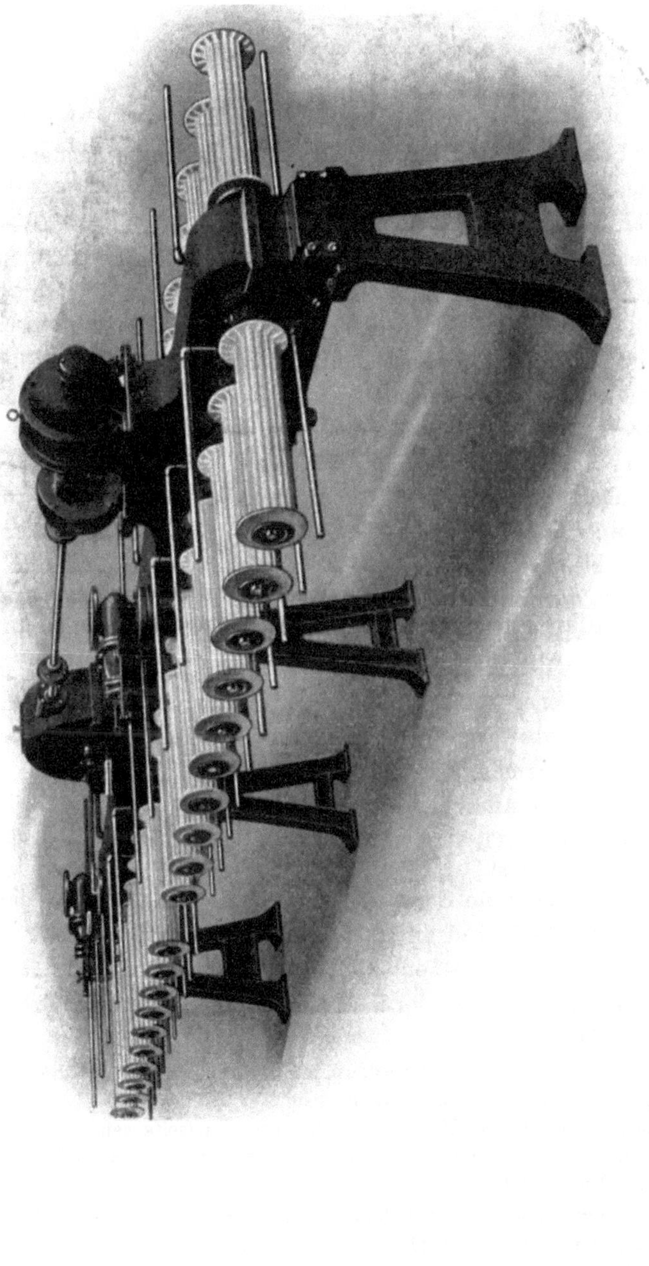

Abb. 178. Garnwaschmaschine von Tillmann Gerber Söhne, Crefeld.

B. Entschälte oder abgekochte Seide (Cuite).

a) Entbasten. Der Seidenbast, der bereits in kochendem Wasser sich allmählich löst, wird von starker Seifenlösung — 30—40% vom Gewicht der Rohseide, bei kleineren Partien 15—20 g im Liter — nahe bei 100° leicht abgezogen. Das Fibroin wird in diesem Bad chemisch nicht angegriffen, ist aber infolge seines schlüpfrigen Zustands gegen mechanische Beschädigungen äußerst empfindlich. Bereits heftiges Hin- und Herbewegen kann die Faser aufrauhen, in einzelne Fibrillen aufsplittern, die sich zu den gefürchteten Seidenflöckchen, „Seidenläusen" verquirlen. (Z. f. g. T. **1916**, 189.) Man hängt deshalb die Seide, die hauptsächlich in Strangform entschält wird, auf Stöcken in das kochend heiße Seifenbad und schiebt die Stöcke während 20 Minuten ganz gemächlich, einen nach dem andern, vom einen Ende der Wanne beginnend, ein kleines Stückchen zum andern Ende hin weiter und ebenso wieder zurück, eine Arbeit, die man als „Durchsetzen" bezeichnet. Nachdem so der Bast von dem im Bad hängenden Teil des Strahnes heruntergelöst ist, wird umgezogen (umgesetzt, umgestochen) und mit der andern Hälfte ebenso verfahren. Nach abermals 20 Minuten zieht man noch einmal um, aber nur zur Hälfte. Nach wiederum 20 Minuten stellt man auf ein lauwarmes Sodabad, dem noch ein oder zwei reine, weiche Wasser folgen, zum Ausspülen der letzten Seifenreste.

Nach W. Wagner (T. 1925, 118;1926, 929) entstehen die Seidenläuse aus Sekundärfädchen im Bast.

Für Weiß bestimmte Seide erhält wohl im Anschluß an das erste noch ein zweites Seifenbad mit 20% Seife (sog. „Repassierbad").

Das den gelösten Bast enthaltende Seifenbad wird als „Bastseife" zum gleichmäßigen Färben der Seide den Bädern in der Färberei zugesetzt (Bd. III, 478).

Der Seidenfärber stellt außerordentliche Anforderungen an die zum Entbasten dienende Seife. Sie soll eine höchstens 1% Unverseiftes und höchstens 0,1% Ätznatron enthaltende Marseiller Seife, sog. Bariseife sein. In Zeiten der Seifenknappheit muß man notgedrungen zu Ersatzmitteln greifen (L. Färb.-Ztg. **1918**, 25, Bd. I, 189).

Gute Erfolge erzielt man mit dem „Degomma S" der chemischen Fabrik Röhm und Haas, Darmstadt (L. Färb.-Ztg. **1916**, 208), dessen Wirkung zweifellos in der Hauptsache enzymatischer Natur ist, ebenso wie diejenige des aus der Bauchspeicheldrüse gewonnenen Waschmittels „Burnus" der gleichen Firma (über Burnus D. R. P. 283 923, 297 394 und 297 786, ferner Kunstst. **1916**, 302 und Seifenfabrikant **1916**, 257).

Andere Ersatzmittel wirken durch ihre alkalische Natur, vermöge deren sie ähnlich wie Seife das saure Sericin lösen. So erhält man mit 35% Ammoniak unter ganz entsprechender Behandlung wie mit Seife ein vorzügliches Ergebnis. Nach dem D. R. P. 291 159 von Dr. Voigt wird die Seide mit Soda getränkt und gedämpft, nach dem D. R. P. 301 255 (Bayer) wird mit 0,25%iger Natronlauge bei ½ Atm. Überdruck ½ Stunde gedämpft. Keines der Ersatzmittel vermag aber so wie Seife auch zugleich den Naturfarbstoff der Seide herunterzuziehen. Die entbastete Seide erscheint daher noch trübe. Dieser Übelstand wird aber leicht durch ein kochend heißes Schlußseifenbad gehoben, das nicht nur einmal, sondern viele Male hintereinander gebraucht werden kann. Es unterliegt daher keinem Zweifel, daß diese in der Zeit der Not aufgefundenen Verfahren dauernd ihren Wert behalten werden.

Seit einigen Jahren hat sich das Schaumabkochverfahren der Gebr. Schmid, Basel (D. R. P. 179 229) gut eingeführt, da es die Faser sehr schont. Einschlägige Patente derselben Firma sind die D. R. P. 196 571, 207 133 und Schw. P. 73 186 (Kunstst. **1906**, 315). Den zugehörigen Apparat liefern Tillmann Gerber Söhne, Krefeld.

Haspel aus Aluminiumstangen können schief gestellt und in dieser Lage mit den Seidensträhnen (etwa 30 kg) gleichmäßig behangen werden. Die Unterbändel hängen nach unten. Die 2 bis 2½% Seife enthaltende Lösung steht nur 30 cm hoch und wird so vorsichtig erhitzt, daß der Schaum nur langsam steigt und die Strähne nicht in ihrer Lage verschiebt. Dann wird die Seifenlösung abgezogen, um nach jedesmaliger Verstärkung mit 7—8% frischer Seife vom Gewicht der Seide noch drei- bis viermal gebraucht und schließlich als Bastseife verwendet zu werden. Das Waschen der Seide kann gleich auf dem Apparat vorgenommen werden.

Nach dem D. R. P. 295 944 der Färberei und Appreturgesellschaft vorm. A. Clavel und F. Lindenmeyer, Basel, läßt sich die Seide bereits bei 75—95° entbasten; der Schaum wird hier nicht durch Kochen, sondern durch Hineindiffundieren von Luft durch feinporige Körper (Röhren aus Ton) in die Seifenlösung gebildet. Nach dem D. R. P. 275 286 von Chr. Ris, Basel, wird die Schaumbildung bei Temperaturen unter 95° in geschlossenen Kesseln durch Entlüften hervorgerufen. —

Die im Schaum abgekochte Seide zeichnet sich vor der nach dem alten Verfahren entschälten dadurch aus, daß sie besseren Glanz und Griff, zudem weniger Gewichtsverlust hat und sich besser spulen läßt.

Schappe wird mit 2—3% calc. Soda nahe bei Kochhitze eine Stunde behandelt und durch ein anschließendes, kochend heißes Bad mit 10—15% Seife fertig entbastet.

T u s s a h verträgt noch mehr Soda im Abkochbad, bis zu 10%. Das Seifenbad entfällt als völlig wirkungslos, dafür wird gespült und mit 2 bis 3 ccm Salzsäure im Liter bei 30—40° der der Tussah eigentümliche mineralische Bestandteil entzogen.

b) B l e i c h e n. In den äußerst seltenen Fällen, in denen die entschälte Seide noch gebleicht werden soll, wendet man dieselben Verfahren wie für Wolle mit schwefliger Säure (4—5% Schwefel) und Wasserstoffsuperoxyd an (S. 30 und 266). Schappe und andere Gespinstseiden sowie Tussah und ähnliche wilde Seiden müssen für Weiß und helle Farben unter allen Umständen gebleicht werden.

Schappe und Tussah werden nach dem Abkochen und Spülen auf einem Wasserstoffsuperoxydbad gebleicht, das in folgender Weise bereitet wird:

58,5 kg Schwefelsäure 66° Bé werden in 1500 Liter Wasser gelöst und 45 kg Natriumsuperoxyd eingestreut, wobei haarscharf (namentlich bei Schappe) auf den Neutralisationspunkt eingestellt wird. Nun setzt man 15 kg Wasserglas zu, erwärmt auf 50° und legt das Bleichgut einge Stunden ein. Sollte das erzielte Weiß noch nicht befriedigen, so kann man die Temperatur von 10 zu 10° steigern, vorausgesetzt, daß das Bad richtig neutralisiert wurde. Darnach wird 2mal gespült, mit 5 g Marseiller Seife im Liter kochend geseift und unter Umständen noch in der Kammer geschwefelt (s. auch Färb. Ztg. 1911, 278). Die beschriebenen Verfahren geben vorzügliche Ergebnisse.

Tussah wird auch gern mit Kaliumpermanganat (2%) und Magnesiumsulfat (¾%), ¼ Stunde lang, und nachfolgende schweflige Säure gebleicht.

Nach M a r t i n o n, L. Färb.-Ztg. **1892/3**, 137, ist die Wasserstoffsuperoxydbleiche der Schwefelbleiche vorzuziehen, wenn die Seidenfäden nachher mit Metallfäden verpflochten werden. Die im Faden zurückbleibende schweflige Säure könnte Flecken verursachen.

Das W e i ß f ä r b e n der Seide geschieht wie bei Wolle einfach im Seifenbade mit gut gleichfärbendem Parme spritlöslich oder Spritblau vor dem Schwefeln. Das Farbbad muß bis zum Kochen getrieben werden, damit die Färbung gut gleich wird.

C. Souple.

a) Soupliren. Souple, unvollständig entbastete Seide, wird für helle und dunkle Farben in verschiedener Weise hergestellt. Für helle Farben entzieht man der Rohseide durch nicht zu warme Seifen- und alkalische Bäder Schmutz und Fett und macht durch warme Säurebäder (schweflige und Schwefelsäure, Weinsäure) den Faden weich und geschmeidig. Ob letzteres genügend erreicht ist, erkennt man leicht, wenn man einige Fäden in Spannung über den Daumennagel hinwegzieht. Die Assouplirbäder werden laufend gebraucht und daher auf Säuregehalt geprüft; 100 ccm Bad sollen 3—4 ccm Normal-Natronlauge bei der Titration verbrauchen.

b) Bleichen. Souple von weißer Rohseide wird noch in der Schwefelkammer, solcher von gelber Rohseide außerdem mit Nitrosylschwefelsäure oder einfacher mit Natriumnitrit und Schwefelsäure gebleicht. Die Ausführung im einzelnen möge an Hand der Vorschrift für die Herstellung eines weißen Organsinsouples aus gelber Seide veranschaulicht werden (Färb.-Zeit. 1909, 313).

1. Aufstellen auf 30% Seife 35° warm, 1½ Stunden umziehen, auswringen.
2. Einhängen in die Schwefelkammer über Nacht, 2 Wasser geben.
3. 10% Ammoniak 25° warm.
4. 40% Seife 35° warm, nach einer Stunde zwischen Messingstäben ausquetschen.
5. Salpetrige Säure aus 30 ccm Nitritlösung 34° Bé und 125 ccm Schwefelsäure 66° Bé sowie 35 ccm Salzsäure für das kg Seide. Man zieht etwa 7mal flott um und wirft zur richtigen Zeit auf, ehe das entstandene grünliche Weiß wieder in Gelb umzuschlagen droht.
6. Wie 4, mit 10% Seife verstärkt bei 30°.
7. Wie 2.
8. Assouplieren mit Weinsäure bei 55°. 2 Wasser geben.
9. Wie 3.
10. Wie 2.

Früher wurde mit Königswasser gebleicht. Man ließ ein Gemisch von 5 Teilen Salzsäure 20° Bé und 1 Teil Salpetersäure 34° Bé bei 28° C. 4—5 Tage stehen und verdünnte vor dem Gebrauche auf das 10fache (2½—3° Bé).

Oder man bleichte mit Nitrosylschwefelsäure $HOSO_2ONO$, die man sich auf folgende umständliche und nicht ungefährliche Weise bereitete: Aus einem in heißes Wasser gestelltem Säureballon wurden mittels Stärke und konz. Salpetersäure braune Stickoxyddämpfe entwickelt und in konz. Schwefelsäure geleitet.

Auch Gemische aus allen 3 Säuren: Schwefel-, Salpeter- und Salzsäure bildeten sorgfältig gehütete Geheimmittel in der Souplebleiche!

So behandelter Souple hat nur einen Gewichtsverlust von etwa 3%. Durch das nachfolgende Färben zu weiß oder hellen Farben verliert er aber noch ungefähr 5%. Er ist nicht so glänzend wie Cuiteseide, dafür aber fester und voller.

Souple in dunklen Farben wird während des Färbens und Beschwerens weich gemacht. Man behandelt ihn so lange auf einem heißen Gerbsäurebad — je nach der Farbe aus Gallusextrakt, Sumachextrakt, Katechu, Kastanienextrakt bereitet —, bis er genügend weich geworden ist. Steht zu befürchten, daß er im Laufe des langen Färbe- und Beschwerungsvorgangs zu viel Bast verlieren sollte, so kann man ihn nach dem D. R. P. 87 288 von Ris-Kummer durch eine etwa 3stündige Behandlung mit ¼—½% Formaldehyd gegen heiße, namentlich alkalische Bäder unempfindlich machen.

D. Gewebe.

Entschälen und Bleichen der halbseidenen Gewebe.

1. Halbseide (Baumwollseide).

a) Vorbehandlung. Halbseide, wie sie vom Webstuhle kommt, wird zunächst gesengt, und zwar ausschließlich auf Gassengmaschinen (S. 70) sowohl rechtsseitig als auch linksseitig mehrere Male hintereinander.

b) Abkochen. Zum Abkochen verwendet man fast ausschließlich Seife, für gewöhnlich 10 g Seife in 1 Liter Flotte. Gewöhnlich benutzt man gute, feste, weiße Marseillerseife; nur für Halbseide mit viel Baumwolle nimmt man wohl auch gute Olivenölschmierseife.

Zum Ansetzen des Seifenbades ist möglichst weiches Wasser zu nehmen; hartes Wasser ist, wie oben angegeben (Band I, S. 32) zunächst weich zu machen. Man kocht das Bad gut auf, geht sodann mit der Ware ein und kocht 2 Stunden lang darin ab. Auf dies erste Abkochen folgt meist eine gleichartige zweite Behandlung mit Seife 1 Stunde lang.

Darauf wird die Ware gespült, gesäuert, wieder gespült und dann abgelegt. Gewöhnlich verwendet man ein hintereinander geschaltetes System von Rollenkufen. Leichte Gewebe werden meist nur auf der Barke umgehaspelt. Manche Stoffe werden nach dem Abkochen noch gekrabbt (S. 251), gedämpft und dann gesengt.

Die Badische Anilin- und Sodafabrik hat versucht, nach D. R. P. 103 455 und 110 633 beim Entbasten von Baumwollseiden- oder Wollseidengeweben die teure Seife durch das billigere Ätznatron oder Natriumsulfid zu ersetzen. Die starke Einwirkung dieser Entbastungsmittel auf Seide wird hierbei durch Zusätze wie Traubenzucker, Glyzerin, Sulforizinat zu mildern gesucht.

Zum Entbasten von Rohseide in Baumwollseidengeweben verwendet man eine Lösung von 700 g Natronlauge 40° Bé, 200 g Wasser und 300 g Traubenzucker, die unter Vermeidung von Erwärmung hergestellt wird. Die alkalische Traubenzuckerlösung lockert den Seidenleim, greift aber das Fibröin nicht an. Durch spätere Behandlung mit Seifenlösung wird dann die Seide ganz entschält und so die zum Färben wichtige Bastseife gewonnen. Man arbeitet 5—10 Minuten auf dem Jigger bei gewöhnlicher Temperatur. Die im Gewebe enthaltene Baumwolle wird dabei ohne Verkürzung mercerisiert (L. Färb.-Ztg. **1900**, 194).

Das D. R. P. 117 249 der Badischen Anilin- und Sodafabrik betrifft das Entbasten von Seide mit Natronlauge unter Zusatz von Glyzerin (L. Färb.-Ztg. **1910**, 144).

Nach D. R. P. 129 451 findet Natronlauge unter Zusatz von Traubenzucker oder Glyzerin zum Entbasten von Wollseide Verwendung. Das Verfahren bietet den Vorteil, daß auch Grègeseide zur Herstellung von Wollseidengeweben benutzt werden kann.

c) Bleichen.

Gebleicht werden nur solche Gewebe, bei welchen nicht schon gut gebleichte Baumwolle zur Herstellung des Seidengewebes verwandt wurde.

Zum Bleichen halbseidener Stoffe wird fast ausschließlich Wasserstoffsuperoxyd oder Natriumsuperoxyd verwendet.

Man verwendet 30—40% käufliches Wasserstoffsuperoxyd in schwach alkalischem Bade in 20—30 facher Flotte. Man kocht auf, stellt den Dampf ab, geht mit der Ware ein und läßt sie 4 Stunden lang unter der Flotte in dem zugedeckten Bottiche ruhen; darauf wird wieder aufgekocht, zum zweiten Male mit der Ware eingegangen und abermals 4 Stunden im Bade ruhen gelassen. Die so gebleichte Ware wird nun gut gespült, geseift und getrocknet. Die Bleichbäder werden aufgehoben und wiederholt benutzt.

Mit Natriumsuperoxyd wird gebleicht unter Anwendung von 30 gr Magnesiumsulfat, 10 gr Superoxyd und 12 gr Schwefelsäure im Liter.; gewöhnlich wird zunächst bei 30°, dann bei 80° gearbeitet.

2. Wollseide.

a) Vorbehandlung. Wollseide wird zunächst gesengt, dann gekrabbt (S. 251). Dadurch wird ein Schrumpfen und Verziehen der Ware bei den folgenden Behandlungen vermieden. Gleichzeitig soll aber auch, unter Anwendung starken Walzendruckes, der Glanz des Stoffes erhöht werden. Nach dem Krabben wird die Ware nur mit wenig Druck dekatiert und dann wie Wollengewebe vorsichtig gedämpft.

b) Abziehen. Unter möglichst geringer Bewegung wird bei 80° auf schwachem Seifenbade abgezogen. (Über das Abziehen mit Natronlauge s. S. 283). Wie beim Abkochen von Seide und Halbseide muß auch hier das verwendete Wasser durchaus kalkfrei sein; es wird auf Rollenkasten gearbeitet wie bei Halbseide und der Stoff gut breit gehalten. Nach dem Abkochen wird die Ware zuerst warm, dann kalt gespült und endlich gesäuert.

c) Bleichen. Bei nicht zu hoher Temperatur wird mit Wasserstoff- oder Natriumsuperoxyd wie bei Halbseide gebleicht. Hierbei ist zu berücksichtigen, daß Wolle bedeutend empfindlicher ist als Baumwolle; es darf nicht zu heiß oder auf zu alkalischem Bade gearbeitet werden; auch muß die Ware unter der Flotte gehalten werden, wobei Stoßstellen und Bleichflecken zu vermeiden sind. Entsprechend den Angaben für Wolle und für Seide (S. 280) wird auch Wollseide häufig mit Wasserstoffsuperoxyd und mit schwefliger Säure oder Blankit gebleicht.

Verzeichnis der Namen.

Verzeichnis der Stichwörter.

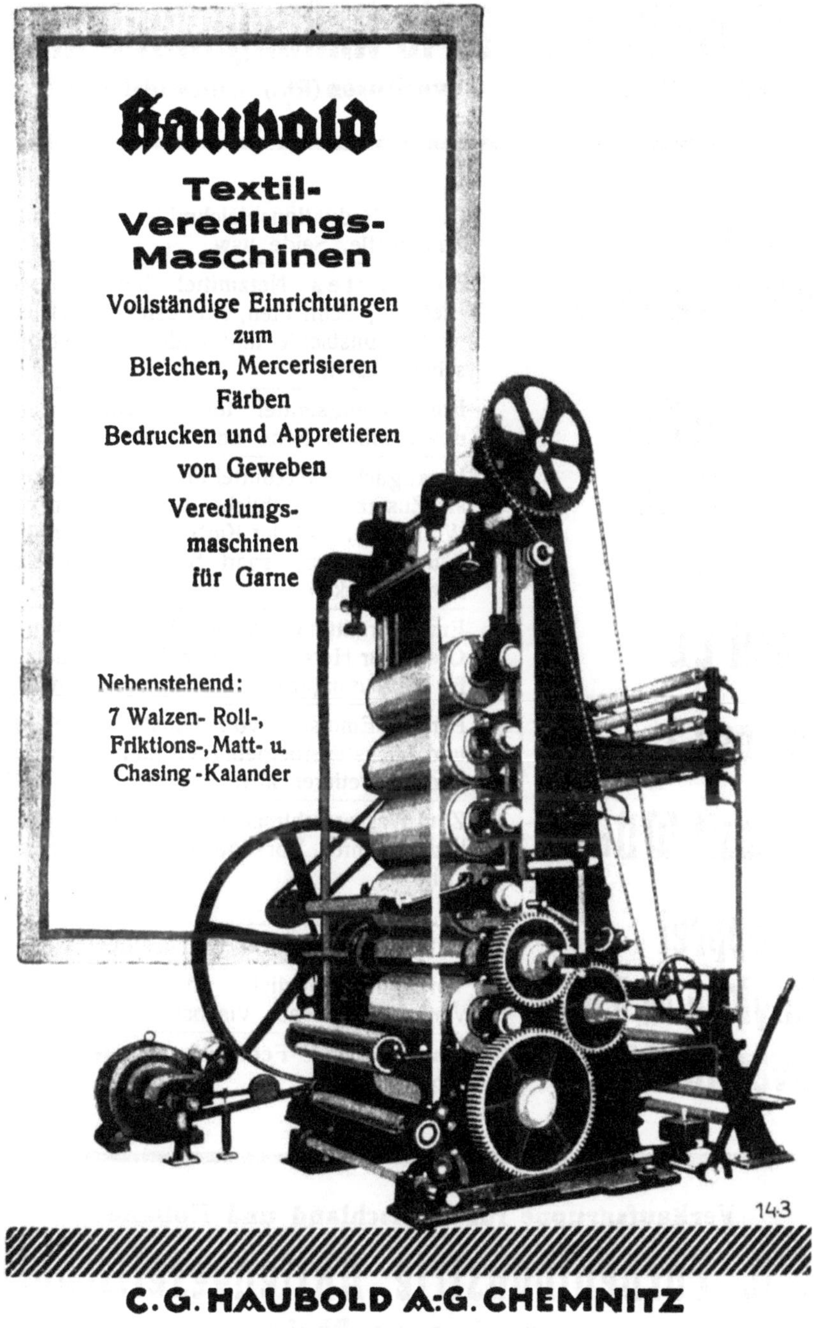
Haubold
Textil-
Veredlungs-
Maschinen
Vollständige Einrichtungen
zum
Bleichen, Mercerisieren
Färben
Bedrucken und Appretieren
von Geweben
Veredlungs-
maschinen
für Garne
Nebenstehend:
7 Walzen- Roll-,
Friktions-, Matt- u.
Chasing -Kalander
143
C. G. HAUBOLD A:G. CHEMNITZ

Großdruckerei Paul Dünnhaupt, Köthen.